四川省教育厅项目18ZB0460

Jiyu Mianyi Jinhua de
Suanfa ji Yingyong Yanjiu

基于免疫进化的算法及应用研究

张瑞瑞　陈春梅 / 著

西南财经大学出版社
·成都·

图书在版编目(CIP)数据

基于免疫进化的算法及应用研究/张瑞瑞,陈春梅著.—成都:西南财经大学出版社,2018.4
ISBN 978-7-5504-3319-9

Ⅰ.①基… Ⅱ.①张…②陈… Ⅲ.①免疫学—应用—人工智能—研究
Ⅳ.①TP18

中国版本图书馆 CIP 数据核字(2017)第 314242 号

基于免疫进化的算法及应用研究
张瑞瑞 陈春梅 著

策划编辑:何春梅
责任编辑:廖韧
封面设计:墨创文化
责任印制:朱曼丽

出版发行	西南财经大学出版社(四川省成都市光华村街 55 号)
网　　址	http://www.bookcj.com
电子邮件	bookcj@foxmail.com
邮政编码	610074
电　　话	028-87353785 87352368
照　　排	四川胜翔数码印务设计有限公司
印　　刷	四川五洲彩印有限责任公司
成品尺寸	170mm×240mm
印　　张	15.75
字　　数	302 千字
版　　次	2018 年 4 月第 1 版
印　　次	2018 年 4 月第 1 次印刷
书　　号	ISBN 978-7-5504-3319-9
定　　价	88.00 元

目　录

1 绪论

1.1 引言

对人类以及自然界生物的研究一直是科学家感兴趣的领域和关注的焦点，科学家在该领域已进行了大量研究。人们已经从各种生物角度开创了不同的学科来研究自然界生物系统，其中的一个重要系统就是关于生物信息的处理系统，很多研究者开始在工程领域应用生物信息处理系统的工作原理。生物信息处理系统包括神经网络、内分泌系统、基因遗传和免疫系统。关于神经网络和基因遗传的研究已经比较成熟，而关于免疫和内分泌系统的研究还处于初始阶段。生物免疫系统（Biological immune system，BIS）是一种具有高度分布式特点的生物处理系统，具有记忆、自学习、自组织、自适应等特点。近年来，大量的研究者开始借鉴 BIS 机制来处理工程上的问题。

1.2 生物免疫系统

免疫学起源于中世纪人们对天花（Smallpox）的免疫问题的探索与研究。我国古代医师在医治天花这种传染性疾病的长期实践中发现，将天花脓疱结痂制备的粉末吹入正常人的鼻孔可以预防天花，这是世界上最早的原始疫苗方法。18 世纪末，英国乡村医生 Edward Jenner 从挤奶人多患牛痘（Cowpox）而不患天花的现象中得到启发，将牛痘脓疱液接种给健康男孩，待反应消退之后，再用相同的方法接种天花，这个男孩不再患上天花。1798 年，Jenner 发表了他的开创性的牛痘疫苗报告，即詹纳牛痘疫苗接种法（Jennerian Vaccination）。尽管 Jenner 为战胜天花做出了不朽的贡献，但是由于当时微生物学尚未发展起来，在此后的一个世纪内，免疫学一直停留在这种原始的依靠经验的状态，并未得到理论上的升华。

19 世纪后期，微生物学的诞生为免疫学的形成奠定了理论基础。免疫学诞生的重要标志为法国微生物学家 Louis Pasteur 于 1880 年对鸡霍乱（*Pasreurella aviseptica*，*Cholera*）的预防免疫问题的报道。俄国动物学家 Elie Metchnikoff 于 1883 年发现了白细胞吞噬作用，并且提出了相应的细胞免疫（Cellular immunity）学说。Von Behring 等人于 1890 年将非致病剂量白喉细菌培养液的过滤液注射到动物体内，获得的动物抗血清具有中和毒素的功能，这种抗血清即抗毒素（Antitoxin）。他因为在白喉和破伤风抗毒素作用及抗毒素血清治疗方面的贡献而获得 1901 年诺贝尔生理学或医学奖，成为在免疫学领域获得诺贝尔奖的第一人。1894 年，RFJ. Pfeiffer 和 JJBV. Bordet 从血清中分离出一类不同于抗体的成分，这种成分对细菌具有破坏作用，称为补体（Complement），该发现支持了体液免疫（Humoral immunity）学说。1897 年，P. Ehrlich 发表了对抗原抗体反应的定量研究成果，为免疫化学和血清学做出了重要的贡献。由于 P. Ehrlich 提出抗体形成的侧链学说和 Elie Metchnikoff 提出免疫吞噬的免疫细胞学说，两人共获 1908 年的诺贝尔医学奖。随后，P. Ehrlich 的侧链学说和 20 世纪初 A. Wright 发现的调理素为细胞免疫和体液免疫这两种学派的统一提供了有力的理论依据。1901 年，“免疫学”一词首先出现在 *Index Medicus* 中。1916 年，*Journal of Immunology* 创刊，免疫学作为一门学科才正式被人们所承认。1948 年，病毒学家 Burnet 和 Fenner 认为自体就是在机体发育到一定时期时已经适应了的抗原，并且机体对其具有耐受性。Medawer 于 1953 年进一步验证了 Burnet-Fenner 理论，并称这种现象为获得性免疫耐受（Acquired immunological tolerance）。自 20 世纪 50 年代后，遗传学、细胞学和分子生物学等生命科学的发展推动了免疫学的迅速发展。免疫学在近代的发展主要有三个方向，即体液免疫、细胞免疫和分子免疫。对于体液免疫，针对抗体形成理论，Jerne 于 1955 年提出了“自然选择理论”；1957 年，Burnet 在自然选择理论的推动下提出了“克隆选择理论”，并且指出抗体作为一种受体自然存在于细胞表面上；Jerne 于 1974 年提出了“免疫网络理论”，并指出了免疫系统内部调节的独特型（Idiotype）和抗独特型（Anti-idiotype），该理论是克隆选择理论的重要补充和发展。1980 年，Tonegawa 对免疫球蛋白基因重排的证实，为免疫球蛋白多样性的遗传控制找到了科学依据。上述这些研究成果表明：分子免疫学已经成为现代免疫学的一个重要分支。在细胞免疫和分子免疫方面，1962 年，Tood 和 Miller 证实了早期切除胸腺将导致机体丧失产生抗体和免疫移植排斥的能力，揭开了胸腺和胸腺细胞是具有重要免疫功能的免疫组织和细胞的秘密。1974 年 Doherty 和 Zinkernagel 指出 T 细胞抗原受体（TCR）对抗原的识别受到主要组织相容性复合体（MHC）的限制。进入 20 世纪 80 年代后，随着单克隆抗体技术的出现，已发现的细胞表面上具有免疫功能的分子越来越多，其中包括整合素、受体、配体等蛋白分子，这些分子在免疫应答反应中起着识别、黏附和信号转导等非常重要的免疫作用。1986 年，第 6 届国际免疫学大会确定将白细胞分泌的一些有介导效应的可溶性蛋白分子称为白细胞介素（Interleukin，IL），目前已列入 IL 编号的白细胞介素有 24 种（IL1～IL24）。近十年来，免疫学特别是分子免疫学得到了突飞猛进的发展。免疫学包括的主要内容有：抗原提呈（Antigen presentation）、免疫应答成熟（Maturation of the immune response）、免疫调节（Immuneregulation）、免疫记忆（Immune memory）、DNA 疫苗（DNA bacterin）、自身免疫性疾病（Autoimmune diseases）、细胞凋亡（Apoptosis）、细胞裂解（Cytokines）和细胞间发生信号（Intercellular signaling）等。

1.2.1 生物免疫系统的组成

生物免疫系统是在地球漫长的生命演化史中，生物体为了自我保护而进化出的复杂自适应系统，主要由免疫细胞、免疫分子、免疫组织和器官组成。

抗原（Antigen）是一类能诱导免疫系统发生免疫应答，并能与免疫应答的产物（抗体或效应细胞）发生特异性结合的物质。抗原并不是免疫系统的一部分，在有机大分子中，大多数抗原是蛋白质。抗原具有抗原性，抗原性包括免疫原性与反应原性两个方面的含义。在机体内抗原分为由自身细胞组成的“自体”抗原和外源性的“非自体”抗原。生物免疫系统的主要功能就是准确识别并消灭有害的非自体抗原（病原体），从而保护机体的健康。

免疫细胞是指所有参与免疫或与免疫应答有关的细胞，它在免疫应答过程中起着核心作用，是人体内数量较多的细胞群。有两大类免疫细胞：一类是单核吞噬细胞，该类细胞是主要的抗原提呈细胞；另一类为淋巴细胞，包括 T 淋巴细胞（简写为 T 细胞）和 B 淋巴细胞（简写为 B 细胞），其中 T 细胞在胸腺（Thymus）内发育成熟，B 细胞在骨髓（Bone marrow）内发育成熟。T 细胞按功能又可分为辅助性 T 细胞（T helper cell，Th）、调节性 T 细胞（T regulatory cell，Tr）以及毒性 T 细胞（T cytotoxic cell）。其中 Th 细胞和 Tr 细胞的作用十分关键，Th 细胞能激活免疫响应，而 Tr 细胞则可以抑制免疫响应。这两种细胞相辅相成，共同维持机体的免疫平衡。

免疫分子主要包括抗体、补体和细胞因子。抗体是B淋巴细胞受到抗原刺激后所分泌的一种蛋白质分子，抗体可与抗原特异结合，从而中和具有毒性的抗原分子，使之失去毒性作用。另外，抗体结合抗原后形成的复合物容易被吞噬细胞吞噬清除。补体是存在于血清及组织液中的一组具有酶活性的球蛋白，具有辅助特异性抗体介导的溶菌作用，它是抗体发挥溶细胞作用的必要补充条件。细胞因子指主要由免疫细胞分泌的、能调节细胞功能的小分子多肽，细胞因子对于细胞间相互作用、细胞的生长和分化有重要调节作用。

免疫器官是指分布在人体各处的淋巴器官和淋巴组织，它们用来完成各种免疫防卫功能。按照功能的不同，淋巴器官分为中枢淋巴器官和外周淋巴器官。中枢淋巴器官包括骨髓和胸腺，具有生成免疫细胞的功能；外周淋巴器官包括淋巴结、脾、盲肠及扁桃体等，是成熟免疫细胞执行免疫应答功能的场所，其中淋巴结也是淋巴细胞执行适应性免疫应答的重要场所。

1.2.2 生物免疫系统的层次结构

生物免疫系统的结构是多层次的，主要由物理屏障、生理屏障、固有免疫系统和适应性免疫系统组成。

物理屏障主要指皮肤和黏膜。皮肤表面有一层较厚的致密的角化层，可以阻挡病原体的侵入；皮肤组织里的汗腺和皮脂腺对病原体和细菌具有抑制和杀灭作用。黏膜覆盖在呼吸道、消化道和泌尿生殖道等的内部，它可以分泌酸液和溶菌酶等物质，起到杀菌的作用；黏膜的表面有纤毛运动，它可以阻挡部分飞沫和尘埃，也能限制病原体的侵入。

生理屏障主要指含有破坏性酶的液体，包括唾液、汗液、眼泪和胃酸等，这些液体的温度和pH值一般不适宜于某些病原体的生存。

固有免疫系统又称为先天免疫系统或非特异性免疫系统，主要由吞噬细胞和巨噬细胞构成。这些细胞广泛分布在血液、肝脏、肺泡、脾脏、骨髓和神经细胞中。它们一直监视着入侵的病菌，一旦发现有病原体侵入机体，吞噬细胞就迅速地靠近病原体，先将其吞入细胞内，再释放出溶解酶溶解和消化病原体。近年的研究发现，固有免疫系统在免疫应答中所起的作用十分关键。

适应性免疫系统又称为后天免疫系统或特异性免疫系统，主要由淋巴细胞（T细胞和B细胞）构成，是免疫系统的最后一道防线，能通过后天学习特异性的识别以清除有害抗原，而且识别有害抗原的淋巴细胞会以记忆细胞的方式长期存活下来，使得再次遭遇相同或相似抗原时，能更快地将其清除。适应性免疫系统具有非遗传性、特异性、非实时性和记忆性等特征。

1.2.3 生物免疫系统的免疫机制

1.2.3.1 免疫识别

免疫系统识别病原体（有害抗原）的能力是发挥免疫功能的重要前提，识别的物质基础是存在于淋巴细胞（T淋巴细胞和B淋巴细胞）膜表面的受体，它们能识别并能与一切大分子抗原物质的抗原决定基结合。淋巴细胞对抗原的识别具有特异性，只能识别结构上相似的一类抗原。如图1.1所示，每个淋巴细胞表面只表达一种受体（Receptor），受体与抗原表面的抗原决定基在结构上越互补，两者之间亲和力越高。

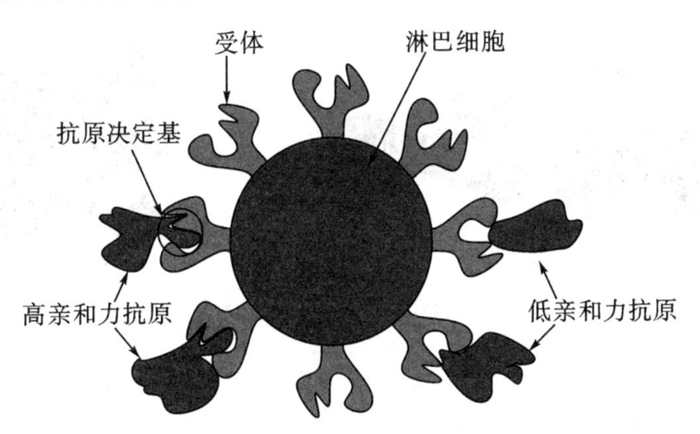

图1.1 淋巴细胞和抗原之间的识别

1.2.3.2 免疫耐受

所谓免疫耐受，是指免疫活性细胞对抗原性物质所表现出的一种特异性无应答状态。在正常情况下，机体对自身组织抗原是耐受的，不袭击自体细胞或分子，这种现象为自体耐受。一旦自体耐受被破坏，将导致自体免疫性疾病。

耐受分为中枢耐受和外围耐受。

在中枢耐受中，T细胞及B细胞分别在胸腺及骨髓微环境中发育，在发育中进行否定选择。如果未成熟细胞因结合自体而激活，则将被清除，即克隆删除（Clonal deletion），最终形成耐受。中枢耐受净化指令系统中未成熟的淋巴细胞，对抵御自体免疫疾病至关重要。

然而，在外围非淋巴组织合成的抗原在主要淋巴器官中不会扩散太多，因此，对于不在主要淋巴器官中的淋巴细胞，就要求外围耐受。在外围，T细胞和B细胞能达到不同程度的耐受，以克隆无能或不活化状态存在，或者发生凋亡而被克隆清除。外围耐受有较高的动态性和柔韧性，而且经常可逆。由于绝大多数组织的特异性抗原浓度太低，不足以活化相应的T细胞及B细胞。当抗原浓度适宜时，自身反应性T细胞与MHC-I复合物接触，产生第一信号，如没有辅助T细胞Th的协同刺激，即没有第二信号，将导致细胞死亡。Th细胞协同刺激实现B细胞外围耐受如图1.2所示。

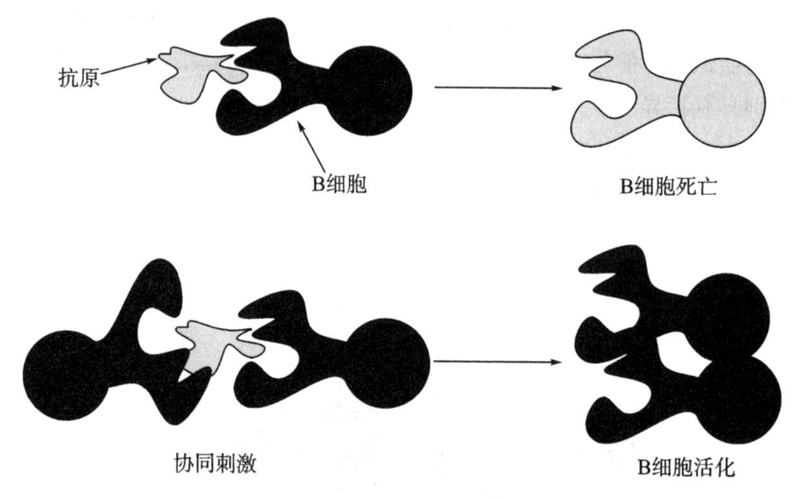

图1.2 协同刺激

下面讲述当细胞不能自体耐受时的3种处理方法。

（1）克隆删除

由于细胞的高频变异，随机产生的T细胞及B细胞受体可能与自体结合，而这些有害细胞必须与其他有益的淋巴细胞区别开来。在T细胞识别因自体限制而被MHC分子提呈为抗原片段时，为了保持自体耐受，必须经历两种方法的选择。一个未成熟T细胞抗原受体基因在胸腺中重组后，能被自体MHC分子识别的将生存下来，否则就在胸腺中死去，这就是第一种方法——肯定选择算法。另外，自体缩氨酸与MHC缩氨酸结合的特异T细胞将被克隆删除，即第二种方法——否定选择算法。在T细胞成熟期间，均有可能存在克隆删除，在胸腺中产生的T细胞超过95%后将凋亡，最终被克隆删除。同样，B细胞从未成熟到成熟期间，自体结合的甚至只具有较低亲和力作用的细胞都将被克隆删除。

（2）克隆无能

最初，耐受被认为只是在淋巴器官中与自体结合的细胞被删除，更进一步的研究表明，维持耐受是一个更复杂的过程。“无能”最初是用于描述没有发挥作用的B细胞，它们在免疫系统中没有被激活，很少增生扩散，遇到抗原时基本不分泌抗体，很少产生应答。无能的 B 细胞生命期较短，缺乏辅助 T 细胞的协同刺激导致 B 细胞无能，在辅助 T 细胞的帮助下，B 细胞将被激活，这个过程是可逆的。

T 细胞也同样存在无能情况。只有 TCR（信号 1）对 T 细胞的刺激而没有信号 2 的协同刺激，T 细胞将不产生应答；在信号 2 的系统刺激下，信号 1 将激活 T 细胞。这些沉积的 T 细胞将不能产生自分泌因子，在遇到抗原和协同刺激配合体时不能增生扩散。同样，T 细胞的无能也是可逆的。

（3）受体编辑

最初研究表明，B 细胞在骨髓中通过受体编辑以一种新的方式产生耐受，改变了可变区域基因，也就改变了 B 细胞表面免疫球蛋白的特异性。受体编辑在维持 B 细胞的自体耐受中有重要作用。

T 细胞在胸腺中形成，在成熟过程中，基因片段重组产生两条链构成 T 细胞受体（TCR）。虽然单个 T 细胞受体总是一样的，但是在胸腺中，T 细胞群体是一个无限的 T 细胞特异性指令系统。T 细胞产生中枢耐受时（见图 1.3），受体与抗原决定基结合紧密，以致攻击自己时将被克隆删除。当 T 细胞离开胸腺，只是相对安全而不是绝对安全，一些 T 细胞受体在下面两种情况下可能与自体抗原结合：第一，它们表现出很高的浓度，以至于与“弱”受体结合；第二，它们在胸腺中没有遇见某些自体抗原，但可能在特殊组织中遇到。T 细胞外围耐受将避免此类情况的发生。

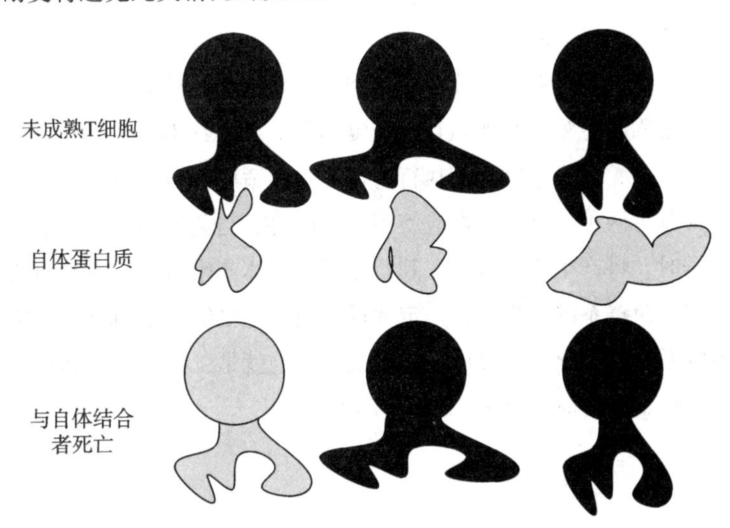

图 1.3　T 细胞在胸腺中通过克隆删除实现中枢耐受

B细胞在骨髓中形成和成熟，如果没有辅助T细胞的帮助，B细胞不能识别大多数抗原，B细胞耐受将不是很强烈。但是在中枢耐受时，如果任何细胞产生的受体（BCR）能与自体结合，该细胞就将经历一个受体编辑过程。它们被重新放进基因片段池，对其受体的轻链和重链进行编码，试图生成一个没有威胁的新受体，如果失败将自杀，即细胞凋亡。B细胞在外围耐受中，主要在辅助T细胞的帮助下完成细胞活化。

在细胞发展过程中，两种主要的对立功能作用于免疫系统。第一种产生足够的、多样的免疫受体以识别变化广泛的外部抗原，第二种必须避免对自体产生应答。在正常情况下，早期时个别自体抗原有可能产生自体结合，但通过相应克隆后将变为耐受，阻止对自体抗原的应答和引起自体免疫。

1.2.3.3 免疫应答

免疫应答是指生物机体接受抗原刺激后，免疫活性细胞和分子对抗原的识别，以及自身的活化、增殖、分化和产生免疫效应的过程。免疫应答通常被划分为识别、分化和效应三个阶段，其中识别阶段涉及吞噬细胞等辅助性细胞对病原体的抗原提呈以及T细胞和B细胞表面上抗原受体对抗原的识别；在分化阶段，一旦T细胞和B细胞识别抗原后，细胞将进行增殖和分化，其中一小部分活化的T细胞和B细胞将停止增殖与分化并转变为相应的记忆细胞，当再次遇到同类抗原时能够迅速增殖与分化；在免疫效应阶段，免疫效应细胞和分子将抗原灭活并从体内清除。

在免疫系统中存在两类免疫应答，即固有免疫应答和适应性免疫应答。固有免疫应答是固有免疫系统所执行的免疫功能，该应答不能在遇到特异性病原体时改变和适应，其在感染早期执行防御功能。适应性免疫应答，根据抗原刺激顺序，可分为两种类型：初次应答和二次应答。当免疫系统遭遇某种病原体第一次入侵时，将产生初次应答，其特点是：抗体产生慢，应答时间长；而在初次应答后，免疫系统中仍保留一定数量的免疫记忆细胞，当再次遭遇相似异物时，免疫系统能做出快速反应并反击抗原，这就是二次应答，其特点是：抗体产生更迅速，应答时间更短，如图1.4所示。

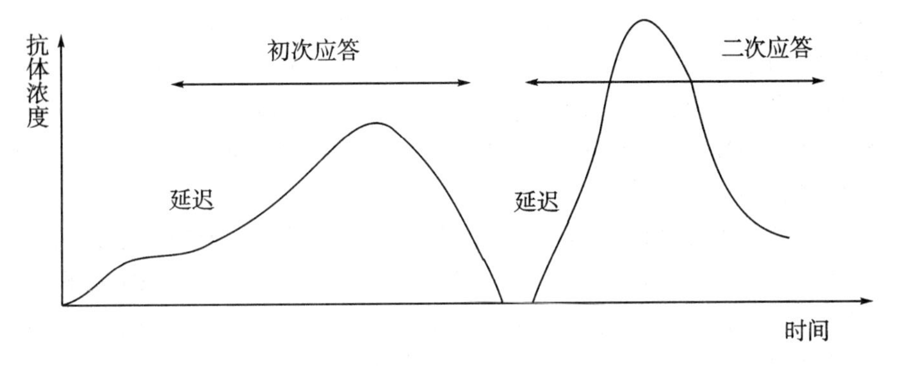

图 1.4　免疫应答

以下详细介绍免疫应答的相关阶段。

（1）抗原提呈

抗原进入机体后，机体进行抗原处理（Antigen processing），即将天然抗原转变成可被 Th 细胞识别的过程，这一过程包括抗原变性、降解和修饰等。例如，细菌在吞噬体内被溶菌酶消化降解，机体将有效的抗原肽段加以整理修饰，并将其与 MHC II 类分子相连接，然后转运到细胞膜上。

抗原提呈（Antigen presentation）是向辅助性 T 细胞展示抗原和 MHC II 类分子的复合物，并使之与 T 细胞受体（TCR）结合的过程。这个过程是几乎所有的淋巴细胞活化的必需步骤。

抗原提呈之前，经处理后的抗原肽段已经连接在 MHC 分子顶端的槽中。

抗原提呈细胞（Antigen presenting cells，APC）是指能捕获、加工、处理抗原，并将抗原提呈给抗原特异性淋巴细胞的一类免疫细胞。它主要包括树突状细胞（Dendritic cells）、单核吞噬细胞系统和 B 细胞。另外，内皮细胞、上皮细胞和激活的 T 细胞等也可以执行提呈功能。其中，树突状细胞是抗原提呈能力最强的 APC 细胞，具有以下特点：①能高水平表达 MHC II 类分子；②可表达参与抗原摄取和转运的特殊膜受体；③能有效摄取和处理抗原，然后迁移到 T 细胞区；④抗原提呈效率高。抗原提呈细胞捕获抗原的方式有很多种，如吞噬作用（对同种细胞或细菌等大型颗粒）和吞饮作用（对病毒等微小颗粒或大分子）等。这种吞噬和吞饮作用无抗原特异性。

（2）免疫系统特异识别

抗原被提呈后，将发生免疫系统特异识别。免疫细胞表面的受体和抗原或缩氨酸表面的抗原决定基产生化学结合。受体和抗原决定基都是复杂的含有电荷的三维结构，二者的结构和电荷越互补，就越有可能结合，结合的强度即亲和力（Affinity）。因为受体只能和一些相似结构的抗原决定基结合，所以具有特异性。在淋巴细胞群里，受体结构可以不一样，但是对一个淋巴细胞来说，其所有受体是一样的，这意味着一个淋巴细胞对一个具有相似抗原决定基的独特集具有特异性。抗原在分子结构上有很多不同的抗原决定基，以致许多不同的淋巴细胞对单一种类的抗原具有特异性。

一个淋巴细胞表面有 105 个受体可与抗原决定基结合，拥有如此多的同样的受体有很多好处。首先，它使得淋巴细胞可以通过基于频率的采样来评估受体对某一类的抗原决定基的亲和力：随着亲和力的增强，结合的受体也将增加。被结合的受体数可以被认为是一个受体与一个抗原决定基结构之间的亲和力。其次，拥有多数受体的另一个好处是允许淋巴细胞估计其周围抗原决定基的数目：越多的受体结合，其周围的抗原越多。最后，对免疫应答来讲，单特异性是基本的，因为如果淋巴细胞不是单特异的，对某一类的抗原的反应将引起对其他无关的抗原决定基的应答。

淋巴细胞的免疫功能受到亲和力的强烈影响：只有被结合的受体数超过一定的阈值时，淋巴细胞才被激活。如此激活方式使淋巴细胞拥有概括检测功能：单个淋巴细胞从结构上检测相类似抗原决定基。如果把所有抗原决定基结构空间看作是一个模型集，那么一个淋巴细胞能检测模型集的部分子集。因此，对每个抗原决定基模型，没有必要都有一个不同的淋巴细胞来覆盖所有可能的抗原决定基模型空间。记忆细胞比其他淋巴细胞有更低的激活阈值，因此只需结合较少的受体就可以被激活。

淋巴细胞中适应免疫应答的主要细胞为 B 细胞和 T 细胞，其受体能识别一个抗原的不同特征。B 细胞受体或抗体与出现在抗原分子的抗原决定基相互作用，如图 1.5 所示。T 细胞受体只与细胞表面的分子相互作用，如图 1.6 所示。

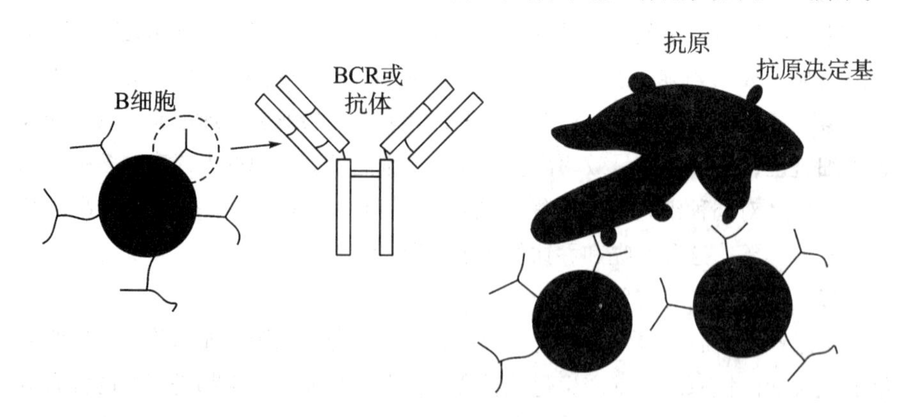

图 1.5　B 细胞的模式识别

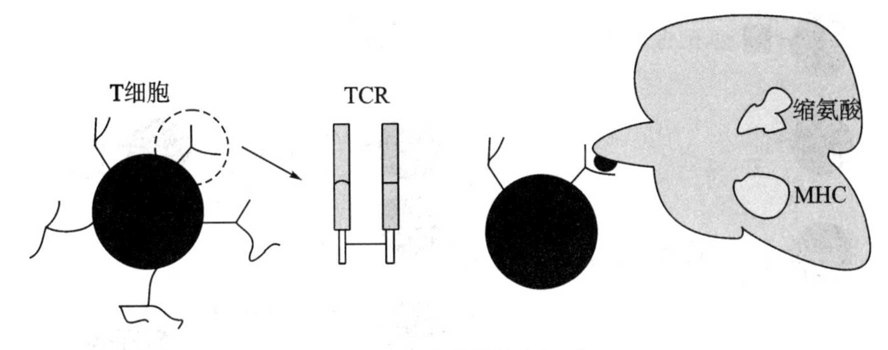

图 1.6　T 细胞的模式识别

（3）细胞活化、分化

抗原 MHC Ⅱ类分子复合物与 TCR 的结合是使 Th 细胞活化的首要信号，当 TCR 本身不能成功地将这个信号传递到细胞内部，也不能激发连锁效应使细胞活化时，细胞活化便需要其他成分和其他过程的协助才能完成。

根据诱导抗原类型的不同，B 细胞可呈现不同的活化方式。在 TD-Ag 诱导的活化自然情况下，多数抗原是 TD-Ag，所以 B 细胞活化多需要 Th 细胞的辅助。TI-Ag 诱导的 B 细胞活化与 TD-Ag 不同，TI-Ag 与 B 细胞上的膜 Ig 结合时，可通过其大量重复排列的相同表位使 B 细胞完全活化。但是这种抗原直接的活化作用只能诱导 IgM 类抗体的产生，而不能形成记忆细胞，即使多次抗原刺激也不产生再次免疫应答。

（4）体细胞高频变异和免疫记忆

克隆选择原理如图 1.7 所示。其主要思想是：①免疫系统产生数十亿种类的有抗体受体的 B 细胞；②抗原提呈导致能与抗原结合的抗体克隆扩增和分化；③辅助 T 细胞帮助 B 细胞被选择，这一步可以控制克隆过程。

B 细胞完全活化后，可在淋巴结内，也可迁入骨髓内以极高频率分裂（是一般变异的 9 次方），即体细胞高频变异。在体细胞变异的同时产生克隆选择，其中一部分细胞分化为浆细胞。浆细胞是 B 细胞，不能继续增殖，而且其寿命仅为数日。但是浆细胞产生抗体的能力特别强，在高峰期，一个浆细胞每分钟可分泌数千个抗体分子。一旦抗原刺激解除，抗体应答也会很快消退。一个增殖克隆的 B 细胞可能不分化成浆细胞，而是返回到静止态变成记忆性 B 细胞，形成免疫记忆。记忆性 B 细胞定居于淋巴滤泡内，能存活数年；再被激活时，可重复以前的变化，一部分分化为效应细胞，一部分仍为记忆细胞。数次活化后的子代细胞仍保持原代 B 细胞的特异性，但中间可能会发生重链的类转换或点突变。这两种变化都不影响 B 细胞抗原识别的特异性。当点突变影响其产

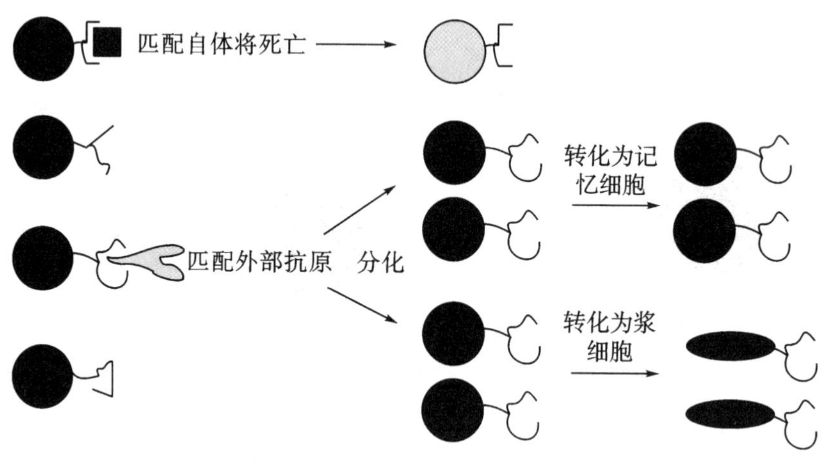

图 1.7　克隆选择

物对抗原的亲和力时，高亲和性突变的细胞有生长繁殖的优先权，而低亲和性突变的细胞则选择性死亡。这一现象称为亲和力成熟（Affinity maturation）。通过这种机制可保持后继应答中产生高亲和性的抗体。亲和力成熟和克隆选择及高频变异的关系如图 1.8 所示。

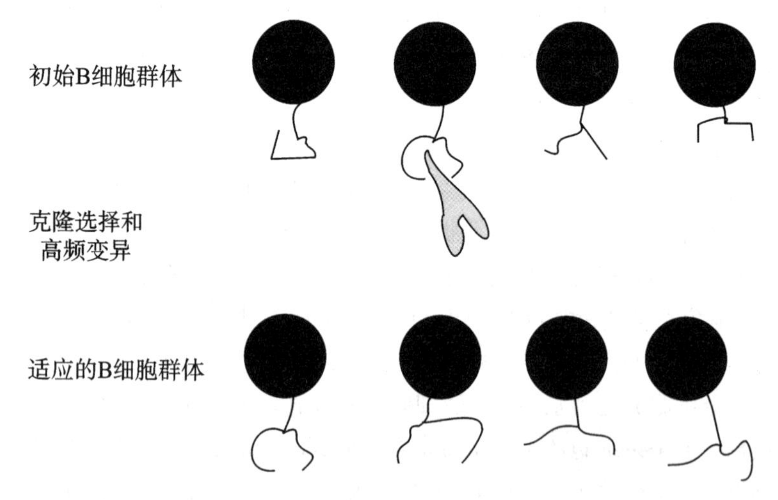

图 1.8　亲和力成熟是达尔文变异选择过程

1.2.3.4　免疫调节

所谓免疫调节，是指具有增强和抑制功能的免疫细胞或免疫分子的相互作用，使免疫应答维持适合的强度，以保证机体内环境的稳定。免疫调节存在于免疫应答的全过程，免疫调节功能的失调会影响免疫系统的稳定性，从而导致多种免疫性疾病的出现。免疫调节涉及免疫网络调节、抗体反馈调节和免疫抑制细胞作用等。对于免疫网络调节，每一种具有独特型决定基的特异性抗体分子也具有抗原性，这种抗体可以促进或抑制免疫应答；对于抗体反馈调节，当抗体产生后会不断与抗原结合，可促使吞噬细胞对抗原的吞噬，并加速该抗原的清除，从而减少该抗原对免疫细胞的刺激，并抑制抗体的分泌；而对于免疫抑制细胞作用，当免疫应答达到相应的程度时，会诱发免疫抑制T细胞分泌特异性的抑制因子，并参与网络调节，使免疫应答终止。

1.2.4 生物免疫系统的免疫理论

1.2.4.1 克隆选择学说

1957年，Burnet提出克隆选择学说。该学说是在自然选择学说的影响下，以生物学和遗传学研究成果为基础，特别是受到免疫学中自身免疫、免疫耐受等现象的启发，所提出的一种免疫学说。近三十年的发现充分证实了克隆选择学说的正确性，该学说已经在免疫学中占有重要的地位。克隆选择理论的基本思想是：只有那些能够识别抗原的免疫细胞才能被扩增，并被免疫系统保留下来；反之，不能识别抗原的免疫细胞不会被选择和扩增。

B细胞克隆选择：骨髓中的部分淋巴系干细胞在微环境下被分化为B细胞，如果未成熟B细胞表面上的受体能够识别出骨髓中出现的自体抗原，就与其结合并且产生负信号，诱使未成熟B细胞凋亡；反之，耐受成功的未成熟B细胞得以成熟，并通过血液进入淋巴结、脾脏等外围免疫器官。具有高亲和力的B细胞被受体识别并与抗原结合，该B细胞被激活，其在细胞因子的作用下进行克隆扩增，产生表达同一受体的B细胞后代。这些克隆B细胞在细胞因子的作用下进一步分化，其中大部分分化为浆细胞，用于分泌抗体并执行免疫功能；少部分分化为记忆细胞，当下次遇到同类抗原时迅速被激活，并增殖和分化为效应细胞，执行免疫功能。

T细胞克隆选择：T细胞同样也来源于骨髓，未成熟T细胞在胸腺内经历肯定选择和否定选择后成为成熟细胞，然后经血液循环进入外围免疫器官。T细胞表面的受体不能直接识别抗原，抗原必须在经过抗原提呈细胞（APC）降解并表达于APC表面上后才能被识别。T细胞对抗原进行识别后，其在其他活化分子和细胞因子的作用下被激活并被克隆扩增，随后，T细胞分化为效应细胞，其中一部分被分化为细胞毒性T细胞，用于杀伤受感染的宿主细胞等；而其余部分被分化为辅助性T细胞和抑制性T细胞，用于调控B细胞的免疫响应强度。

1.2.4.2 免疫网络理论

1974 年，在克隆选择学说的基础上，诺贝尔奖获得者 N. K. Jerne 提出了免疫网络理论（即免疫独特型网络理论）。该理论将免疫系统视为相互影响和相互制约的网络，并用微分方程描述了免疫系统 B 细胞的相互作用。在免疫系统中，抗原具有能够被抗体识别和结合的抗原决定基。对于抗体，它也同样具有能够被其他抗体识别和结合的抗原决定基，这被称为独特型（Idiotype）抗原决定基或独特位（Idiotope，Id）；该理论将能够识别和结合抗体上独特型抗原决定基的抗体称为抗独特型（Anti-idiotype，Aid）抗体。通常抗体表面的受体，即对位（Paratope），抗体识别抗原，抗体与抗体之间的相互识别，合起来便形成了独特型免疫网络。

在独特型免疫网络中，被识别的抗体受到抑制，识别抗原及其他抗体的抗体得到刺激和扩增，这种机制构成了独特型免疫网络调节。这种调节不仅能使网络中抗体的总数得到控制，而且能使其中各类抗体的数目也得到调节，以便使所有抗体的数目达到总体上的平衡。抗原入侵机体时，这种平衡会遭到破坏，应答抗原能力强的 B 细胞将扩增并产生免疫应答，依赖于免疫网络调节功能，抗体数目会达到新的平衡。

1.2.4.3 危险模型

1994 年，美国免疫学家 Matzinger 提出了危险模型（Danger model）。现代免疫学认为免疫响应的触发是由于免疫细胞检测到了非自体抗原；与之不同，危险模型则认为免疫响应的触发是由于免疫细胞检测到了机体内的危险信号（Danger signals）。危险模型消除了自体与非自体的界线，认为无论是自体抗原还是非自体抗原，只要它们损伤了机体内的细胞，就会由这些受损细胞发出危险信号，让免疫系统知道哪里有问题，需要免疫应答；检测到危险信号后，被激活的免疫系统会利用特异性免疫应答功能识别并消灭这些抗原。

1.2.5 生物免疫系统的主要特征

生物免疫系统具有良好的多样性、分布性、学习与认知能力、适应性、鲁棒性等主要特征。

免疫系统多样性的本质是产生尽可能多样的抗体以对抗千变万化的抗原。为了实现对机体内的众多抗原的识别，免疫系统需要有效的抗体多样性生成机制，这种机制主要通过两种方法实现：一是抗体库的基因片段重组方法，经过基因片段的重组过程，能够产生多样性的抗原识别受体；二是抗体的变异机制，通过变异，新生的抗体可以随机均匀地散布在抗原空间中，进而覆盖整个抗原空间，完成对所有抗原的识别。

免疫系统的各个组成部分分布在机体的各个地方，使得它可以对付散布在整个机体内的抗原。由于免疫应答机制是通过局部细胞的交互作用来实现的，不存在集中控制，从而有利于加强免疫系统的健壮性，使得免疫系统不会因为局部组织损伤而使整体功能受到很大影响，同时分布性所隐含的并发性使得免疫系统的工作效率较高。

免疫学习是指免疫系统能够通过某些机制改进它的性能。免疫学习包括提高与病原体高亲和力的淋巴细胞的群体数量，清除与病原体低亲和力的淋巴细胞。免疫学习可以使优秀淋巴细胞的群体规模得以扩大，同时个体亲和力也得以提高。1988 年，Varela 指出免疫系统具有认知能力，能识别抗原决定基的形状，记住反应过的抗原，具体包括对自体抗原的识别（利用免疫耐受机制）和对非自体抗原的识别。

通过免疫细胞的不断更新换代，免疫系统能通过学习来识别新的抗原，并保存对这些抗原的记忆，从而能很好地适应抗原动态变化的自然环境。这种适应性一方面体现在对新出现的病原体的识别和响应上，另一方面也体现在对新出现的自体抗原的耐受上。

免疫系统中的许多元素独立作用，没有集中控制和单点失败。个体的失败对系统影响很小，少量识别和应答错误并不会导致灾难性后果，这使得免疫系统具有极强的鲁棒性。鲁棒性也可看作是免疫系统多样性、分布性、学习与认知能力等综合起来产生的自然结果。

1.3 人工免疫系统研究概况

人工免疫系统（Artificial immune systems，AIS）是受生物免疫系统启发的一种仿生智能系统，它已经成为继遗传算法、神经网络、支持向量机和模糊逻辑之后人工智能领域中的又一研究热点。2008 年，Timmis 等人将人工免疫系统定义为：一个自适应系统，其受理论免疫学、已有的免疫功能、原理和模型等启发，并被用于解决相关应用问题。莫宏伟等人将人工免疫系统定义为：是基于免疫系统机制和免疫学理论而发展的各种人工范例的统称，该定义涵盖受免疫启发的算法、技术、模型等。目前，人工免疫系统的研究和应用领域已经涉及医学、免疫学、计算机科学、人工智能、计算智能、模式识别、机器学习、控制理论和工程等多种学科，是一种比较典型的交叉性学科。

1986 年，Farmer 等人首次提出了基于免疫网络理论的免疫系统动态模型，并探讨了该模型与其他人工智能方法的相关性，认为人工智能可以从免疫系统中得到启发。1991 年，我国学者靳蕃教授等指出："免疫系统所具有的信息处理与肌体防卫功能，从工程角度来看，具有非常深远的意义。"Forrest 等人于 1994 年提出用于检测器生成的否定选择算法，并提出了计算机免疫系统概念。1996 年，在日本举行的关于免疫性系统的国际专题讨论会首次提出"人工免疫系统"概念。研究人员对人工免疫系统的研究兴趣始于 1998 年 WCCI（World congress on computational intelligence，世界计算智能大会）第一次在美国召开的人工免疫专题会议。随后，人工免疫系统得到空前发展，并逐渐成为人工智能领域中的一个研究热点。许多国际权威杂志相继开辟专栏用于报道人工免疫系统的相关研究与工作进展，同时，一些国际会议也开辟了专题会议用于讨论人工免疫系统。从 2002 年在英国举行的第一届人工免疫系统国际会议（International conference on artificial immune systems，ICARIS）开始，该会议已经成功举行了 11 届，其为人工免疫系统的研究和发展提供了一个交流平台，使众多从事人工免疫系统研究的学者积极投入到人工免疫系统的理论和应用研究中。在国外，研究人工免疫系统的主要代表有：英国的 J. Timmis，U. Aickelin 和 P. Bentley；美国的 S. Forrest 和 D. Dasgupta；以及巴西的 L. de Castro 和 F. von Zuben；等等。国内从事人工免疫系统研究的主要代表有：李涛教授、焦李成教授、丁永生教授、肖人彬教授、黄席樾教授、杨孔雨教授和莫宏伟教授等带领的学术团队。目前，已有的人工免疫系统研究主要集中于免疫模型、免疫机理、免疫算法和免疫应用等。人工免疫系统的主要研究过程包括抽取免疫机制、设计算法以及实验仿真，并且其理论分析通常与所需解决的具体问题或所应用的工程领域有关。下面我们简要介绍一下受生物免疫系统启发的典型人工免疫算法的原理、模型和应用。

1.3.1 人工免疫系统的主要算法

1.3.1.1 克隆选择算法（CLONALG）

对基于克隆选择原理的人工免疫算法的研究，已经达到了一个成熟的阶段。这方面涌现出了很多研究论文，最具有代表性的是 De Castro 和 Kim 等提出的算法。

De Castro 等人在前人研究和应用的基础上，对免疫系统的克隆选择机理进行概括和浓缩，提出了基于克隆选择机理的函数优化和模式识别的基本结构 CLONALG。计算步骤包括：

（1）生成一个初始种群 $P=M$（记忆个体集合，即亲和力比较高的元素组成）+ Pr（剩余个体组成的集合）；

（2）选择 n 个具有较高亲和力的个体；

（3）对这 n 个个体执行克隆操作，构成临时克隆集合 C；

（4）对克隆集合执行一定概率变异操作，使之成为成熟的抗体集合 $C*$；

（5）再选择，将 $C*$ 与记忆集合 M 组合，选出一些最好的个体加入 M，然后用 M 中的一些个体去替换 P 中的一些个体；

（6）用随机产生的新个体去替换 Pr 中的一定量低亲和力的个体，保持种群多样性；

（7）若终止条件不满足，则继续返回循环计算。

由于 CLONALG 具有群体计算、随机搜索等特点，我们可以认为它也是一种进化算法，因此 CLONALG 具有以下特点：

（1）因为全部进化算法都是通过群体来进行计算操作的，这种计算方式隐含了并行性。

（2）进化算法是采用随机搜索方式来搜索解空间的，因此可以摆脱局部极值。

（3）进化算法对种群个体的评价是直接使用适应度函数，对问题表达式的可微性和连续性不做要求。

Kim 等人提出了一种动态克隆选择算法（Dynamic clonal selection algorithm，dynamiCS），它扩充了原始系统。第一，在学习正常的行为时，它一次只针对自体集的一个小子集；第二，它生成的检测器能够在正常行为变成非正常行为时被替换掉。该算法可以解决连续变化的环境中的对异常的探测问题。DynamiCS 试图提取使系统产生适应性的关键变量（即减少系统参数的数量以保证系统可用）。

只采用变异的克隆算子被称为单克隆算子，而交叉和变异都采用的称为多克隆算子。刘若辰等提出了仅采用单克隆算子的单克隆选择算法和采用多克隆算子的多克隆选择算法。Reda Younsi 将克隆选择原理用于聚类分析。Ciccazzo 等提出了一种新的克隆选择算法，称为精英免疫规划（Elitist immune programming，EIP），是免疫规划的扩展，该算法引入了精英的概念和十种不同的基于网络的高频变异操作，并成功应用于拓扑综合分析及模拟电路调整。Halavati 等在克隆选择算法的基础上加入了合作思想，把该算法应用于多模函数优化和组合优化问题，显示了优于 CLONALG 的性能。May 等提出了一种克隆选择算法的变种，可用于软件变化测试。Wilson 等提出了趋势评估算法（Trend evaluation algorithm，TEA）来评价价格时间序列数据。

1.3.1.2 免疫网络（AINE）

目前关于免疫网络的研究均基于 Jerne 的免疫网络理论，即独特性免疫网络学说，它是生物免疫学中具有很大影响的理论学说。独特性免疫网络学说认为，种群中的免疫细胞不是孤立存在的，细胞之间存在相互作用，可以相互交流信息，因此对抗原的识别是在抗原、抗体为网络作用的系统层次上的识别。独特性免疫网络理论可以概括模拟淋巴细胞的活动，抗体的产生、选择、耐受，自体与非自体的识别，免疫记忆，等等，使免疫系统被定义为，包含了大量的复杂的可以识别抗原决定基以及抗体决定基的独特性构成的集合网络。在免疫系统中，重要的元素不仅是分子、细胞，还包括它们之间的相互作用。后来 Perelson、Farmer、Varela、Bersini 等人又相继对该模型进行了完善。关于免疫网络理论，具有最大影响力的是 Timmis 等提出的 RLAIS 和 de Castro 等的 aiNet。

aiNet 可以看作一幅图，该图是带权的且不完全连接的。其中包括一系列节点，就是抗体；同时还包括很多节点对集合，表示节点间的相互作用（联系），每个联系都赋有一个权值（连接强度），表示节点间的亲和力（相似程度）。系统目的为：对于给定的抗原集合（训练数据集合），要求找出这个集合中冗余的数据，实现数据压缩。其基本机制为人工免疫系统中的高频变异、克隆扩增、克隆选择和免疫网络理论。aiNet 现已成功应用于很多领域，如数据压缩、数据挖掘、数据聚类、数据分类、特征提取及模式识别等。

RLAIS 由一定量的人工识别球（ARB）和识别球之间的相互联系构成。每个 ARB 通过竞争可以获取数量不定的 B 细胞（B 细胞数目有上限值）。系统中的 B 细胞数量是有限的，ARB 获得 B 细胞是通过刺激水平（由一定函数计算）来竞争的，如果 ARB 没有获得 B 细胞，那么这个 ARB 将会被消除。系统持续不断地训练数据，最终获得数据代表（记忆 ARB），这相当于获得了数量的分类或压缩形式。系统采用了克隆选择和高频变异，能够在某个特定条件下结束，也可以持续不断地进行学习。新数据进入网络，能够被系统记忆，而旧数据集合出现在当前系统中，不会影响当前压缩的数据形式。

1.3.1.3 否定选择算法（NSA）

受到免疫耐受机制的启发，Forrest 等 1994 年提出了阴性选择算法（也常译为否定选择算法或非选择算法），图 1.9 为 Forrest 等给出的经典阴性选择算法框架。算法分为两个阶段：训练阶段和检测阶段。

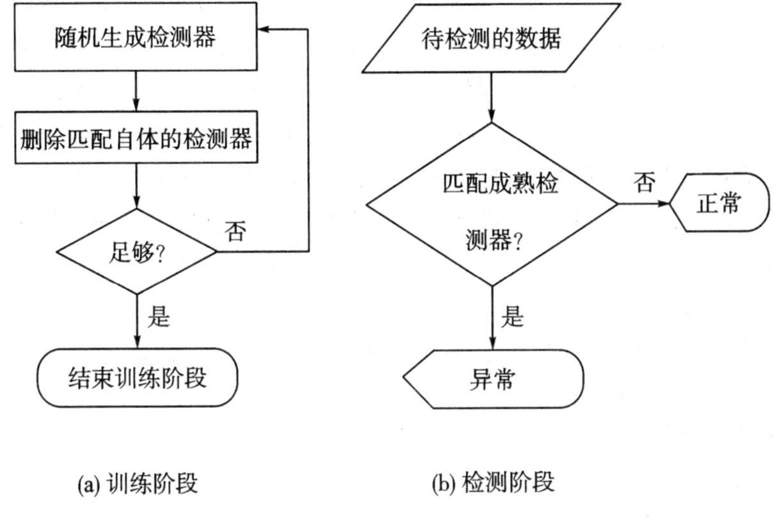

图 1.9　阴性选择算法框架

在阴性选择算法的训练阶段：在免疫耐受过程中，首先定义自体为从被保护的计算机系统中所提取的特征串，而检测器为用于检测对系统安全有影响的非己的特征串；然后由系统搜集自体集合和生成检测器集合，其中检测器集合中的各检测器为未成熟的检测器；最后通过模拟生物免疫系统中 T 细胞的免疫耐受机制获取成熟检测器，一个未成熟检测器，如果不能匹配自体集合中的任意自体，则成为成熟检测器，反之，则从检测器集合中删除该检测器。

在阴性选择算法的检测阶段：免疫耐受阶段结束后，保留下来的检测器将用于保护计算机系统安全。在系统运行过程中，检测器不断监测与安全事件相对应的非己特征串，一旦待检数据和任一成熟检测器匹配，该数据就会被认为是异常数据。

阴性选择算法的思想来源于免疫耐受中 T 淋巴细胞在胸腺中的阴性选择行为，对此行为的一种解释为：在胸腺耐受期，识别自身抗原的 T 淋巴细胞将凋亡或失活，而未识别自身抗原的 T 淋巴细胞经过一段耐受期后将成熟并进入外周淋巴组织行使其免疫功能。阴性选择算法的提出，极大地促进了人工免疫系统在异常检测领域的研究和应用。在具体应用上，阴性选择算法的思想常用于故障检测、病毒检测、网络入侵检测等异常检测领域。

1.3.1.4　*危险理论和树突细胞算法*

危险理论认为，在生物免疫系统中，细胞死亡有两种方式：凋亡和坏死。两种死亡方式的主要区别是：细胞凋亡是一种自然过程，它符合事先设置好的高度控制机制，是机体内的环境调节导致的结果；细胞坏死则是无规律的一种死亡方式，可能是细胞压迫或其他原因引起的，这种死亡方式会导致机体产生特别的生化反应，且会产生不同程度的危险信号，这些危险信号就形成了免疫应答基础。当系统遭遇外来入侵时，细胞坏死，产生危险信号，危险信号被抗原提呈细胞识别，这时会产生信号1；与此同时，危险信号在它周围建立一个危险区域，只有该区域内的免疫细胞即B细胞才会被活化，发生克隆增殖，参与免疫应答。当同时具备信号1和危险信号时，APC（抗原提呈细胞）会给T细胞提供第二信号，产生免疫应答，来清除抗原。

危险理论的应用最早是由Aickelin和Cayzer提出的，他们还指出了危险理论与人工免疫系统的类比：

- 需要APC来发出适当的危险信号；
- 危险信号也许与危险无关；
- 合适的危险信号是多种多样的，可能是积极的（信号发出），也可能是消极的（信号缺失）；
- 可采用亲和力度量来判断危险区域；
- 对危险信号的免疫响应不能引发更多的危险信号。

Prieto等将危险理论应用于机器人足球中的守门员策略，提出了一种危险理论算法（Danger theory algorithm，DTAL）。该算法考虑了危险信号、淋巴细胞和危险区域，包括两个版本——动态危险区域和固定危险区域，在仿真中达到了90%以上的有效性。Iqbal和Maarof在数据处理中引入了危险理论，取得了较好的效果。Secker等把危险理论应用到电子邮件分类系统中，也得到了较好的效果。

Julie Greensmith等人在2005年第4届国际人工免疫学会议上提出一种基于“危险理论”的全新算法——树突状细胞算法（Dendritic cell algorithm，DCA），并应用于端口扫描检测和僵尸网络（Botnet）检测，具有较高的检测率。从外界环境摄取复杂抗原并将其表达在自身表面以被淋巴细胞识别的过程就是抗原提呈，树突状细胞（Dendritic cell，DC）就是目前所知功能最强大的专职抗原提呈细胞。相对于传统的免疫算法，DCA算法具有简单、快速、不需要大量训练样本等优点，开创了免疫算法的新思路。

1.3.2 人工免疫系统的基本模型

早在20世纪90年代初，Perelson、Bersini、Varela等理论免疫学家就开始尝试建立人工免疫系统模型。与免疫算法往往只借鉴部分生物免疫机制不同，人工免疫系统模型对生物免疫机制的借鉴较为完整。免疫系统由众多的分子、细胞和免疫器官组成，各个部分相互作用，共同完成免疫功能。针对各个应用领域，学术界目前已经提出了多种人工免疫系统模型，比较有代表性的有：Hofmeyr 和 Forrest 提出的人工免疫系统通用模型 ARTIS，P. E. Seiden 和 F. Celada 提出的基于克隆选择原理的 IMMSIM 模型，Dasgupta 等提出的用于分布式入侵检测的 MAIDS，Harmer 等提出的用于计算机安全防护的 CDIS，等等。以下对这些模型进行简要介绍。

1.3.2.1 IMMSIM 模型

免疫系统的关键任务是识别外来抗原，并且这种识别是完备的。也就是说，只要是外来抗原，免疫细胞就一定能识别。通过简单的一对一的匹配是不行的，因为面对庞大的抗原群体，免疫细胞再多也不行。克隆选择理论（简称克隆原理）很好地解释了这一问题。克隆原理认为：对抗原识别度越高的免疫细胞，越有可能被选择参与繁殖过程，使免疫更有针对性；同时从骨髓和腺体中随机产生的新免疫细胞，保证了免疫系统的完备性。

IMMSIM（Immune simulator）是 P. E. Seiden 和 F. Celada 引入的一个免疫系统模拟器。设计它的主要目的是在计算机上进行免疫应答的试验。IMMSIM 采用了克隆选择原理的基本观点，认为免疫细胞和免疫分子独立地识别抗原，免疫细胞在竞争中被选择，以产生更好的识别抗原的克隆种类。这与 N. K. Jeme 引入的独特性网络性理论有所不同。另外，IMMSIM 可以同时模拟体液应答（Humoral response）和细胞应答（Cellular response）。IMMSIM 使用了细胞自动机模型，下面首先简要介绍细胞自动机的原理，然后再详细分析 IMMSIM。

1. 细胞自动机

细胞自动机（Cellular automata，CA）方法是 Von Neumann 等人创立的研究动力学系统的计算方法。同传统的偏微分方程方法相比，CA 更加简单有效。CA 的基本出发点是“不用复杂的方程式去描述复杂系统，而用遵守简单规则的简单个体间的交互来实现复杂性”。

CA 系统由一个 N 维的栅格组成（通常是一维或二维），其中每个格子可以包含一个细胞。细胞有若干种有限的状态，它临近细胞（包括它自身）的状态决定了细胞将在下一步达到的状态，这就是规则。下面给出一种 CA 系统的数学定义。

栅格 L 是二维的 $n \times m$ 矩阵，即

$$L = \{(i, j) \mid i, j \in N, 0 \leq i < n, 0 \leq j < m\} \tag{1.1}$$

细胞（i，j）的邻近细胞集合为

$$N_{i,j} = \{(k,\ l) \in L,\ |k - l| \leqslant 1,\ |l - j| \leqslant 1\} \tag{1.2}$$

规则：细胞的下一状态取决于它的邻近细胞的状态的和，细胞的状态 Z 仅为 0 或 1，即

$$Z_{i,j}(t+1) = \begin{cases} 1, & \sum\limits_{(k,\ l) \in N_{i,j}} Z_{k,\ l}(t) = C \\ 0, & otherwise \end{cases} \tag{1.3}$$

上面的模型比较简单，但基本表达了细胞自动机模型的主要特征。更为实际的模型包括气体模型和 Ising 模型。这些模型已被用于描述许多现实中的复杂现象。细胞自动机的数学描述能力比较强，这也是为什么它能和传统的偏微分方法并驾齐驱的原因。下面讨论如何用一种改进的 CA 模型来描述免疫系统。

2. IMMSIM 模型

（1）基本特征。

IMMSIM 基本数学机制是一种加强的细胞自动机。所谓加强，是指 IMMSIM 用的自动机加了一些特别约定，主要是：

- 规则的执行是概率事件，通过引入随机数实现。
- 栅格的每一个位置包含若干个体，且个体的邻近集合只包括同一位置的其他个体。
- 个体可以从一个位置移动到其他位置。

基于 IMMSIM 模型的可运行的软件已被开发出来，如 CIMMSIM、IMMSIM3 等。下面以 CIMMSIM 的实现介绍其基本原理。

（2）模型构成。

①栅格。

模型使用一张平面的栅格来模拟淋巴结，栅格每个位置有 6 个邻居，类似蜂巢的形状，如图 1.10 所示。

②个体定义。

个体包括免疫细胞、免疫分子和抗原分子。IMMSIM 定义了如下的细胞个体：B 细胞，Th（T helper），Tk（T killer），APC，EP（上皮细胞），PLB（免疫浆细胞）。还定义了如下的分子个体：两种免疫因子（lymphokines）IFN（interferon-γ）和 danger signal，Ag，Ab，IC（Ag-Ab 绑定）。另外，MHC 包含于免疫细胞（B、APC、EP）中。

③状态定义。

IMMSIM 根据生物免疫原理，为每种细胞个体规定了相应的状态。细胞个

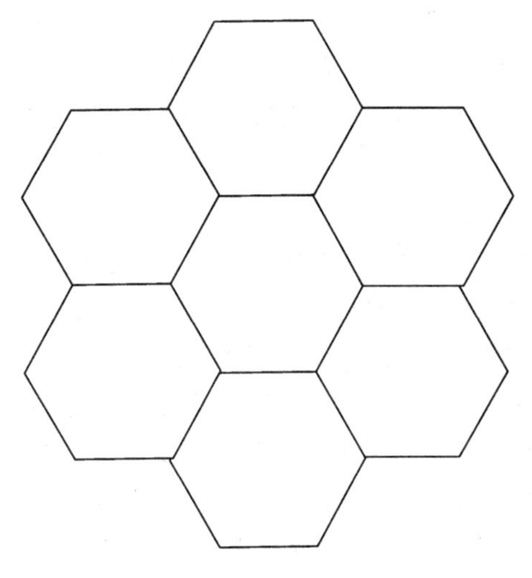

图 1.10 栅格

体根据与其他细胞或分子的交互作用，随机决定是否改变状态。共有 8 种状态：ACT（初始态），INT（APC 捕获抗原后），INF（病毒入侵细胞），EXP（APC 将第二类 MHC 分子与抗原决定位绑定），LOA（细胞将第二类 MHC 分子与抗原决定位绑定），RES（不活动），STI（被激发后），DEA（死亡）。

④指令表达和亲和力表达。

IMMSIM 用相同长度的二进制串表达受体、抗原决定位及 MHC。整个指令空间由串的长度决定。两个串的亲和力由汉明距离来换算，其中 m_c为阈值，$m < m_c$，则无任何交互发生。即

$$V(m) = \begin{cases} \dfrac{V_c(l - m)}{l - m_c}, & m \geq m_c \\ 0, & m < m_c \end{cases} \tag{1.4}$$

⑤交互规则。

交互规则定义了个体的状态转移。交互分为两种，外部的交互即细胞间或细胞与分子间，以及细胞内部的交互，如 MHC 与 peptide 的结合。有特定的交互，如 B 细胞与 T 细胞间；也有非特定的交互，如与 APC 相关的交互。每一个交互规则定义了参与的个体、产生交互的先决条件，以及交互后个体达到的新状态。尽管任何一个个体与同一位置的许多个体都满足交互条件，但是否真的产生交互作用，是一个随机事件，由引入的一个随机数决定。

⑥克隆选择。

为了保证识别的完整性，激活后的 B 细胞必须经过高频变异。克隆选择采

用类似自然选择的竞争机制，以亲和力为标准产生同一克隆的下一代。下一代又不能与父代完全相同，必须对受体的二进制串做相应的变异，使其更好地识别抗原。在 IMMSIM 中，变异频率作为参数，而变异是对二进制串的一些位做随机的改变。

（3）免疫应答的模拟。

模拟前应定义好可选参数，如栅格的大小、二进制串的长度等。

典型的模拟是两次注入抗原分子，从而观察系统的变化。首先在栅格的每一个位置注入适量的免疫细胞和分子，它们处于初始态。在某个时刻注入抗原。在这一步内，同一位置的所有交互都随机地进行，然后一些细胞和分子会死亡，一些细胞会出生。细胞和分子可以扩散到别的位置。依此过程周而复始。比如，处于 ACT 态的 B 细胞的受体若识别出抗原的抗原决定基（Epitope），可能进入 INT 态，B 细胞吞噬抗原，将抗原的 peptide 于 MHC 结合后呈现给 Th。一旦这一交互成功，B 细胞和 Th 细胞都会被激活，进入 STI 态。部分 B 细胞分泌出抗体，并参与高频变异，以期获得更大的识别度。亲和力达到一定程度的 B 细胞成为记忆细胞。然后可以注入同样的抗原，观察免疫的二次应答，因为记忆细胞能很快识别出这种抗原的模式，通常抗原会很快被消灭。

图 1.11 为一次模拟的结果。最粗的曲线表示 T 细胞变化，次粗的表示 B 细胞变化，最细的表示抗原。在时刻 0 和时刻 100 两次注入了抗原，可以观察到后一次 B 细胞和 T 细胞的反应明显要快许多。

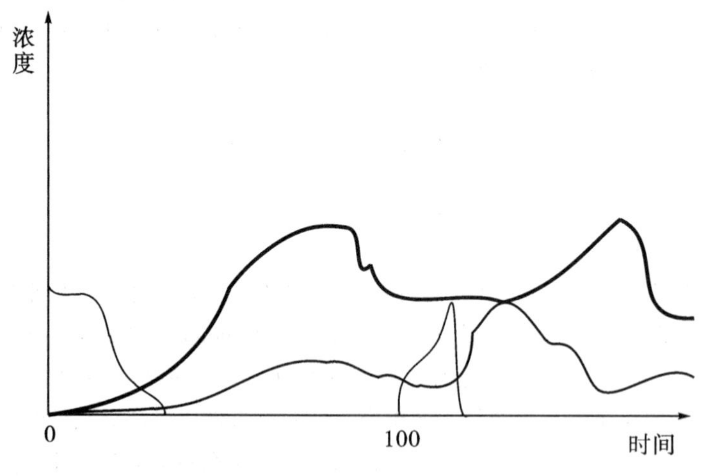

图 1.11　IMMSIM 的一次试验结果

1.3.2.2　ARTIS 模型

ARTIS（Artificial immune system）是 Hofmeyr 提出的一种分布式人工免疫

系统模型，它具有多样性（Diversity）、分布式（Distributed）、错误耐受（Error tolerance）、动态学习（Dynamic learning）、适应性（Adaptation）及自我监测（Self-monitoring）等特性。ARTIS 是一个一般性的分布式可调节模型，可以应用于各种工程领域。

下文将阐述模型的整体结构，然后再详细地描述模型组件和一些相应功能的实现方法。主要内容包括：模型的整体结构、环境定义、匹配规则、训练检测系统、免疫调节和记忆、受动器应答、检测器的生存周期、协同刺激和敏感性、孔洞的存在和解决方法等。

1. 模型的整体结构

ARTIS 模型是一个分布式的系统，它由一系列模拟淋巴结的节点构成，每个节点由多个检测器构成。每个节点都可以独立完成免疫功能。

模型涉及的免疫机制包括识别（匹配）、抗体多样性（检测器的多样性）、调节（检测器的调节）、自体耐受（检测器的自体耐受）、细胞的生存周期（检测器的生存周期），以及其他的一些高级机制如协同刺激、MHC 和多样性（孔洞弥补）等。

2. 模型的环境的定义

（1）问题的定义。

在免疫系统中，蛋白质链的不同形态可用来区分自体和非自体。在这个模型中，用固定长度的二进制串构成的有限集合 U 来表示蛋白质链。U 可以分为两个子集：N 表示非自体，S 表示自体，满足 $U=N\cup S$ 且 $N\cap S=\emptyset$。

（2）检测器。

生物免疫系统由许多不同种类的免疫细胞和分子构成。该模型只使用一种基本类型的检测器，它模拟淋巴细胞，融合了 B 细胞、T 细胞和抗体的性质。淋巴细胞表面有成百上千个同种类型的抗体，这些抗体可以结合抗原决定基。在 ARTIS 模型中，检测器、抗体决定基和抗原决定基都用长度 l 的二进制串来表示，抗体和抗原的亲和力就用二进制串之间的匹配度表示。

（3）节点。

几个检测器的集合形成一个节点（Location），它模拟生物免疫系统的淋巴结，但是它又与生物免疫系统不同：在 ARTIS 模型中，每一个节点可以独立地产生和训练检测器；而在生物免疫系统中，检测器的自体耐受训练是统一在胸腺中完成的。

每个节点是一个独立的检测系统 D_l。它由 3 部分构成，即 $D_l=(D, M_l, h_l)$。其中 D 是检测器的集合；M_l是一个二进制串的集合，代表自体集合，用于自体耐受训练，$M_l \subset U$；h_l是一个二进制串的匹配函数。节点中的检测器数目是可调节的。

定义一个函数f_l，用于识别自体和非自体。f_l是一个从记忆集合M_l，以及一个待识别的二进制串$s \in U$到一个分类｛0，1｝的映射，其中1表示s为自体，0表示s为非自体。f_l是这样一个函数：

$$f_l = \begin{cases} 1, & \exists\ s_1 \in M_l,\ \mid h_l(s_1,\ s) = 1 \\ 0, & otherwise \end{cases} \tag{1.5}$$

每个节点检测系统都有两个独立、有先后顺序的阶段：训练阶段和识别阶段。在训练阶段，每一个检测器d都要在自体集合M_l下进行自体耐受训练；在识别阶段，各个小的检测系统D_l各自独立地检测外来抗原。

ARTIS分类识别可能发生两种错误：把一个原来是自体的字符串识别为一个非自体时发生错误肯定（False positive），把一个原来为非自体的字符串识别为一个自体时发生错误否定（False negative），如图1.12所示。它们可以定义为：给定一个测试的集合$U_{\text{test}} \in U$，测试集合中有自体S_{test}和非自体N_{test}两种集合。识别时发生错误肯定的模式集合ε^+可以定义为

$$\varepsilon^+ = \{s \mid s \in S_{test} \wedge f_l(M_l,\ s) = 0\} \tag{1.6}$$

同样，识别时发生错误否定的模式集合ε^-可以定义为

$$\varepsilon^- = \{s \mid s \in N_{test} \wedge f_l(M_l,\ s) = 1\} \tag{1.7}$$

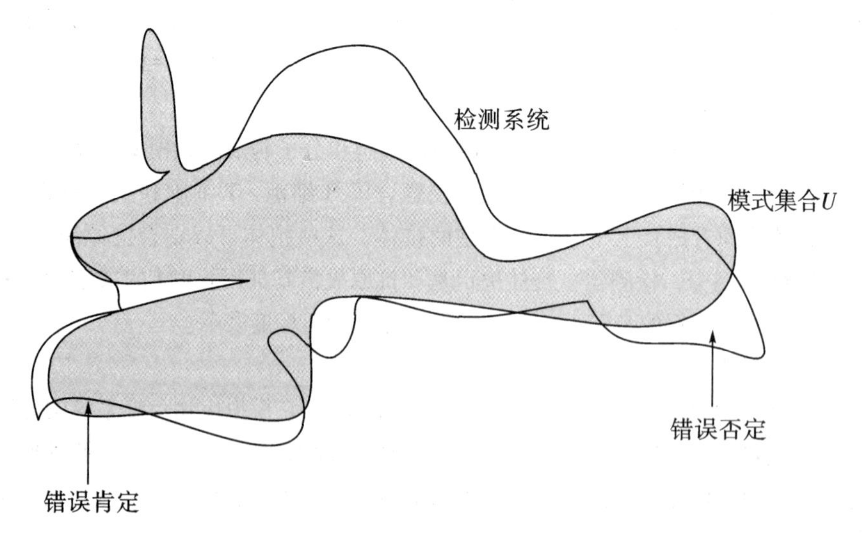

图1.12　用二维图形表示字符串识别时发生的错误

生物免疫系统同样存在这两种错误，都会对人体造成伤害，但免疫系统可以通过一定的机制来减少这样的错误发生。同样，在 ARTIS 模型中，也使用相同的机制使错误最小化，这些机制将在后面详细叙述。在实际问题中，自体和非自体集合可能是交互的，在这个模型中没有考虑这种情况。

（4）分布式系统。

整个分布式系统可以定义为一个有限节点的集合 L。可变数目的节点构成整个 ARTIS 系统，各个节点相对独立地工作，它们之间不共享自体集合，但是检测器可以在各个节点之间游动共享，各个节点之间可以相互刺激。独立的自体集合可以减少全局的错误否定的发生。全局的分类函数 g（相对于一个节点中的 f_l 函数）可以定义为

$$g(\{M_L\}, s)=\begin{cases}0, & \exists l \in L \mid \exists s \in U_l, \ |f_l(M_l, s)=0 \\ 1, & otherwise\end{cases} \tag{1.8}$$

由式（1.8）可以看出，只要有一个节点认为某个模式是非自体，那么整个系统就认为它是非自体；而只有全部的节点都认为某个模式是自体时，系统才认为它是自体。这样就减少了非自体入侵的可能性，减少了错误否定的概率，增加了错误肯定的概率。但错误肯定的概率可以通过完善的自体耐受训练来降低，所以 ARTIS 系统采用这种策略。

ARTIS 系统具有可扩展性，可以增加节点数目而不会使识别的错误率呈指数级增加；同时还具有鲁棒性，在一些节点失效的情况下，整个系统能够正常工作。

3. 匹配规则

匹配规则有多种选择：汉明距离、编辑距离、r-连续位匹配，还有基于结合能量的匹配方式等。各种匹配规则有各自的优点和缺点，根据应用的不同，可以选择不同的匹配规则。在这个模型中，采用 r-连续位匹配的方法。如果两个字符串 a 和 b 有连续的 r 位是相同的，那么这两个字符串匹配，如图 1.13 所示。r 值可以确定检测器的覆盖，也就是单个检测器可能匹配的字符串的子集大小。如 r=l，其中 l 为检测器字符串的长度，那么这个检测器就只能匹配它自身；而如果 r=0，那么检测器可以匹配任意的长度为 l 的字符串。

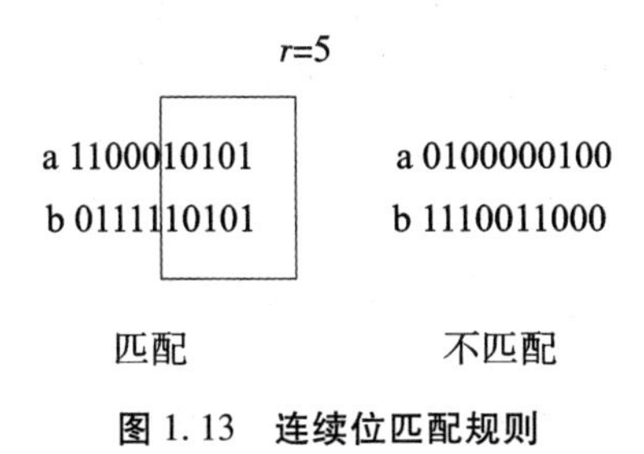

图 1.13　连续位匹配规则

使用 r-连续位规则时，需要选取最优化的 r 值。因为在固定的识别能力的需求下，检测器的个数和它的特殊性之间是相互排斥的。这里的特殊性指的是这个检测器的覆盖范围，范围越小就越特殊。最佳的 r 值是能够在最小化检测器数目的同时获得良好的识别能力。

在生物免疫系统中，当抗体抗原的结合达到一定的阈值时，淋巴细胞就会被激活。这会改变淋巴细胞的状态，同时会引发一系列的反应，最终导致病原体的消除。因为抗体和抗原的结合不是持久性的，所以必须在短时间内结合充分数量的抗原，才能引起免疫反应。在 ARTIS 系统中，匹配值同样通过累积实现，即通过检测器一段时间内匹配的字符串数目来计算匹配值；但是一旦超过一定的时间，匹配值将开始减小。一旦检测器被激活，那么匹配值就被设置为零。

4. 训练检测系统

ARTIS 系统在运行中要经历训练阶段和检测阶段。训练阶段主要是训练检测器的自体耐受能力。生物免疫系统中的自体耐受训练有两个：一个是细胞产生阶段的中心耐受训练，一个是识别阶段的协同刺激。在这里只讨论中心耐受训练在 ARTIS 中的实现。T 细胞在胸腺中完成自体耐受训练：如果某一个 T 细胞在自体耐受阶段被激活，那么它就被杀死。人体中大多数的蛋白质都在胸腺中存在，所以在胸腺中通过自体耐受训练的检测器可以认为是自体耐受的（在后面提到的协同刺激是测试阶段的自体耐受训练，是对胸腺训练的补充），这个过程就是否定选择。

ARTIS 系统中的自体耐受训练就是使用生物免疫系统中的否定选择算法，如图 1.14 所示。不同的是：在这个模型中，每一个节点各自独立地进行自体耐受的训练，在每一个节点中都有独立的训练集合（也就是前面所说的自体集合），各个节点不共享训练集合。

首先每个节点都保存一个自体集合，这个集合是事先收集的。然后随机产生（也可以用一定的策略产生，以减少重复率）一个检测器，这个检测器经历一段时间为 T 的耐受期。在这段时间内，检测器将试图匹配训练集合，如果能够匹配，则认为这个检测器要匹配自体，它会被消除。

如果在耐受期内没有匹配自体集合，那么这个检测器就成为一个成熟的检测器。成熟的检测器进入检测阶段。如果成熟检测器被刺激达到一定的阈值，那么检测器就会被激活，并且会被记忆，同时会发送一个检测到非自体的信号，引发一系列调节反应。

显然，如同生物免疫系统一样，未成熟的检测器可能接触自体和非自体，

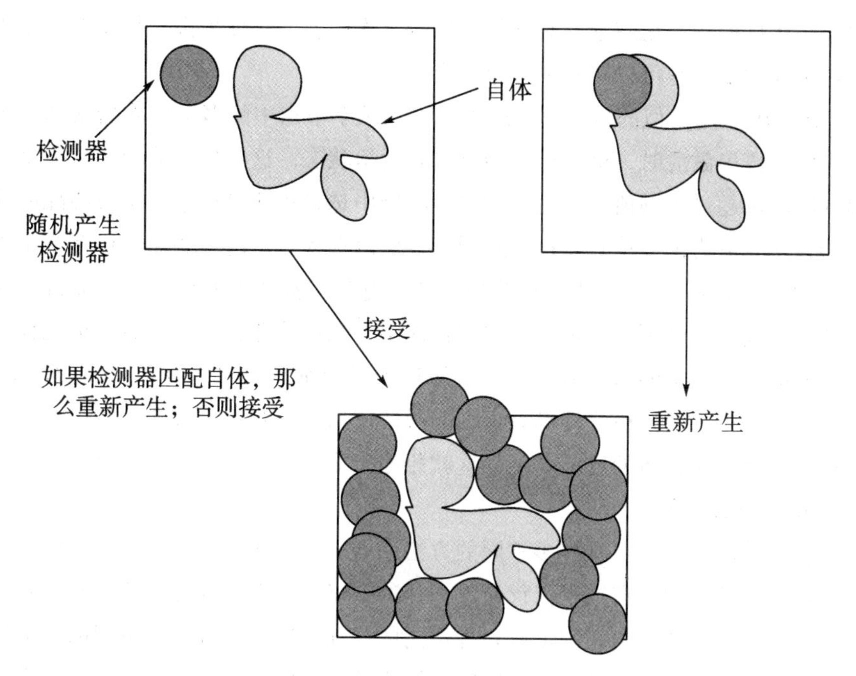

图 1.14　否定选择算法

也就是说，它可能对某些非自体也耐受。但是可以假定在未成熟阶段，检测器遇到自体的概率非常高，而遇到非自体的概率要低得多。

5. 免疫调节和记忆

生物免疫系统中的检测是一种基于记忆的检测，有两种应答：初次应答和二次应答。前面叙述了免疫应答的详细内容，这里首先简要回顾一下应答的主要内容，然后描述 ARTIS 系统对这些功能的实现。

当免疫系统遇到以前没有见过的抗原时会进行初次应答，此时只有很少的淋巴细胞能够结合这种抗原，免疫系统的运作符合克隆选择原理：和抗原亲和力越高的淋巴细胞越容易克隆扩张；与此同时，系统还通过重排基因序列等手段进行突变，产生亲和力高的新的淋巴细胞。此时，突变和克隆扩张就是主要的调节手段。

当抗原消除后会有一定的淋巴细胞被保留下来，它们被称为记忆细胞。这样，在下次遇到相同的抗原时，免疫系统就可以快速地做出反应，这就是二次应答。免疫记忆的一个特点是相关性。比如有两种结构相似的抗原，一种没有毒性或者毒性很弱，而另一种具有很强的毒性。那么就可以通过使用第一种抗原使免疫系统进行一次应答，记住抗原模式。当另一种抗原入侵时，就可以根据第一次抗原的记忆细胞，对该抗原进行二次应答。总体来说，相关性就是指一种免疫记忆细胞可以对一类抗原起作用。

ARTIS采用类似的基于记忆的检测。当某个节点中的多个检测器被同一种非自体字符串激活时，这些检测器就进入竞争状态。这些检测器和非自体字符串的匹配都超过了阈值，然后在这些检测器中选择和非自体字符串最匹配的检测器，使其成为记忆检测器；与此同时，可以选择一定的检测器进行字符串重排（模拟变异），变异产生的检测器也参与竞争。被选中的记忆检测器进行克隆增扩，复制自己用于识别入侵的非自体串。在消除非自体串以后，记忆检测器就发散到系统中的邻近节点中去，使整个系统都具有对这种非自体的记忆。记忆检测器比一般的检测器具有更低的激活阈值，更容易被激活，所以可以借此提高对特定非自体的反应速度，这就相当于生物免疫系统的二次反应。

6. 受动器应答

在不同的应用中，有许多不同的方法来处理非自体，像模式识别等应用可以不需要受动处理。在这里仅仅讨论选择的策略而不涉及处理方法本身。在抽象的模型受动器选择中，假定有几种不同的受动器应答，分别与不同的受动器相关联。受动器的选择是由检测器的字符串的一个固定部分决定的，它模拟抗体的固定部分。当检测器被激活并复制时，它经历一个类似同型特异性（isotype）的转化过程。检测器在各节点之间移动，不仅仅传播异体模式的信息，同时还携带了有关如何消除异常的特异性信息，这样可以保持一定的鲁棒性和灵活性。

7. 检测器的生存周期

前面分别论述了ARTIS系统的训练、识别、调节和记忆，以及异体模式的受动器的选择方式，免疫系统的主要功能已经论述完毕。下文将从另一个角度来描述系统的工作过程：检测器的生存周期。它模拟淋巴细胞的生存周期。检测器的生存与系统的识别过程相关，但又是一个可以独立进行的过程。

如果检测器无限地存在下去，只有在协同刺激失败时死亡，那么大多数的检测器仅仅成熟一次。这会造成两个后果：

（1）检测器会不断地增加，而系统资源是有限的；

（2）任何发生在训练阶段的非自体字符串都不会被识别。

在生物免疫系统中，淋巴细胞的生命周期是非常短的，一般只有几天的时间，过几周人体全身的淋巴细胞就可以全部更新。这就是淋巴细胞的动态性，它很好地解决了前面所提到的问题。ARTIS系统也引入了相同的机制：每个检测器成熟以后，都有一个P_{death}的生命周期，如果在这个时期内检测器没有被激活，那么它将死亡，用一个随机产生的不成熟的检测器代替它。最后除了记忆检测器，其他的检测器都要死亡。这样，一个非自体串将被消除，除非它持续地出现在自体耐受期间，持续地对新的检测器耐受。

一个例外是记忆检测器的周期。在生物免疫系统中，记忆细胞是长期存在的，因此抗原的模式将被长期记住。与此相类似，在 ARTIS 系统中，记忆检测器也是长期存在的，它们仅仅在协同刺激失败时被消除。限制检测器的生命周期，可以很好地防止上文提到的后果（2）的产生。但是对于后果（1），即有限资源的情况，短的生命周期只能缓解而不能彻底解决这个问题。因为不管在人体中还是在各种应用系统中，非自体都要比自体多得多，所以记忆检测器会不断增加，这会对资源提出很高的要求。在 ARTIS 系统中，使用最近最少使用（LRU）的策略来置换：如果一个新的记忆检测器产生，而总共的记忆检测器数目已经达到了限制值 m_d，那么就用 LRU 方法置换出一个最近最少被激活的检测器，使它成为一个一般的成熟的检测器，重新进行生命循环。

动态检测器的方法除了解决前面提到的两个问题外，还有一个好处就是可以动态地调节自体集合。如果自体集合得到调节，那么新产生的成熟检测器就会对新的自体集合耐受，而那些旧的检测器会因为协同刺激的失败而死亡。如果自体集合变化不快，那么最后所有的检测器都会对新的自体集合免疫；而如果自体集合不断地变化，那么成熟的检测器会变得非常少，因为成熟的检测器很快就会因为协同刺激的失败而死亡。

综上所述，这里可以对检测器的生存周期做一个概括，结果如图 1.15 所示。首先，检测器随机产生，进入耐受期，这时的检测器是不成熟的。然后，如果检测器在训练期间匹配任何字符串，那么检测器死亡，用一个新的随机产生的检测器代替；如果没有匹配，那么检测器就成熟，进入一个时间为 P_{death} 的生命周期。在这段时期内，如果检测器没被激活，那么检测器死亡，用一个新的随机产生的检测器代替；如果检测器被激活，但是协同刺激失败，那么它同样会死亡，用新的检测器代替；一旦检测器被激活，且协同刺激成功，检测器就成为一个记忆检测器。一旦成为记忆检测器，只需要单个的匹配它就能被激活。除非记忆检测器的数目达到最大值，否则记忆检测器将长期存在。

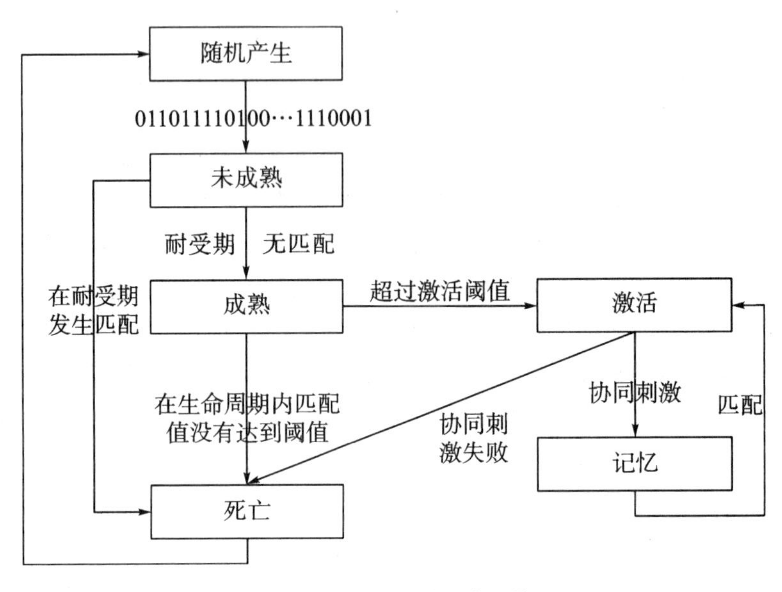

图 1.15　检测器的生存周期

8. 协同刺激和敏感性

协同刺激是胸腺自体耐受训练的补充，是识别阶段的自体耐受训练；而敏感性是模拟细胞因子的浓度，用来调节局部节点的激活阈值，用于识别短时期内入侵的几种抗原。

在 ARTIS 系统中，同样不能假定检测器在自体耐受训练中对所有的自体耐受，也就是说，检测器可能会识别一些自体。如同生物免疫系统一样，这可以通过第二个信号来决定是否自体耐受。在理想情况下，第二个信号应该由系统的其他部分提供，一种比较接近的方法是通过人来提供第二个信号。当一个检测器被一个串激活时，它就发送一个信号给管理员，在一个给定时间内，由管理员决定是否是真的非自体。如果是非自体，就不用发送信号；如果是自体，那么管理员就发送一个信号到相应的检测器。这个检测器协同刺激失败、死亡，并用一个新的不成熟的检测器代替。一般的情况下，系统可以自动地自我完善，以阻止错误肯定的发生。

在生物免疫系统中，当一个区域发生了检测事件，这个区域就会发送信号到邻近的区域，从而提高邻近区域的敏感性。这样可以提高免疫系统的反应速度，防止短时期内受到相同的或者不同的病原体的攻击。在 ARTIS 系统中，使用局部继承（Locality inherent）的概念来模拟。每一个检测节点 D_i（$i=1, 2, 3, \cdots$）都有一个局部的敏感性水平 W_i，模拟人体中的局部细胞因子的浓度。在 D_i 中的检测器的激活阈值为（$T-W_i$）（T 为最高激活阈值）。这表明：局部的敏感性越高，则局部的激活阈值就越低。如果节点 i 中的成熟检测器的匹配数目由 0 增加到 1，那么这个节点的敏感性值就增加 1。同时，敏感性也有一定的时间范围，超过一定的时间，敏感性值就会以一定的速度 γ_w 减少，γ_w 表示 W_i 递减 1 的概率。这样就能保证，即使在短时间内有几种完全不同的抗原入侵，也可以检测到。

9. 孔洞的存在和解决方法

在生物免疫系统中可能存在孔洞（Hole）。生物免疫系统中的孔洞是指那些隐藏在细胞内部的抗原，它无法被 B 细胞直接识别。生物免疫系统中，MHC 可以在不破坏细胞的前提下把细胞内部的抗原提到细胞的表面，从而被 B 细胞识别。

在人工免疫系统中，同样存在着孔洞。在 ARTIS 系统中，孔洞是一些无法被检测器识别的非自体串。对于一个非自体字符串 $a \in N$，N 为非自体串的集合，当满足 $\forall\ u \in U$，如果 u 和 a 匹配，那么 u 就必定和某个自体串 s 匹配，即 $s \in S$，那么 a 就是一个无法被检测的孔洞，如图 1.16 所示。

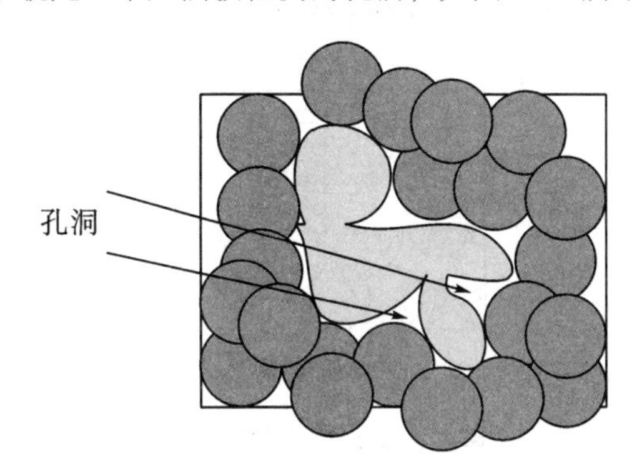

图 1.16　孔洞的存在

用一个例子来描述 ARTIS 中的孔洞。假设有 3 个字符串 $s_1=001101$，$s_2=111111$，$s_3=001111$。对于 r-连续位匹配（r=3），匹配 s_3 的子集有 $D_3 = 001{*}{*}{*} \cup {*}011{*}{*} \cup {*}{*}111{*} \cup {*}{*}{*}111$，其中，“*”表示 0 或 1 中的任意一个。那么对所有在集合 D_3 中的检测器，都与 s_1 或者 s_2 中的一个匹配。现在如果 s_1、s_2 是自体集的一部分，而 s_3 是非自体集，那么任何匹配 s_3 的检测器都要匹配自体集，所以都不可能通过耐受训练。最终不可能有识别 s_3 的检测器，s_3 就成为一个孔洞。

在生物免疫系统中，每一种 MHC 都可以看成是一种表示蛋白质的方式，也就是说，一种蛋白质可用多种形式表达出来。生物免疫系统就是采用多种形式的方法来消除或者减少孔洞。在 ARTIS 系统中，同样采用多种形式来消除孔洞，如图 1.17 所示。它通过一个随机产生的掩码来过滤引入的字符串。例如，给定两个字符串 $s_1=01101011$，$s_2=00010011$，以及一个掩码 τ，通过随机产生，如 $\tau=1-6-2-5-8-3-7-4$（置换顺序，新串相应位置对应原串中的位置），那么 $\tau(s_1)=00111110$，$\tau(s_2)=00001011$。使用连续位规则 $r=3$，那么 s_1 匹配 s_2，而 $\tau(s_1)$ 不匹配 $\tau(s_2)$。对不同的检测节点用不同的掩码，那么相当于改变了检测器的形态。这样，如果某个非自体串是某个节点的孔洞，它可能在别的节点被检测到。

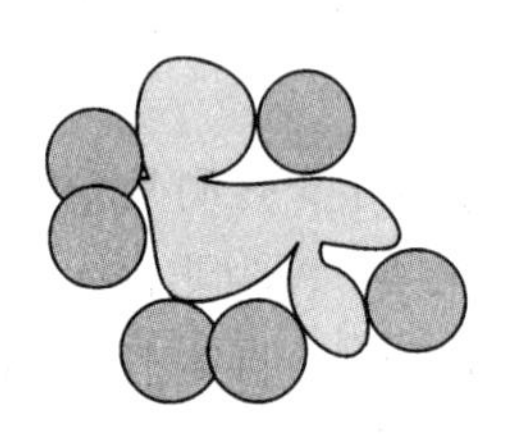

局部检测集1

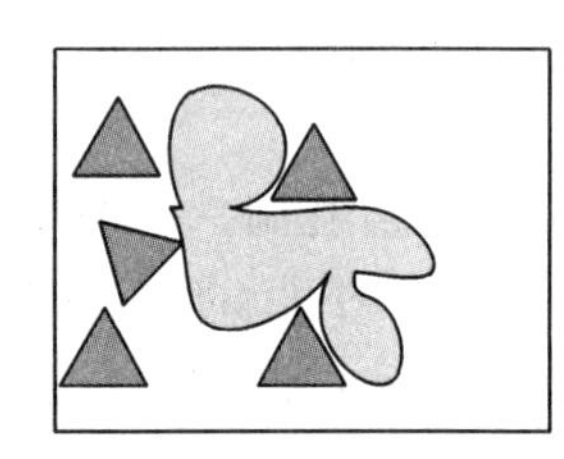

局部检测集2

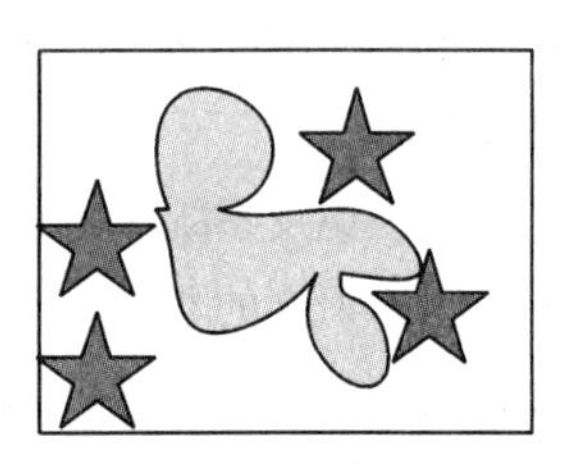

局部检测集3

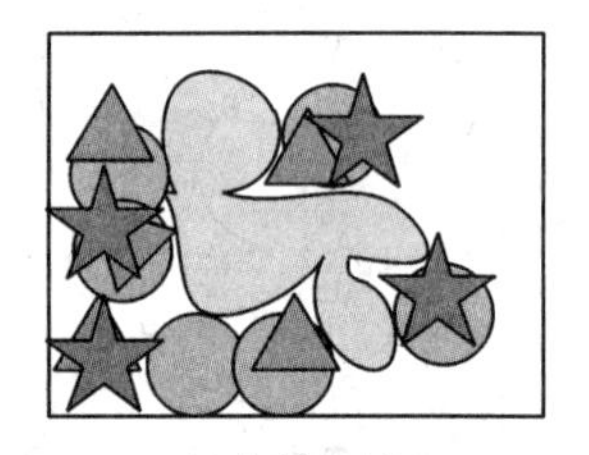

所有检测集

图 1.17　孔洞问题的解决

10. 小结

作为小结，表 1.1 给出了免疫系统与 ARTIS 的综合对比。

表 1.1　免疫系统和 ARTIS 的比较

免疫系统	ARTIS
蛋白质/缩氨酸	二进制串
受体	二进制串
抗体的可变区域	检测器串
抗体的固定区域	检测器串的一部分

表1.1(续)

免疫系统	ARTIS
记忆细胞	记忆检测器
抗原	非自体二进制串
绑定	部分串匹配
淋巴结	节点
免疫循环	活动检测器
中心耐受系统	(没有)
胸腺	(没有)
MHC	掩码
细胞因子浓度	敏感性水平
外围耐受系统	分布式否定选择
信号 1	匹配达到阈值
信号 2	人为操作
淋巴细胞克隆	检测器复制
抗原检测	检测事件
抗原消除	受动反应
亲和力成熟	记忆检测器竞争

1.3.2.3 Multi-Layered 模型

Multi-Layered 模型是由 T. Knight 和 J. Timmis 提出的一种可用于数据压缩、数据聚合、数据挖掘的免疫工程模型。它具有持续学习、动态调节、特性记忆等特性，可以把输入数据分类、压缩。

下文首先简要介绍该模型所借鉴的生物免疫系统的组件和机制，然后对模型的体系结构进行阐述，并具体分析该模型的构成机制，最后给出该模型的一些实验数据。

1. 相关的生物免疫机制

生物免疫系统是一个庞大的系统，它涉及很多细胞分子，采用了许多种机制，在这里仅介绍与本模型相关的一些组件和机制。本模型借鉴了适应性免疫系统的一部分机制。涉及的免疫细胞和免疫分子有 B 细胞、抗体、抗原，采用克隆选择机制。抗原进入适应性免疫系统后，与 B 细胞接触，B 细胞通过表面的抗体识别抗原，抗原识别后 B 细胞会被激活（实际上需要 T 细胞的合作），被激活的B细胞分化出胶质细胞，胶质细胞会产生抗体，最终导致抗原被清除。在这个过程中，一些被激活的B细胞会成为记忆细胞，从而提高下次免疫应答的速度；系统同时使用克隆变异，产生更具有亲和力的细胞。模型简化了免疫系统，将它分层，各层内部细胞（或分子）相互作用（竞争），层与层之间也有相互作用（反馈）。

2. 体系结构

总体来说，该模型可以分成3层：自由抗体层、B细胞层、记忆细胞层。抗原进入系统，首先和自由抗体相互作用，这个相互作用发生在自由抗体层，自由抗体层的抗体由B细胞层的B细胞分泌产生。经过第一层相互作用后，抗原进入第二层即B细胞层，与B细胞相互作用。最后经过在B细胞层的克隆选择竞争，一部分B细胞成为记忆细胞，进入记忆细胞层。整个模型还采用了一定的细胞数量控制机制，如图1.18所示。

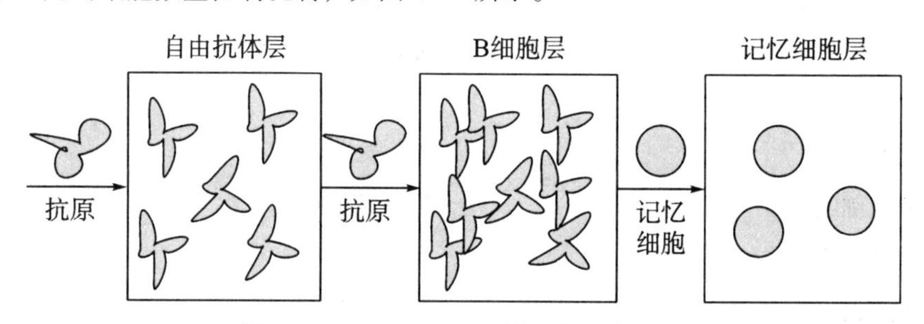

图1.18　Multi-Layered模型的3个层次

在这个模型中，抗原、抗体、B细胞、记忆细胞在实际的应用中都是具有相同的形态空间结构的数据。比如，向量、字符串、数值串等。

3. 具体结构

（1）自由抗体层。

这一层由可变数量的抗体组成，抗体由B细胞层的B细胞分泌产生。抗原进入这一层后，并不是和整体系统相互作用，而只与一定比例的抗体相互接触。接触抗原的抗体中，有些抗体可以识别这个抗原，有些抗体不能识别这个抗原。其中，识别就发生于抗体和抗原之间的亲和力超过一个事先设定的阈值之后。这里的亲和力可以根据不同的形态空间定义，采用不同的定义。一旦抗原和这一层中一定比例的抗体接触以后，就进入B细胞层，这里的比例与采用的定义有关。在接触过程中，需要统计能够识别抗原的抗体的数量。这个数量作为第二层中抗体对B细胞的刺激程度的衡量指标。

（2）B细胞层。

B细胞层由可变数量的B细胞构成。这些B细胞最初可以随机产生，也可以通过一定的诱导机制产生。抗原进入这一层后，就随机地和这一层的B细胞相互接触，直到被一个B细胞识别，或者和所有的B细胞都接触完毕。

这里的识别和自由抗体层的识别是一样的。而抗体对B细胞的刺激水平由在自由抗体层能够识别这个抗原的抗体的数目来决定（因为抗体是由B细胞分泌产生的，能够识别同一种抗原的抗体都是相似的，这些抗体是由一些相似的B细胞分泌的。也就是说，相当于有很多相似的B细胞识别了这种抗原，所以可以采用这个参数来表示刺激水平）。一旦这个数目超过了一个事先定义好的阈值，就触发了免疫应答。

如果所有的B细胞都不能识别抗原，那么就代表这是一个以前没有出现过的抗原，系统将进行初次应答，复制抗原，产生一个新的B细胞加入到B细胞层中（因为抗原和B细胞、抗体具有相同的结构），同时把新的抗体反馈到自由抗体层。所以下次相似的抗原进入时就会被识别。对于具体的问题，这就相当于在系统中加入了新的数据。这个机制加上后面的细胞（分子）数量限制机制，就形成了系统的动态调节机制。

如果抗原能够被识别，但是不能触发免疫应答，那么每次被识别后，B细胞就把一定数量的抗体反馈到自由抗体层。这样，如果相类似的抗原不断地进入这个系统，最终会触发免疫应答。激活阈值的设定可以保证系统能够对抗原做出应答，但又不过于敏感。

如果抗原能够触发免疫应答，这时候相应的B细胞就被激活。激活的B细胞会经历一个免疫调节过程，也就是克隆选择过程。在这个过程中，B细胞层需要完成3件事。

①B细胞复制产生一个自身的克隆，这个过程涉及克隆变异。这相当于克隆增扩。②与此同时，B细胞再复制一个自身的克隆，把它作为一个新的记忆细胞，并将其加入记忆细胞层。③B细胞分泌自由抗体（对于实际的数据就是复制自己），加入自由抗体层。其中，产生的自由抗体数目由式（1.9）决定。

$$n_f = [S_{max} - a(ag, bcell)] * k \tag{1.9}$$

其中，n_f代表产生的自由抗体的数量；S_{max}是形态空间中两个B细胞之间的可能的最远距离（也就是可能的最大差异），它表明某个B细胞越特殊，越需要更多的自由抗体保证下次还能被触发；$a(ag, bcell)$是B细胞和抗原之间的亲和力，它表明在触发免疫应答并产生记忆细胞以后，就要限制自由抗体层中这种抗体的浓度；k是一个常数。

（3）记忆细胞层。

新的记忆细胞进入记忆细胞层后，就与记忆细胞层中的每个细胞结合，计算亲和力。如果某个原来的记忆细胞和新的记忆细胞的亲和力大于一个固定的值（δ_{mem}），且新的记忆细胞和产生它的抗原有高的亲和力，那么原来的记忆细胞就被新的记忆细胞代替。也就是说，如果两个记忆细胞过于相似，那么就保留与抗原亲和力更好的一个。如果没有找到这样的记忆细胞，那么就在记忆细胞层增加一个新的记忆细胞。

（4）数量控制。

数量控制应用于每一层。每一层的细胞（抗体）都有一个死亡的周期，如果在 T_{death} 这段时间内没有被激活，那么这个细胞（抗体）就会被消除。

（5）试验结果。

K. Night 用 3 组数据测试了系统的功能，如表 1.2 所示。使用模拟数据、三圈图和圆环图 3 组数据集合，系统对这 3 组数据进行识别和压缩。其中三圈图是用二维坐标集合表示的 3 个同心圆，圆环图是用三维坐标集合表示的立体图。实验结果如表 1.3 所示。

表 1.2　用于测试的 3 组数据

名字	类型	维数（维）	数据集大小（个）	数据类数（个）
模拟数据	数字	2	30	3
三圈图	数字	2	600	3
圆环图	数字	3	221	2

试验结果表明，系统对三圈图数据的压缩率达到了 91.6%，对圆环图数据的压缩率达到了 66.5%，并且系统运行 500 次循环以后，没有出现信息丢失现象。

表 1.3　测试结果

	模拟数据		三圈图		圆环图	
	δ	x	δ	x	δ	x
自由抗体层	14.341	62.315	77.499	1 143.492	6.684	1 441.08
B 细胞层	3.503	51.639	43.346	1 126.834	18.054	387.755
记忆细胞层	1.027	4.86	3.860	50.34	5.185	74.72

注：δ 为各层中偏离原数据的记忆数据数，x 为各层中平均的数据数。

1.3.2.4 基于 Multi-Agent 的免疫模型

Multi-Agent 系统和人工免疫系统有许多相似的地方，Multi-Agent 系统的一些机制可以用来建立免疫模型。Sathyanath Srividhya、Dipankar Dagupa、P. Baller、Paul K. Harmer、N. Foukia 等人提出了一系列基于 Multi-Agent 的免疫模型。

下文首先介绍 Multi-Agent 系统的一些特点，以及 Multi-Agent 系统和免疫系统的一些相似点，然后重点介绍 Sathyanath Srividhya 的 AISIMAM 模型：包括模型的整体架构和工作过程、模型的流程和数学表示。

1. Multi-Agent 系统和免疫系统的关系

（1）Multi-Agent 系统。

Multi-Agent 系统是管理一定数量和种类的 agent 来完成特定的目标的系统。其中的 agent，总的来说是这样的一些实体：它们有事先设定好的目标，有固定的活动准则，同时可以了解所处环境的信息，并且能够根据环境信息进行判断、交流、合作、学习并且做出决策。

每个 agent 可以单独存在（具有自主性），也可以存在于一个由很多的 agent 构成的整体系统中。每个 agent 都有设定好的个体目标，不同的 agent 有不同的目标。同时，所有的 agent 合作完成一个系统的整体目标。每个 agent 都努力使自己的目标最大化。

agent 通过一种叫强化学习的方法（Reinforcement learning）来改变系统的状态，达到最终的系统目标。agent 有一组事先设定好的规则，这些规则定义了 agent 的自治、友好、推理、学习、交流和合作等机制。agent 的活动机制就是根据这些规则和一些环境信息而制定的。不同的环境需要不同的规则，一般来说，Multi-Agent 系统都是开放的、分布式的。

（2）agent 的特性。

agent 具有以下的特性：

- 自主性：就是 agent 的自主能力。如果一种 agent 可以脱离它所处的系统，由别的系统或者人来指导它的行为，这种 agent 就是控制 agent。
- 社会性：是 agent 活动的一种衡量，也是判断一种 agent 是考虑自己多一点还是别的 agent 多一点的标准。比如，altruistic agent 就是一种只考虑别的 agent 的利益的 agent，而 egoistic agent 是一种只考虑自己的 agent。
- 友好性：agent 可以和别的 agent 友好相处，但同时在一定的条件下，又会和别的 agent 相互竞争。
- 敏感性：agent 可以分为反应性的和协商性的。前者对环境的变化可以快速地感知同时会很快地做出反应，而后者在做出决定以前会经过一些推理和思考。

- 活动性：有些 agent 静止在一个固定的地方不动，而有些 agent 可以在各个据点之间移动，比如一些巡回（Itinerant） agent。
- 适应性：agent 可以主动适应环境，从环境中学习。

agent 系统最重要的是 agent 的学习和决策过程，这些过程和系统的开放程度是密切相关的。如果一个系统是完全开放的，那么只要了解到足够多的信息，就可能做出正确的决定，这种系统称为可访问系统。然而事实上，一般复杂物理系统都不可能是全部开放的。但从某些角度出发，可以把系统分成可访问的系统和不可访问的系统。从另外一些角度还可以有不同的分法。比如，可以根据 agent 活动的确定性，分为确定性（Deterministic）系统和非确定性（Non-deterministic）系统。

（3） Multi-Agent 系统和免疫系统比较。

在实际的应用中，许多能够用 Multi-Agent 系统解决的问题都可以用人工免疫系统来解决。免疫系统模型能够用 Multi-Agent 系统的一些方法和机制来生成是因为它们之间有许多类似的地方。下面列出的是它们的一些相似之处。

- 它们都由许多自治的实体构成。免疫系统中的免疫细胞及 Multi-Agent 系统中的 agent 都具有自治性。
- 都有个体目标和全局的目标。免疫细胞的个体目标是生存（识别一定范围内的抗原），而全局目标是消除抗原。
- 都有学习的能力。例如，免疫系统的免疫调节和记忆，Multi-Agent 系统的学习算法，等等。
- 都具有可调节性。都能够根据环境的变化来调节自己的活动。
- 系统中的实体都具有交流能力及竞争力。
- 两个系统都有一定的机制来维持整个系统的工作。例如，免疫系统中的竞争克隆选择算法，Multi-Agent 系统的学习算法和决策过程，等等。

2. AISIMAM 模型

几乎所有的基于 Multi-Agent 的免疫模型的构建思路都大致相同，都是用免疫的一些机制来改进 Multi-Agent 系统的一些学习和决策过程。这里选取具有代表性的 AISIMAM 模型来进行阐述。

AISIMAM 系统由两种 agent 构成：一种是模拟抗原的非自体 agent（NAG）；一种是模拟淋巴结细胞的自体 agent（SAG）。外部环境可以看成是由许多系统信息构成的一个表，或者说是矩阵。SAG 的个体目标就是识别它的识别范围内的 NAG，而系统的整体目标就是识别所有的 NAG。系统通过 5 个步骤来完成最终的工作。其决策过程采用了克隆选择的思想，交流和学习过程采用了一些免疫网络模型的思想。

（1）基本思想。

每一个 NAG 都有一个相关的信息字符串，在实际应用中，这个串可以代表进程扰动、非法操作，或者是计算机病毒等一系列相关的信息。这个信息串相当于抗原的抗原决定基。类似地，每一个 SAG 都有一个信息串来定义个体目标，信息串可以包括一个或多个数据。例如，这个信息串可以是位置信息（如果某个 SAG 的目标是某一个地点）、鉴别数据（比如病毒的鉴别数据）、文本信息，或者其他各种信息。它与实际的应用密切相关。这些信息被看成抗体决定簇。整个系统根据个体的合作来完成系统的最终目标，在这个系统中，就是最终消灭 NAG。具体的方法与具体的应用相关。

不同的 SAG 的信息串各不相同，这相当于不同的抗原有不同的抗原决定基，不同的淋巴细胞有不同的受体部分。SAG 根据行为决策器（Action generator）来产生个体的活动和目标，决策过程要受到 SAG 所带的信息串和系统的全局信息的影响。系统的整体目标由所有的 SAG 的联合行动产生。这里的个体活动相当于是 B 细胞受体部分形态的变化；而全局目标相当于许多淋巴细胞合作产生能够识别抗原的形态来消除抗原。

一个 SAG 可以识别它所在的称为 sensory neighborhood（可感知领域）区域内的 NAG。这里的 sensory neighborhood 不同于形态空间中的识别球，识别球代表一旦抗原进入这个区域就能被抗体识别，而 sensory neighborhood 是指一个抗原的信息能够被这个抗体读取，但不一定能够被识别。比如，一个用于病毒查询的 agent 的 sensory neighborhood 是一个主机范围，这代表一旦一个病毒进入这个主机，这个 agent 就可以感知并读取它的信息，但是不一定可以识别它是哪种病毒（可能是未知病毒）。同时，SAG 还可以把一些 NAG 的信息传递给其他的 SAG。这个模型中的信息传播类似于计算机网络中的信息传播，个体可以给全局范围内的 SAG 发送信息，这里 SAG 的交流区域（Communication neighborhood）比较大。定义可以根据不同的应用而变化。

整个模型环境可以定义为一个由许多的系统信息构成的矩阵或者表。它可以包括所有 agent 的信息，还有一些数据库。比如一个病毒的检测系统，它可能包括一些病毒的特征库，还可能有一些系统状态的信息，以及当前正在运行的进程的信息等。

（2）工作过程。

整个系统通过 5 个步骤来完成最后的全局目标：模式识别（Pattern recognition)，绑定过程（Binding process），激活过程（Activation process），后激活过程（Post activation process），记忆过程（Memory process）。

模式识别阶段，也就是信息读取阶段。SAG 首先用刺激函数感知 NAG 的存在（Sensory neighborhood 内，比如，进入一个主机就被感知，或调用一个函数就被感知，在这个模型中，假定不同的 SAG 的感知区域是不重叠的）。然后 SAG 用鉴别函数（Identifier function）来鉴别信息，相当于读取 NAG 的信息串。通过传播把 NAG 信息传送给所有的 SAG，可以让别的 SAG 也来识别 NAG（因为一个 NAG 可能要许多的 SAG 合作才能识别），如果它能够被记忆 SAG 识别，那么就可以直接用记忆的行为处理。

绑定过程，也就是亲和力的计算阶段。在这个阶段，系统用一个亲和力函数来计算 SAG 和 NAG 的信息串的信息之间的亲和力。比如，病毒检测时，系统会比较 SAG 和 NAG 之间是不是有相类似的系统函数调用序列。同时，使用一个行为产生器（Action generator）来产生一些类似的信息串，比如系统调用的重新排序。这些串经历一个固定时间的耐受阶段。用亲和力函数计算所有这些新的行为或者信息串与 NAG 行为或者信息串的亲和力值。这里的行为可以是信息串本身，也可以是信息串的变化。如果是信息串的变化，那么 SAG 还需要一个相应的行为记忆向量。

在激活过程中，首先在所有的新的信息串中，用一定的阈值选取其中亲和力高于固定值的信息串的集合。如果需要选择最好的，那就只选其中亲和力最高的一个。然后，需要等待其他的 SAG 来绑定同一个 NAG。如果在一定的绑定时间内，有一定数量的 SAG 来绑定这个 NAG，那么 SAG 就会被激活。

后激活过程，也就是克隆增扩过程。这个过程中，带有信息向量（可以说矩阵）的 SAG 会进行克隆。然后，如果必要还可以进行高频变异。

在记忆过程中，在系统的全部目标达到后，克隆增扩出来的一部分细胞成为一般的胶质细胞，另一部分称为记忆 SAG。

这个系统还采用了免疫网络模型中的抑制机制。如果一个 SAG 在它的感知范围内没有可以感知的 NAG，它就应该被抑制。对一个感知到的 NAG，首先是记忆 SAG 做出应答；如果不行，再用调节 SAG 应答。

（3）算法流程。

①环境参数。

在模型中定义自体 agent（SAG）集合为 S，而非自体 agent 集合定义为 N。问题域可以定义为：$E = S \cup N$。对每一个 $S_i \in S$，都有一个相对于 m 维的信息向量 $B^i = [b_1, b_2, b_3, \cdots, b_m]$。同样对每一个 $N_i \in N$，都有一个相对于 n

维的信息向量 $A^i=[a_1, a_2, a_3, \cdots, a_n]$。对环境，还需要定义它的一个信息矩阵，或者信息表。定义一个阈值 T。

②算法描述。

模型的算法流程如表 1.4 所示，算法中的感觉矩阵计算公式为

$$M_{ij}=f_1(B^i, A^j)=\begin{cases}0, & A^i \notin D_s^i \\ 1, & A^i \in D_s^i\end{cases} \tag{1.10}$$

式中，B^i 和 A^i 分别是 S_i 和 N_i 的信息向量，而 D_s^i 表示 S_i 的感知范围。

表 1.4 **AISIMAM 算法**

```
Procedure AISIMAM 算法

Begin
  初始化所有相关参数；
  计算一个感觉矩阵 M_{m×n}；
  For（矩阵 M 的每一行）do
  Begin
      If（这一行 i 中所有数都为 0）then
      Else Begin
          把感知的所有 NAG 的信息串传递到所有的 SAG；
          If（能够用记忆 SAG 来处理）then 用记忆 SAG 处理；
          Else For（这一行中所有能够被感知的串，M_ij=1）do
          Begin
              用鉴别函数 I^j=f_2（A^j）鉴别提取信息；
              用函数 U_q^j=f_3（I^j）产生新的行为或信息串 U_1^j，…，U_k^j；
              计算所有的新串 U_q^j 的亲和力；
              选择一些亲和力高的串集合；
              If（这个时间内这个 NAG 同时被其他 SAG 识别）then
                  激活这个 SAG；
              If（这个 SAG 被激活）then
                  它就连同这个串集合一起复制自体；
              克隆的 SAG 的一部分加入记忆 SAG，一部分加入集合 S；
          End
      End
  End
End
```

（4）实用实例。

一个单机的病毒检测系统的 AISIMAM 解决方案，对病毒将通过一定的系

统调用来识别。

病毒就是NAG，它的信息串可以是它的系统调用的序列，再加上一些其他的信息。而SAG就是一些检测器，它的信息串可以是一个系统调用或几个系统调用。这样的SAG的感知范围就是SAG信息串里的那几个系统调用，一旦某个程序调用这个函数时，就能被它感知。不同的SAG感知不同的函数调用。系统信息可以定义为一些病毒特征库（一些典型的病毒系统调用序列）、一些合法程序的特征库，以及其他一些系统状态信息。

鉴别函数被定义为在病毒信息串里提取的系统调用序列。行为产生函数就相当于一些新的系统序列（重新排序或加入、替换几个新的系统调用等）。亲和力相当于SAG的系统调用序列和NAG的系统调用序列的相似程度。而被激活就是一段程序在一段时间内被几个SAG识别绑定（如果颗粒度比较大，也可以用在一段时间内绑定的NAG个数来作为激活水平），因为一个病毒的系统调用序列要长一点，而一个SAG只负责少数几个系统调用的识别，这样可以提高多样性。如果绑定的个数达到一定的值，就激活所有绑定在上面的SAG。这时就可以直接提交给用户决定，然后把这个病毒的系统调用序列提交到病毒特征库里保存，这就相当于记忆。然后可以让所有的被激活的SAG进行克隆增扩，如果必要的话，还可以在病毒库里进行高频变异，然后和自体调用相比较进行自体耐受训练。

1.3.2.5　动态免疫网络模型

动态免疫网络模型是由Ishida提出的一种可用于动态实时诊断的免疫网络模型。它源于免疫网络理论中抗体与抗原之间的相互关系，可用于工程中的各种异常检测。

1. 基本思想

生物免疫系统是一种自组织系统。消除非自体并不是免疫系统的目的，它仅仅是免疫系统维持身体各器官平衡和稳定的辅助行为。所以这种识别和维持自体的行为与动态错误诊断相类似。由此产生了用于错误诊断的免疫网络模型。在诊断错误的网络模型中，不考虑免疫系统中B细胞数目的动态控制，也不考虑克隆选择和否定选择。

动态免疫网络模型所使用的免疫机制主要来自免疫网络理论。该模型通过B细胞之间的相互识别、刺激和抑制来达到某些平衡状态，其所使用的机制可以总结成下面3个方面。

- 免疫网络中的agent（B细胞）分布式工作，它们之间可以相互作用（识别、刺激、抑制等）。每个agent都带有一定的信息。

- 每一个 agent 只通过它自己携带的信息进行相应的工作。
- 记忆是通过动态免疫网络的一种平衡状态表示的。在进行抗原识别时，可以从一种平衡状态转换到另一种平衡状态。

2. 构成和工作原理

（1）模型构成。

该网络由多个 agent 构成，具体数目根据具体的应用而定。每个 agent 都带有一个表示 agent 特征的变量 r_i 和它的标准化值 R_i，R_i 用来表示正常和不正常。每个 agent 都试图识别与其相联系的 agent，它们之间的关系有刺激和抑制。R_i 值在 0 和 1 之间变化，0 表示不正常，1 表示正常。

在这个模型中，每一个 agent 代表一个传感器和它的一些工作处理机制。单个 agent 不能决定错误的发生，但是它可以对相互作用的某个 agent 进行错误（或不正常）评估。通过所有网络 agent 的刺激和抑制，系统最终可以识别错误的 agent。

（2）工作原理和实现。

在错误识别过程中，首先，一些变化（比如对某个传感器的特征值的修改）会对原来的稳定状态造成影响。然后经过一定时间的调节，系统会重新达到一个新的平衡（各个 agent 的特征值在几次循环中都保持不变）。这时的各个特征值就表明了某个 agent（也就是传感器）是否有问题，如果这个传感器的特征值为 0，就代表传感器有问题。例如，所有的传感器都是正常的，这时候它处于一种平衡状态，所有的特征值都是 1。如果错误地修改某个传感器的特征值使其为 0，那么平衡就被破坏，但是经过一段时间的调整以后，又会回到原来的所有的特征值都为 1 的平衡状态。如果这个时候有一个传感器出问题，那么平衡就被破坏（因为现在的平衡状态是表示所有的传感器都正常的状态）。通过一定时间的动态平衡，系统就会达到另外一种状态，这时候出问题的传感器的特征值就变成 0。任何时候只需要查看系统处于哪种平衡状态，就能够知道哪些传感器出了问题。

在整个模型的识别过程中，主要机制就是系统的调整过程，也就是某个 agent 的特征值的调整过程。对于某个 agent 来说，它的特征值与 3 个因素有关。①与它相连的 agent 对它的评价。也就是与它相连的 agent 认为它是否正常，认为正常相当于刺激，认为不正常相当于抑制。②它对别的 agent 的评价。如果它对某个 agent 的评价与别的 agent 对这个 agent 的整体评价有差别，那么可以假设这个 agent 是不正常的。③它原来的特征值。对特征值的调整是一个连续的过程，而不是跳跃的过程。

其调整过程如式（1.11）所示，这里采用了一种称为灰色模型（Gray model）的调整。另外还有其他的调整模型，如黑白模型（Black and white model）等。

$$\frac{d\,r_i(t)}{dt} = \sum_j T_{ji}^{+} R_j(t) - r_i(t) \tag{1.11}$$

$$R_j(t) = \frac{1}{1 + exp\left[-r(t_i)\right]} \tag{1.12}$$

$$T^{+}_{ij} = \begin{cases} T_{ij} + T_{ji} - 2, & i\text{到}j\text{以及}j\text{到}i\text{的联系存在} \\ T_{ij} + T_{ji} - 1, & i\text{到}j\text{或者}j\text{到}i\text{的联系存在} \\ 0, & i\text{到}j\text{和}j\text{到}i\text{之间没有联系} \end{cases} \tag{1.13}$$

$$T_{ij} = \begin{cases} -1, & i\text{正常}j\text{不正常} \\ 1, & i\text{和}j\text{都正常} \\ -1/1, & i\text{不正常} \\ 0, & i\text{和}j\text{之间没有联系} \end{cases} \tag{1.14}$$

图 1.19 为由 5 个 agent 构成的一个动态免疫网络的结构。其中 agent 1、2、3 正常，4、5 不正常。在最终的状态时，前面 3 个 agent 的特征值应为 1，而后面的两个 agent 特征值为 0。调整过程如式（1.15）所示。

$$\frac{d\,r_1(t)}{dt} = -4R_4 - r_1(t) \tag{1.15}$$

$$\frac{d\,r_2(t)}{dt} = -4R_4 - 4R_5 - r_2(t)$$

$$\frac{d\,r_3(t)}{dt} = -4R_4 - 4R_5 - r_3(t)$$

$$\frac{d\,r_4(t)}{dt} = -4R_1 - 4R_3 - 4R_2 - r_4(t)$$

$$\frac{d\,r_5(t)}{dt} = -4R_2 - 4R_3 - r_5(t)$$

首先可以假设所有的特征值为 1，即（R_1，R_2，R_3，R_4，R_5）=（1，1，1，1，1）。经过一定时间的调整后，状态就变成（1，1，1，0，0），也就是表示 4、5 是不正常的。

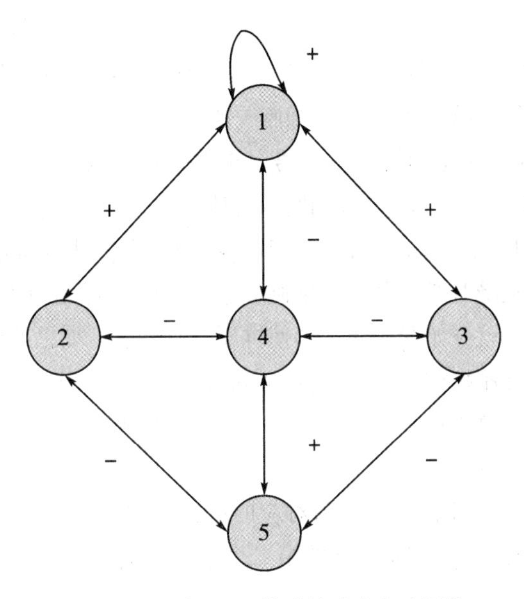

图 1.19　5 个 agent 构成的动态免疫网络

1.3.2.6　多值免疫网络模型

1. 概述

多值（Multi-valued）免疫网络是由 Zhang Tang 提出的一种基于免疫应答的免疫网络模型，理论基础是 Jerne 的免疫网络理论，认为免疫系统具有许多的独特性或者抗独特性的抗体，从而形成各种免疫细胞之间的相互刺激和制约关系。其中包括 B 细胞和 T 细胞之间的相互反应和调节。多值免疫网络就是模拟这两种细胞之间的相互作用，它模仿了免疫系统的一些特性。该模型使用一种基于多值特征集合的（0 到 $m-1$ 表示不同的特征）学习机制，使用多值特征集合来分类输入数据。

生物免疫系统包括许多免疫细胞和免疫分子，该模型仅仅模拟 T 细胞和 B 细胞之间的关系。模型中包括的免疫细胞或分子有：抗体、抗原、B 细胞、辅助性 T 细胞（Th）和抑制性 T 细胞（Ts）。模型中每一个细胞都具有一定的功能，一个输入通过一个细胞（确切地说是由这类细胞构成的一层，这个层可以实现一定的功能），然后该细胞给出一个输出，而这个输出又可以作为另外一个细胞的输入，这些细胞就通过这种关系形成一个网络。具体描述如下，所有的细胞都采用同一个功能模式：输入—细胞—输出。下面给出所涉及的细胞的功能模式。

（1）抗原被 B 细胞识别，被绑定在细胞的表面（抗原提呈）：抗原—B 细胞—抗原提呈。

（2）提呈的抗原被辅助性 T 细胞发现，Th 细胞分泌白细胞介素（IL_+），用来激活免疫应答：抗原提呈—Th 细胞—IL_+。

（3）IL_+成为 B 细胞的第二个信号，B 细胞在得到这个信号后合成抗体，最后分泌（复制）抗体：IL_+—B 细胞—抗体。

（4）如果抗原被清除，就必须调节免疫细胞和抗体的浓度，停止免疫应答。这时抑制细胞受刺激，分泌白细胞介素（IL_-），抑制免疫应答（事实上，从抗体产生开始，就开始受刺激，即使抗原没有清除，如果抗体浓度达到一定的值，也要开始抑制抗体的过度扩张）：抗体—Ts 细胞—IL_-。

整个免疫应答过程可以用一个网络来表示，如图 1.20 所示。这个免疫网络具有以下 3 个特点。

- B 细胞接受抗原输入、输出对应的抗体，但是抗体输出不是由 B 细胞决定的，因为只有在得到 Th 细胞的第二个信号以后，B 细胞才能进行抗体的生产和复制。
- 用于调节 B 细胞和 Th 细胞所构成的子系统的 Ts 细胞具有非常重要的作用，它可以有效地控制系统资源。
- 最后一个需要说明的是：图中的一个细胞实际代表了一类细胞的集合，相当于一个由某种类型的细胞构成的层次。

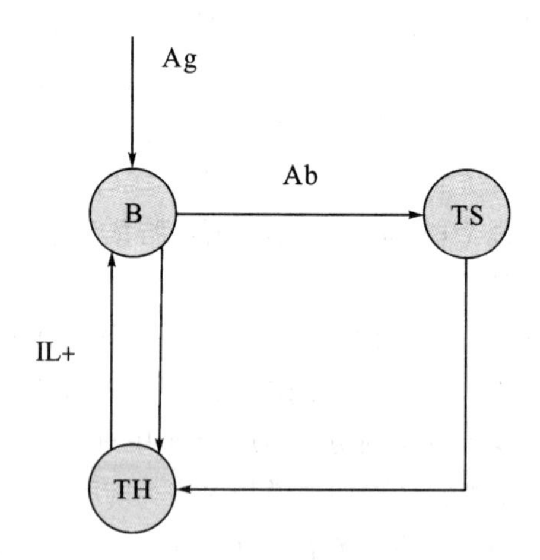

图 1.20　免疫应答网络

2. 基本原理

图 1.21 为工程上的网络模型，也就是 multi-valued 免疫网络模型的模型图。输入的数据表示抗原，输入层相当于 B 细胞层，记忆层相当于 Th 细胞层，

抑制层相当于 Ts 细胞层，而抗体相当于输入数据与记忆层中的数据的差值。

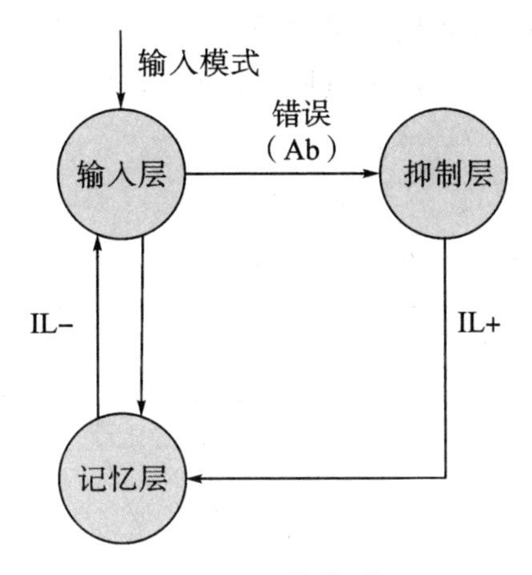

图 1.21　网络模型图

首先，数据输入到输入层，其中输入数据是一个实数向量。输入层把输入的数据转化成权值向量输入到记忆层，如图 1.22 所示（可以直接把输入向量作为权值向量，也可以经过一些转换）。这就是抗原提呈。对于一个 N 值，输入向量为 N 维，可以得到 M（也就是记忆层中 Th 细胞的数量）个 N 维的向量 W_j，即

$$W_j=(W_{1j}, W_{2j}, \cdots, W_{Nj}) \tag{1.16}$$

式中，$j=1, 2, 3, \cdots, N$，这个权值表示某个输入模式对不同的 Th 细胞的刺激。

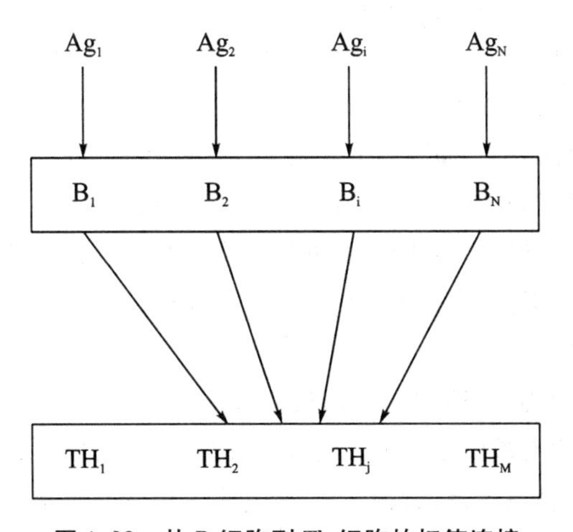

图 1.22　从 B 细胞到 Th 细胞的权值连接

记忆层中的Th细胞接受权值输入，计算所有的权值总和，其中总和最大的那个Th细胞作为激活的细胞，并分泌白细胞介素IL_+。然后IL_+产生相应权值向量反馈给B细胞层。在这里同时产生N维反馈向量（如图1.23所示），即

$$T_j = (t_{1j}, t_{2j}, \cdots, t_{Nj}) \tag{1.17}$$

式中，$t_{ij}=0, 1, 2, \cdots, m-1$，$i=1, 2, \cdots, M$。

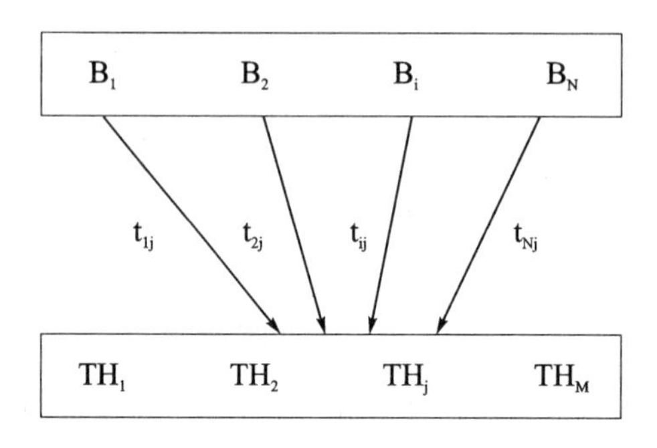

图1.23　从Th细胞到B细胞的权值连接

该反馈就相当于记忆模式。在这个免疫网络中，用一个实数向量来表示记忆模式。

反馈回B细胞层（输入层）后，输入模式和记忆模式相互比较。输入模式和记忆模式之间的差值作为抗体向量被输入到Ts细胞层中。

在Ts细胞层中（抑制层），计算输入模式和记忆模式之间的误差总和。这个总和会与一个事先设定的值相比较，这个值就是输入模式和记忆模式之间允许的误差。如果在误差允许的范围内，那么就相当于识别率输入模式，修改记忆层中Th细胞的一些参数，记忆输入模式。如果这个值在这个限定的值之外，那么Ts细胞就分泌IL_-，抑制那个被激活（也就是分泌IL_+）的Th细胞。从而造成Th细胞层中的再一次竞争。这个过程不断地循环，直到找到一个比设定值小的细胞为止。如果最后所有的Th细胞都受抑制，那么就产生一个新的Th细胞，加入到Th细胞层中作为新的一个模式存在。

3. 具体实现

（1）从B细胞层到Th细胞层的权值计算。

为避免激活没有被记忆的Th细胞，在初始化的时候，需要把从B细胞层到Th细胞层的权值设置得比较低。它通过式（1.18）计算。

$$W_{ij} < \frac{L}{L - 1 + N} \tag{1.18}$$

式中，L 是一个比 1 大的常数，N 是输入的 B 细胞数量，也就是输入模式的维数。然后这些权值通过循环调整，第 k 个 Th 细胞的权值用式（1.19）计算。

$$W_{ik}(t+1)=\frac{t_{ik}(t)\cdot x_i}{T_k\cdot X+\varepsilon} \tag{1.19}$$

式中，$i=1, 2, \cdots, N$，t_{ik}是第 i 个 Th 细胞到 B 细胞的反馈权值，x_i是 i 个输入值，X 是输入向量，ε 是调整常数。

（2）从 Th 细胞层到 B 细胞层的权值计算。

在初始化时，所有的 t_{ik}都设为能够取得最大值 $m-1$。然后同样通过一个实时调节函数，第 k 个 Th 细胞的调节如式（1.20）所示。

$$t_{ik}(t+1)=\frac{[t_{ik}(t)+x_i]}{2} \tag{1.20}$$

式中，$i=1, 2, \cdots, N$，$[x]$ 表示不比 x 小的最小整数。也就是说，如果某一个模式被分到某个类中，这个类的参数就根据新的输入做出调节。同时具有原来的记忆模式和输入的新的模式一些特征。

（3）抗体的产生。

模型中的抗体就是输入模式和记忆模式之间的误差，通过式（1.21）计算

$$Ab_i=|x_i-t_{ik}(t)|,\ i=1, 2, \cdots \tag{1.21}$$

1.3.3 人工免疫系统的应用

根据人工免疫系统已有的理论研究成果与应用方向，人工免疫系统的应用领域可大致划分为三个方面：免疫优化、免疫学习和异常检测。其中异常检测主要涉及计算机与网络安全和故障检测等，免疫优化主要涉及函数优化和组合优化等，免疫学习主要包括分类、聚类、模式识别、机器人技术和控制等应用。

1.3.3.1 免疫优化

AIS 作为一种智能优化搜索策略，在函数优化、组合优化、调度问题等方面得到应用并取得了很好的效果。在函数优化方面，大部分算法都基于克隆选择原则，如 CLONALG 算法、B 细胞算法等。免疫算法在求解组合优化问题上，如二次分配问题（QAP）、旅行商问题（TSP）、调度问题、装箱问题等，显示出了优势。总之，在很多情况下，免疫算法在求解结果问题上，特别是求解效率上，比现有启发式算法更具有优势，显示出 AIS 在优化领域的前景是非常广

阔的。

1.3.3.2 免疫学习

通常，学习包括两个方面：一是从经验中获取知识，二是对这些知识进行抽取并用于解决一些新的或从未出现过的问题。Tarakanov 和 Skormin 提出一种免疫计算方法用来描述基于蛋白质模型和免疫网络的免疫系统运行，并将其用于解决模式识别问题。Krishnakumar 等人提出了免疫计算系统概念，并把免疫系统的自适应性能力应用到智能控制中。Ishiguro 等人针对机器人研究中如何建立恰当的行为仲裁和能力模块的问题提出了一种基于免疫网络理论的解决方法。Timmis 和 Neal 提出一种有限资源人工免疫系统，用于无监督数据的聚类学习。Hunt 和 Cooke 应用监督免疫学习机制进行机器学习研究，将 DNA 分子序列分为两类：promoter 和 non-promoter。Watkins 在 de Castro 和 Timmis 的研究基础上提出了一种有限资源人工免疫分类器模型，用于有监督数据的分类学习。Hart 建立了一个自组织的可应用于动态聚类的人工免疫系统，且该系统采用了记忆机制，但只测试了人工数据集。Secker 等开发了一种动态的监督学习算法用于邮件过滤。Nasraoui 等为了提高 AIS 模型的可扩展性，融合了 k-means 算法。Yue 等提出了一种利用时间窗提取数据特征的动态算法。

1.3.3.3 异常检测

免疫系统的防御机理可以用于设计网络安全及入侵检测系统。这是人工免疫系统研究和应用中最为成功和活跃的领域。Forrest 提出了著名的否定选择算法，通过监控 UNIX 进程来检测计算机系统是否遇到有害侵入。Okamoto 提出一种分布式的基于 Agent 的方法，通过计算机网络来对付计算机病毒。IBM 公司的 Kephart 利用免疫系统机制构建了病毒防护系统并设计了商用化计算机安全系统；Hofmeyr 等设计了最早的人工免疫入侵检测系统 Lisys；美国空军技术大学的 Williams 等研发了一个分布式计算机免疫系统 CDIS；Kim 等提出了主从结构的网络入侵检测模型。国内许多学者也提出了非常有价值的基于人工免疫的网络安全模型。河北大学的王凤先等提出了一种仿生物免疫的计算机安全系统模型；武汉大学的梁意文等提出了一种基于免疫原理的防火墙模型；四川大学的李涛教授提出了基于免疫的网络监控、入侵检测、网络风险评估及病毒检测等模型。免疫系统的分布式、自适应特性使其在故障诊断领域得到较好的应用。Ishida 将免疫网络应用于在线设备的故障诊断和故障的特征识别。人工免疫网络模型在交流驱动和 UPS 的控制和诊断中也得到了应用。

1.4 本书的研究内容与组织结构

人工免疫系统是继人工神经网络、进化计算之后的新的计算智能研究方向，是生命科学和计算科学相交叉而形成的交叉学科研究热点。人工免疫算法具有生物免疫系统的若干特点，如隐含并行性、鲁棒性强、多样性好等，和其他的启发式的优化算法比较，具有独特的优势和特点，并广泛应用于计算机安全、故障诊断、模式识别等领域，引起了许多研究员的关注。但是，现有的人工免疫优化算法和其他新型的智能算法一样，同样也存在不足之处，如局部搜索的能力不足，存在迂回搜索、早熟收敛等问题；现有的人工免疫系统的模型大都是针对某一具体问题提出的，没有统一的框架；现有的人工免疫的主要算法缺乏数学形式的基础，缺乏理论指导；等等。因此，智能计算领域的研究课题的焦点之一就是深入研究以及改进人工免疫算法。

互联网的爆炸式发展给人们的日常生活带来了非常高的便捷性，但是随着互联网技术的发展和互联网应用的普及，人们面临的网络安全威胁越来越严重。传统网络安全技术的基本特点是：被动防御网络、定性描述网络和静态处理风险等。由于现在的网络安全攻击大多表现为大规模性、多变性和多途径性等特点，传统网络安全技术不能适应新一代网络发展对安全的需求。近年来，我国网络信息安全专家何德全院士、沈昌祥院士和方滨兴院士等，从战略高度上提出建立对网络攻击者有威慑力作用的主动防御系统。基于主动防御的网络安全技术将改变以往仅仅依靠杀毒软件、防火墙、漏洞扫描和入侵检测系统（IDS）等传统网络安全产品进行被动防御的局面。目前，网络安全态势感知研究已经成为网络安全领域中的一个热点研究内容。

云计算（Cloud computing）是一种新兴的计算模型，它将计算任务分布在大量计算机构成的资源池上，使各种应用系统能够根据需要获取计算能力、存储空间和各种业务服务。在已经实现的云服务中，信息安全和隐私保护问题一直令人担忧，并已经成为阻碍云计算普及和推广的主要因素之一。虚拟机系统作为云计算的基础设施，其安全性是非常重要的。目前关于云计算环境中虚拟机系统安全的研究较少，而且目前的方法还不能准确地判断出客户虚拟机中应用程序的实时状态，也不能系统地反映 VMM（虚拟机监控器）漏洞所引发的安全问题；同时所提出的防御方法大多针对特定的攻击及漏洞，不能有效地处理其他攻击对系统安全带来的威胁。

在工程实践中，往往需要解决各种各样的复杂优化问题，如多模态优化、高维系统优化和参数时变的动态优化等，通常为极大或极小某个多变量函数并满足一系列等式和（或）不等式约束，在形式上则表现为能耗、费用、时间、风险的极小化及质量、利润和效益的极大化等。为了解决此类问题，最优化理论和技术得到了迅速发展，对社会的影响也日益增加。

聚类可看作一种特殊的优化，它是在解空间中指导性地搜索特定的中心点和数据点，使这些点满足这样的条件：以这些中心点和数据点作为划分依据得到的类簇最能反映数据集合的内在模式，即类簇中的各个点到聚类中心的距离之和最小。因此，聚类也是一个重要的研究方向，它可以识别并抽取数据的内在结构，应用非常广泛，是数据挖掘、模式识别等研究方向的重要研究内容之一。目前，没有任何一种聚类技术（聚类算法）能够普遍适用于提取各种数据集内在的各种各样的结构。人工免疫技术被当作一种新的数据挖掘技术，在很多方面取得了一定的成绩，但对于增量的或者动态的数据集，其处理效果还有待改进。

本书从人工免疫系统原理入手，在对免疫网络理论与算法进行分析的基础上，提出了对异常检测有重要启发作用的基于网格的否定选择算法、应用于云计算环境的人工免疫入侵检测模型，及基于免疫的网络安全态势感知模型，并提出新的算法来解决函数优化问题、聚类问题。

具体来说，本书研究的内容包括以下几个方面：

1. 基于免疫网络的优化算法研究

通过阅读大量资料，并进行广泛的调研论证与深入的思考、研究，笔者在本书中对生物免疫系统的机理及人工免疫的研究和现状做了更加系统化的总结。本书通过对免疫网络的研究，提出了基于免疫网络的优化算法的基本流程，构建了基于免疫网络的优化算法的一般框架，分析了流程特点——该流程利用人工免疫系统中的自学习、自组织和自适应等免疫特性对优化问题进行建模、执行免疫应答和免疫记忆；并在 Markov 链的基础上，证明了基于免疫网络的优化算法的收敛性；同时在模式定理的基础上，分析了基于免疫网络的优化算法的进化机制，给出了基于免疫网络的优化算法的模式定理。本书通过仿真实验对基于免疫网络的优化算法的优化过程和优化性能进行了验证，并与遗传算法 GA、粒子群优化算法 PSO、克隆选择算法 CSA 等其他智能优化算法进行比较。结果表明基于免疫网络的优化算法是一种很有优势的智能优化算法，在解决实际优化问题方面有着广泛的应用前景。

2. 基于网格的实值否定选择算法

否定选择算法是人工免疫系统产生检测器的重要算法。然而传统的否定选择算法存在时间复杂度过高、检测器数量较多、存在大量冗余覆盖等问题，从而导致检测器的生成效率过低，限制了免疫算法的应用。本书提出了一种基于网格的实值否定选择算法 GB-RNSA。该算法首先分析了自体集在空间中的分布，并采用一定的方法把空间划分为若干个网格。然后，随机生成的候选检测器只需要与它所在的网格及相邻网格内的自体进行耐受。最后，候选检测器通过耐受后，在加入成熟检测器集合前，将采用一定的方法来减少冗余覆盖。理论分析和实验结果表明，相比传统的否定选择算法，GB-RNSA 有更高的时间效率及检测器质量，是一种有效的生成检测器的人工免疫算法。

3. 基于免疫的网络安全态势感知模型

迄今为止，尽管网络安全态势感知研究取得了丰硕的科研成果，但是由于网络自身的复杂性、多元性和不定性等特性，该领域的研究工作仍处于探索阶段，离理论模型的成熟和实用模型的应用推广还有一定的距离。本书将人工免疫和云模型技术应用于网络安全态势感知领域，提出了一种新的网络安全态势感知模型。该模型的特点表现在以下几个方面：①利用基于危险理论和云模型的入侵检测技术，实时地监测网络面临的攻击，能够更为精确地检测网络所受到的威胁；②给出了网络安全态势的定量评估算法，可以实时定量地计算网络当前所面临攻击的安全态势指标等；③利用云模型技术，对网络安全态势进行预测，为制定合理准确的响应策略提供依据。理论分析和实验结果表明，该模型具有实时性和较高的准确性，是网络安全态势感知的一个有效模型。

4. 基于免疫的云计算环境中虚拟机入侵检测技术

在已经实现的云服务中，信息安全和隐私保护问题一直令人担忧，并已经成为阻碍云计算普及和推广的主要因素之一。虚拟机系统作为云计算的基础设施，其安全性是非常重要的。本书提出了一种基于免疫的云计算环境中虚拟机入侵检测模型 I-VMIDS，来确保客户虚拟机中用户级应用程序的安全性。此模型提取程序执行过程中所使用的系统调用序列及其参数，把它们抽象成抗原，将客户虚拟机中的程序执行的环境信息进行融合并抽象成危险信号，通过免疫机制实现入侵检测。模型能够检测应用程序被静态篡改的攻击，而且能够检测应用程序动态运行时受到的攻击，具有较高的实时性。在检测过程中，该模型引入了信息监控机制对入侵检测程序进行监控，保证检测数据的真实性，使模型具有更高的安全性。实验结果表明模型没有给虚拟机系统带来太大的性能开销，且具有良好的检测性能，将 I-VMIDS 应用于云计算平台是可行的。

5. 基于危险理论的免疫网络优化算法

通过对免疫网络的研究，针对人工免疫优化算法的一些不足，如存在早熟收敛、局部搜索能力不强等，本书提出了一种基于危险理论的免疫网络优化算法 dt-aiNet。危险理论强调以环境变动产生的危险信号来引导不同程度的免疫应答，危险信号周围的区域即为危险区域。该算法通过定义危险区域来计算每个抗体的危险信号值，并通过危险信号来调整抗体浓度，从而引发免疫反应的自我调节功能，保持种群多样性，并采用一定机制动态调整危险区域半径。实验表明该算法优于 CLONALG、opt-aiNet 和 dopt-aiNet，具有较小的误差值及较高的成功率，能够在规定的最大评价次数范围内，找到满足精度的解，在保持种群多样性方面具有较大优势。

6. 基于危险理论的动态函数优化算法

针对动态优化问题与静态问题的不同之处，本书提出了一种基于危险理论的动态函数优化算法 ddt-aiNet，该算法具有动态追踪能力。该算法引入探测机制，在解空间中设置特殊探测抗体，通过监测探测抗体的危险信号来感知环境的变化，并对环境发生的小范围变化和大范围变化分别进行响应，能准确、快速地跟踪到极值点的变化。Angeline 动态函数测试和在 DF1 函数动态环境下的测试，验证了算法的有效性。结果表明该算法优于 dopt-aiNet。dopt-aiNet 在大范围变化时不能跳出局部极值点，误差较大，而 ddt-aiNet 通过环境探测，能够区分大范围变化及小范围变化，能更快地跟踪到极值点。

7. 基于流形距离的人工免疫增量数据聚类算法

针对人工免疫理论在增量聚类问题上的不足，如不具有扩展性、适应新模式较慢等，本书提出了一种基于流形距离的人工免疫增量数据聚类算法 md-aiNet。该算法引入了流形距离并将其作为全局相似性度量，将欧式距离作为局部相似性度量，提出了一种基于免疫响应模型的增量数据聚类方法，模拟了免疫响应中的首次应答和二次应答。本书通过在人工数据集和 UCI 数据集上的仿真实验，将该算法与基于人工免疫的较有影响的增量聚类算法 MSMAIS、ISFaiNet 分别进行了比较，验证了 md-aiNet 算法的有效性。结果表明该算法优于 MSMAIS 和 ISFaiNet，能够对具有复杂分布、较高维的数据集进行有效聚类，并提取内在模式。尤其对于非球形分布的数据集，其聚类准确率相比 MSMAIS 和 ISFaiNet 提高了 40%。

参考文献

[1] JIN Z Z, LIAO M H, XIAO G. Survey of negative selection algorithms

[J]. Journal on communications, 2013, 34 (1): 159-170.

[2] DASGUPTA D, YU S, NINO F. Recent advances in artificial immune systems: Models and applications [J]. Applied soft computing, 2011, 11: 1574-1587.

[3] STIBOR T, TIMMIS J, ECKERT C. On the appropriateness of negative selection defined over hamming shape-space as a network intrusion detection system [M]. Edinburgh: IEEE Computer Society Press, 2005: 995-1002.

[4] TIMMIS J, HONE A, STIBOR T, et al. Theoretical advances in artificial immune systems [J]. Theoretical computer science, 2008, 403: 11-32.

[5] BRETSCHER P, COHN M. A theory of self-nonself discrimination [J]. Science, 1970, 169: 1042-1049.

[6] HAESELEER P D, FORREST S, HELMAN P. An immunological approach to change detection: algorithms, analysis, and implications [C] // Proceedings of the 1996 IEEE Symposium on computer security and privacy. Washington DC: [s. n.], 1996: 110-120.

[7] SOBH T S, MOSTAFA W M. A cooperative immunological approach for detecting network anomaly [J]. Applied soft computing, 2011, 11: 1275-1283.

[8] DASGUPTA D, GONZALEZ F. An immunity-based technique to characterize intrusions in computer networks [J]. IEEE Transactions on evolutionary computation, 2002, 6 (3): 281-294.

[9] FORREST S, PERELSON A S, ALLEN L, et al. Self-nonself discrimination in a computer [C] // Proceeding of the IEEE symposium on research in security and privacy. Oakland: IEEE Computer Society Press, 1994: 202-212.

[10] OU C M. Host-based intrusion detection systems adapted from agent-based artificial immune systems [J]. Neuro computing, 2012, 88: 78-86.

[11] CASTRO L N D, TIMMIS J. An artificial immune network for multimodal function optimization [C] // IEEE World congress on evolutionary computation. [S. l.: s. n.], 2002: 699-704.

[12] CASTRO L N D, FERNANDO J. Learning and optimization using the clonal selection principle [J]. IEEE transactions on evolutionary computation, 2002, 6 (3): 239-251.

[13] MATZINGER P. The danger model: a renewed sense of self [J]. Science, 2002, 296 (5566): 301-305.

[14] 李涛. 计算机免疫学 [M]. 北京：电子工业出版社，2004.

[15] 陈希孺. 概率论与数理统计 [M]. 北京：科学出版社，2000.

[16] 莫宏伟. 人工免疫系统原理与应用 [M]. 哈尔滨：哈尔滨工业大学出版社，2002.

[17] DASGUPTA D. Artificial immune systems and their applications [M]. Berlin：Springer-Verlag，1999.

[18] HAEBERLEN A，ADITYA P，RODRIGUES R，et al. Accountable virtual machines [C] // 9th USENIX Symposium on Operating Systems Design and Implementation (OSDI'10)，[S. l.：s. n.]，2010.

[19] 高晓明. 免疫学教程 [M]. 北京：高等教育出版社，2006.

[20] 莫宏伟，左兴权. 人工免疫系统 [M]. 北京：科学出版社，2009.

[21] BURNET F M. The clonal selection theory of acquired immunity [M]. Cambridge：Cambridge University Press，1959.

[22] DASGUPTA D，KRISHNAKUMAR K，WONG D，et al. Negative selection algorithm for aircraft fault detection [C] // Proceedings of the 3rd international conference on artificial immune systems. Catania：[s. n.]，2004.

[23] JERNE N K. Towards a network theory of the immune system [J]. Annual immunology，1974 (125c)：373-389.

[24] CASTRO L N D，ZUBEN F J V. The clonal selection algorithm with engineering applications [C] // Proceedings of GECCO '00，Workshop on Artificial Immune Systems and Their Applications. San Fransisco：Morgan Kaufman Publisher，2000：36-37.

[25] CASTRO L N D. Learning and optimization using the clonal selection principle [J]. IEEE Transactions on evolutionary computation，2002，6 (3)：239-251.

[26] CASTRO L N D. An evolutionary immune network for data clustering [J]. Sixth brazilian symposium on neural networks，2000 (1)：84-89.

[27] CASTRO L N D. An artificial immune network for multimodal function optimization [J]. Congress on evolutionary computation，2002 (1)：699-704.

[28] TIMMIS J，NEAL M，HUNT J. An artificial immune system for data analysis [J]. Biosystems，2000，55 (1)：143-150.

[29] CASTRO L N D，ZUBEN F J V. aiNet：An Artificial Immune Network for Data Analysis [M]. [S. l.]：Idea Group Publishing，2001.

[30] CASTRO L N D，TIMMIS J I. Artificial immune systems as a novel soft

computing paradigm [J]. Soft computing, 2003, 7 (8): 526-544.

[31] KIM J, BENTLEY P J. Towards an artificial immune system for network intrusion detection: an investigation of dynamic clonal selection [C] // Proceeding of Congress on Evolutionary Computation. New York: IEEE, 2002: 1015-1020.

[32] 刘若辰，杜海峰，焦李成. 免疫多克隆策略 [J]. 计算机研究与发展，2004，41 (4): 571-576.

[33] YOUNSI R, WENJIA W. A new artificial immune system algorithm for clustering [J]. LNCS, 2004, 3177: 58-64.

[34] CICCAZZO A, CONCA P, NICOSIA G, et al. An advanced clonal selection algorithm with ad hoc network-based hypermutation operators for synthesis of topology and sizing of analog electrical circuits [J]. International conference on artificial immune systems, 2008 (9): 60-70.

[35] HALAVATI R, SHOURAKI S B, HERAVI M J, et al. An artificial immune system with partially specified antibodies [J]. Genetic and evolutionary computation, 2007 (1): 57-62.

[36] MAY P, TIMMIS J, MANDER K. Immune and evolutionary approaches to software mutation testing [J]. International conference on artificial immune systems, 2007 (2): 336-347.

[37] CUTELLO V, NICOSIA G, PAVONE M, et al. An immune algorithm for protein structure prediction on lattice models [J]. IEEE Transactions on evolutionary computation, 2007, 11: 101-117.

[38] WILSON W O, BIRKIN P, AICKELIN U. Price trackers inspired by immune memory [J]. International conference on artificial immune systems, 2006, 4163: 362-375.

[39] TIMMIS J, NEAL M, HUNT J. An artificial immune system for data analysis [J]. Biosystems, 2002, 55 (1/3): 143-150.

[40] 郇嘉嘉，黄少先. 基于免疫原理的蚁群算法在配电网恢复中的应用 [J]. 电力系统保护与控制，2008，36 (17): 28-31.

[41] KIM J, BENTLEY P J, AICKELIN U, et al. Immune system approaches to intrusion detection-a review [J]. Natural computing, 2007, 6 (4): 413-466.

[42] 李涛. Idid：一种基于免疫的动态入侵检测模型 [J]. 科学通报，2005，50 (17): 1912-1919.

[43] LI T, LIU X, LI H. A new model for dynamic intrusion detection [C] //

The 4th International Conference of Cryptology And Network Security. Berlin: Springer, 2005.

[44] 李涛. 基于免疫的计算机病毒动态检测模型 [J]. 中国科学 F 辑: 信息科学, 2009, 39 (4): 422-430.

[45] JAMIE T, AICKELIN U. Towards a conceptual framework for innate immunity [C] // The 3rd International Conference on Artificial Immune Systems. Berlin: Springer, 2004.

[46] AICKELIN U, CAYZER S. The danger theory and its application to artificial immune systems [C] // The 1st International Conference on Artificial Immune Systems. Canterbury: [s. n.], 2002.

[47] PRIETO C E, NINO F, QUINTANA G. A goalkeeper strategy in robot soccer based on danger theory [C] // IEEE Congress on Evolutionary Computation 2008. Hong Kong: [s. n.], 2008.

[48] IQBAL A, MAAROF M A. Danger theory and intelligent data processing [J]. World academy of science engineering and technology, 2005, 3: 110.

[49] SECKER A, FREITAS A, TIMMIS J. Towards a danger theory inspired artificial immune system for webmining [M] // SCIME A. WebMining: Applications and Techniques, Idea Group. [S. l.: s. n.], 2005: 145-168.

[50] GREENSMITH J, AICKELIN U, TWYCROSS J. Articulation and clarification of the dendritic cell algorithm [C] // The 5th International Conference on ArtificialImmune Systems. Berlin: Springer, 2006.

[51] LAY N, BATE I. Applying artificial immune systems to real-time embedded systems [C] //Proc. of CEC'07. Singapore: [s. n.], 2007.

[52] GREENSMITH J, AICKELIN U, CAYZER S. Introducing dendritic cells asa novel immune-inspired algorithm for anomaly detection [C] //Proc. of the 4th International Conference on Artificial Immune Systems. Banff: Springer, 2005: 153-167.

[53] GREENSMITH J. The dendritic cell algorithm [D]. Nottingham, UK: University of Nottingham, 2007.

[54] GREENSMITH J, AICKELIN U. Dendritic cells for SYN scan detection [C] //Proc. of GECCO'07. London: ACM Press, 2007: 49-56.

[55] AL - HAMMADI Y, AICKELIN U, GREENSMITH J. DCA for bot detection [C] //Proc. of CEC'08. Hong Kong: [s. n.], 2008: 1807-1816.

[56] HOFMEYR S, FORREST S. Immunity by design: An artificial immune system [C] // Proceedings of the Genetic and Evolutionary Computation Conference. [S. l.: s. n.], 1999.

[57] HOFMEYR S, FORREST S. Architecture for an artificial immune system [J]. Evolutionary computation, 2000, 8 (4): 443-473.

[58] DASGUPTA D. Immunity-based intrusion detection system: A general framework [C] // The 22nd National Information Systems Security Conference. [S. l.: s. n.], 1999.

[59] HARMER P K, WILLIAMS P D. An artificial immune system architecture for computer security applications [J]. IEEE Transaction on evolutionary computation, 2002, 6 (3): 252-280.

[60] TIMMIS J, EDMONDS C, KELSEY J. Assessing the performance of two immune inspired algorithms and a hybrid genetic algorithm for optimization [C] // Proceedings of Genetic and Evolutionary Computation Conference. Berlin: Springer, 2004: 308-317.

[61] 曹先彬，郑振，刘克胜，等. 免疫进化策略及其在二次布局求解中的应用 [J]. 计算机工程，2000，26 (3): 1-10.

[62] 曹先彬，刘克胜，王煦法. 基于免疫遗传算法的装箱问题求解 [J]. 小型微型计算机系统，2000，21 (4): 361-363.

[63] MORI K, TSUKIYAMA M, FUKUDA T. Adaptive scheduling system inspired by immune system [C] // Proceedings of 1998 IEEE International Conference on Systems, Man, and Cybernetics. New York: IEEE Press, 1998: 3833-3837.

[64] ENDOH S, TOMA N, YAMADA K. Immune algorithm for n-TSP [C] //Proceedings of IEEE International Conference on Systems, Man and Cybernetics. New York: IEEE Press, 1998: 3844-3849.

[65] TARAKANOV A O, SKORMIN V A. Pattern recognition by immunocomputing: IEEE world congress on computational intelligence [C]. Hawaii: [s. n.], 2002.

[66] KRISHNAKUMAR K, SATYADAS A, NEIDHOEFER J. An immune system framework for integrating computational intelligence paradigms with applications to adaptive control [M]. New York: IEEE Press, 1995.

[67] ISHIGURO A, WATANABLE Y, KONDO T, et al. Immunoid: A robot with a decentralized consensus-making mechanism based on the immune system

[C] // Proc. Of ICARCV'96. Singapore: [s. n.], 1996.

[68] WATKINS A B. AIRS: A resource limited artificial immune classifier [EB/OL]. [2017-03-11]. http:// kar.kent.ac.uk/13790/1/ResourceAndrew.pdf.

[69] HUNT J E, COOKE D E. Learning using an artificial immune system [J]. J. of Network and Computer Appl., 1996, 19 (4): 189-212.

[70] HART E, ROSS P. Exploiting the analogy between the immune system and sparse distributed memories [J]. Genetic programming and evolvable machines, 2003 (4): 333-358.

[71] YUE X, MO H W, CHI Z X. Immune-inspired incremental feature selection technology to data stream [J]. Applied soft computing, 2008, 8 (2): 1041-1049.

[72] NASRAOUI O, GONZALEZ F, CARDONA C, et al. A scalable artificial immune system model for dynamic unsupervised learning [C] //Proceedings of International Conference on Genetic and Evolutionary Computation. San Francisco: Morgan Kaufmann, 2003: 219-230.

[73] SECKER A, FREITAS A, TIMMIS J. AISEC: an artificial immune system for email classification [C] // Proceedings of the Congress on Evolutionary Computation. New York: IEEE, 2003: 131-139.

[74] OKAMOTO T, ISHIDA Y. A distributed approach to computer virus detection and neutrilization by autonomous and heterogeneous agents [C] //Fourth International Symposium Autonomous Decentralized Systems. Tokyo: [s. n.], 1999: 328-331.

[75] KEPHART J O, SORKIN G B, SWIMMER M, et al. Blueprint for a computer immune system [C] // Proceedings of the Seventh International Virus Bulletin Conference. [S. l.: s. n.], 1997: 159-173.

[76] WILLIAMS P D, ANCHOR K P, BEBO J L, et al. Cdis: Towards a computer immune system for detecting network intrusions [C] // Proceedings of the 4th International Symposium. Davis, USA: [s. n.], 2001: 117-133.

[77] 王凤先，刘振鹏. 一种仿生物免疫的计算机安全系统模型 [J]. 小型微型计算机系统，2003，24 (4)：698-701.

[78] 毛新宇，梁意文. 基于免疫原理的防火墙模型 [J]. 武汉大学学报 (理学版)，2003，49 (3)：337-340.

[79] 李涛. 基于免疫的网络监控模型 [J]. 计算机学报，2006，29 (9)：

1515-1522.

[80] 李涛. 基于免疫的网络安全风险检测 [J]. 中国科学: E 辑, 2005, 35 (8): 798-816.

[81] ISHIDA Y, ADACHI N. An immune network model and its application to process diagnosis [J]. Systems and computers in Japan, 1993, 24 (6): 38-45.

[82] TANG Z, YAMAGUCHI T, TASHIMA K, et al. Multiple - valued immune network model and its simulations [C] // Proceedings of the Twenty - Seventh International Symposium on Multiple - Valued Logic. New York: IEEE, 1997: 519-524.

[83] ALEXANDER C, CELLUAR A. Http://www.ifs.tuwien.ac.at/~aschatt/info/ca/ca.html. Digital Worlds, 1999.

[84] FORREST S, HOFMEYR S A, SOMAYAJI A. A sense of self of unix processes [C] // Proceedings of the 1996 IEEE Symposium on Research in Security and Privacy. Los Alamitos: [s. n.], 1996.

[85] KNIGHT T, TIMMIS J. A multi-layered immune inspired approach to data mining [C] // Proceedings of the 4th International Conference on Recent Advances in Soft Computing. Nottingham: [s. n.], 2002.

[86] SATHYANATH S, SAHIN F. AISIMAM - An artificial immune system based intelligent multi agent model and its application to a mine detection problem [C] // Proceedings of the 1st International Conference on Artificial Immune Systems. Kent: [s. n.], 2002.

[87] DASGUPTA D. An artificial immune system as a multi - agent decision support system [C] // Proceedings of the IEEE International Conference on Systems, Man and Cybernetics (SMC). San Diego: [s. n.], 1998.

[88] BALLET P, TISSEAU J, HARROUET F. A multi-agent system to model a human humoral response [C] // The proceedings of the 1997 IEEE International Conference on Systems. Orlando: [s. n.], 1997.

[89] BALLET P, RODIN V. Immune mechanisms to regulate multi-agents systems [C] // GECCO 2000. Las Vegas: [s. n.], 2000.

[90] HARMER P K, LAMONT G B. An agent based architecture for a computer virus immune system [C] // Proceedings of the Genetic and Evolutionary Computation Conference. Orlando: [s. n.], 1999.

[91] FOUKIA N, BILLARD D, HARMS P J. Computer system immunity using

mobile agents [C] // 8th HP OpenView University Association WS. Berlin: [s. n.], 2001.

[92] ISHIDA Y. Active diagnosis by immunity-based agent approach [C] // Proc. International Workshop on Principle of Diagnosis. Val-Morin: [s. n.], 1996.

[93] ISHIDA Y. The immune system as a prototype of autonomous decentralized systems: An overview [C] // Proc. of International Symposium on Autonomous Decentralized Systems. Berlin: [s. n.], 1997.

[94] TANG Z, YAMAGUCHI T, TASHIMA K, et al. Multiple-valued immune network model and its simualtions [C] // Proc. 27th Int. Symposium on Multiple-valued Logic. Autigonish: [s. n.], 1997.

[95] EOGHAN C. Handbook of computer crime investigation [M]. Pittsburgh: Academic press, 2002.

[96] JOSEPH G, CHESTER M. Cyber forensics: A military operations perspective [J]. International journal of digital evidence, 2002 (2): 1.

[97] GARCIA K A, MONROY R, TREJO L A, et al. Analyzing log files for postmortem intrusion detection [J]. IEEE Trans. Syst. Man Cybern., 2012, 42 (6): 1690-1704.

[98] CHENG T S, LIN Y D, LAI Y C, et al. Evasion techniques: Sneaking through your intrusion detection/prevention systems [J]. IEEE Commun. surveys tutorials, 2012, 14 (4): 1011-1020.

[99] KEUNG G Y, LI B, ZHANG Q. The intrusion detection in mobile sensor network [J]. IEEE/ACM Trans. Netw. (TON), 2012, 20 (4): 1152-1161.

[100] WANG Y, FU W, AGRAWAL D P. Gaussian versus uniform distribution for intrusion detection in wireless sensor networks [J]. IEEE Trans. Parallel Distrib. Syst., 2013, 24 (2): 342-355.

[101] SHAKSHUKI E, KANG N, SHELTAMI T. EAACK- A secure intrusion detection system for MANETs [J]. IEEE Trans. Ind. Electron., 2013, 60 (3): 1089-1098.

2 基于网格的实值否定选择算法

2.1 引言

在过去的十年间，人工免疫系统作为一种解决复杂计算问题的新方法引起了广泛的关注。当前，对人工免疫的研究主要集中在四个方面：否定选择算法、免疫网络、克隆选择、危险理论和树突状细胞算法。否定选择算法通过模拟生物系统的T细胞成熟过程中的免疫耐受机制，删除自反应候选检测器来识别非自体抗原，并成功应用于模式识别、异常检测、机器学习、故障诊断等。

否定选择算法是由Forrest等提出的。该算法采用字符串或二进制串来编码抗原（样本）和抗体（检测器），采用r-连续位匹配方法来计算抗原和检测器间的亲和力，被称为SNSA。Forrest等提出的否定选择算法中，采用二进制字符串表示抗原和抗体，并采用r连续位匹配算法计算抗体与抗原的匹配程度，成功应用于异常检测系统。之后，Balthrop等指出了r-连续位匹配存在的漏洞并提出了改进的r-chunk匹配机制。张衡等提出了r-可变否定选择算法，何申等提出了检测器长度可变否定选择算法。

Li指出，在SNSA算法中，检测器的生成效率是非常低的。候选检测器通过否定选择变为成熟检测器。假定N_s为训练集大小，P'为任意抗原和抗体之间的匹配概率，P_f为失败率；则候选检测器的数量为$N = -\ln(P_f)/[P'(1-P')N_s]$，与$N_s$成指数关系，且SNSA的时间复杂度为$O(N \cdot N_s)$。

在实际应用中，很多问题都是在实值空间定义和研究的，Gonzalez等提出了实值否定选择算法（RNSA）。该算法采用实值空间$[0, 1]^n$的n维向量对抗体和抗原进行编码，采用Minkowski距离计算亲和力。Ji等提出了一种变半径的实值否定选择算法（V-Detector），得出了更好的结果。该算法通过计算候选检测器的中心与自体抗原的最近距离，来动态决定一个成熟检测器的半径。

同时，该算法提出了一种基于概率的方法来计算检测器的覆盖率。Gao 等提出了一种基于遗传原理的否定选择算法，Gao、Chow 等提出了一种基于克隆优化的否定选择算法。这两种算法的检测器通过优化算法的处理，来获得更多的非自体空间覆盖率。Shapiro 等在否定选择算法中引入了超椭圆体检测器，Ostaszewski 等引入了超矩形检测器。这些检测器相比球形检测器，可以以较少的检测器达到同样的覆盖率。Stibor 等提出了自体检测器分类方法。在该方法中，自体被看成是有初始半径的自体检测器，而且在训练阶段自体的半径可以通过 ROC（接收工作特征）分析动态确定，提高了检测率。Chen 等提出了一种基于自体集层次聚类的否定选择算法。该算法通过对自体集进行层次聚类预处理来改进检测器的生成效率。Gong 等将检测器分为自体检测器和非自体检测器，分别覆盖自体空间和非自体空间，用自体检测器代替自体元素从而减少计算代价。

还有一些研究将其他人工智能算法引入否定选择算法中，来提高检测器的生成效率。Gao 等和 Abdolahnezhad 等提出了一种基于遗传原理的否定选择算法，Idris 将粒子群优化策略与否定选择算法结合起来，Lima 等将小波变换引入否定选择算法中。

由于成熟检测器的生成效率较低，否定选择算法的时间代价严重限制了它们的实际应用。本书提出了一种基于网格的实值否定选择算法，记为 GB-RNSA。该算法分析了自体集在形态空间的分布，并引入了网格机制，来减少距离计算的时间代价和检测器间的冗余覆盖。理论分析和实验结果表明，GB-RNSA 降低了检测器的数量、时间复杂度及误报率。

2.2 RNSA 的基本定义

SNS（self/nonself）理论表明机体依靠抗体（T 细胞和 B 细胞）来识别自体抗原和非自体抗原，从而消除外来物质并维持机体的平衡和稳定。受此理论激发，在人工免疫系统中抗体被定义为检测器，用以识别非自体抗原，它们的质量决定了检测系统的准确率和有效性。但是，随机生成的候选检测器能够识别自体抗原并引发免疫自反应。依据生物免疫系统中的免疫耐受机制和免疫细胞的成熟过程，Forrest 提出了否定选择算法来清除可以识别自体的检测器。本书讨论的否定选择算法是基于实值的算法。RNSA 的基本概念表述如下。

定义 2.1 抗原。$Ag = \{ag \mid ag = <x_1, x_2, \cdots, x_n, r_s>$，$x_i \in [0,1]$，$1 \leqslant i \leqslant n, r_s$

$\in [0, 1]\}$，为问题空间的全部样本。ag 是集合中的一个抗原；n 为数据维度；x_i是样本 ag 的第 i 个属性的归一化值，同时代表了实值空间的位置；r_s是 ag 的半径，代表了 ag 的变化阈值。

定义 2.2 自体集。 $Self \subset Ag$ 代表了抗原集合中的全部正常样本。

定义 2.3 非自体集。 $Nonself \subset Ag$ 代表了抗原集合中的全部异常样本。自体和非自体在不同的领域有不同的含义。对网络入侵检测来说，非自体代表网络异常，自体代表正常的网络活动；对病毒检测来说，非自体代表病毒特征码，自体代表合法的代码。

$$Self \cap Nonself = \emptyset, \quad Self \cup Nonself = Ag \tag{2.1}$$

定义 2.4 训练集。 $Train \subset Self$ 是自体集的一个子集，是检测的先验知识。N_s是训练集的大小。

定义 2.5 检测器集合。 $D = \{d \mid d = <y_1, y_2, \cdots, y_n, r_d>, y_j \in [0,1], 1 \leqslant j \leqslant n, r_d \in [0,1]\}$。$d$ 是集合中的一个检测器，y_j是检测器 d 的第 j 维属性，r_d是检测器的半径，N_d是检测器集合的大小。

定义 2.6 匹配规则。 $A(ag, d) = dis(ag, d)$，$dis(ag, d)$是抗原 ag 和检测器 d 之间的欧式距离。在检测器的生成过程中，若 $dis(ag, d) \leqslant r_s + r_d$，那么检测器 d 引发了免疫自反应，不能成为成熟检测器。在检测器的检测过程中，若 $dis(ag, d) \leqslant r_d$，那么检测器 d 识别该抗原 ag 为非自体。

定义 2.7 检测率。 DR 为非自体样本被检测器正确识别的数量占全部非自体的比例，表示为式（2.2）。TP 为 true positive，表示被检测器正确识别的非自体数量。FN 为 false negative，表示被检测器错误识别的非自体数量。

$$DR = \frac{TP}{TP + FN} \tag{2.2}$$

定义 2.8 误报率。 FAR 为自体样本被错误识别为非自体的数量占全部自体样本的比例，表示为式（2.3）。FP 为 false positive，表示被检测器错误识别的自体数量，TN 为 true negative，表示被检测器正确识别的自体数量。

$$FAR = \frac{FP}{FP + TN} \tag{2.3}$$

检测器的生成过程，即 RNSA 的基本思想如表 2.1 所示。

在 RNSA 算法中，随机生成的候选检测器需要与训练集中的全部元素进行距离计算 $dis(d_{new}, ag)$。随着自体数量 N_s的增加，执行时间将呈指数增长，同时检测器间的冗余覆盖率也将增长，导致大量无效检测器出现且效率低下。前面提到的问题极大地限制了否定选择算法的实际应用。

表 2.1　　RNSA 算法的基本思想

$RNSA$ ($Train$, r_d, $maxNum$, D) 输入：自体训练集 $Train$，检测器半径 r_d，需要的检测器数量 $maxNum$ 输出：检测器集合 D
步骤 1：初始化自体训练集 $Train$。 步骤 2：随机生成一个候选检测器 d_{new}。计算 d_{new} 和自体训练集中全部自体的欧式距离。如果存在至少一个自体抗原满足 $dis(d_{new}, ag) < r_d + r_s$，执行步骤 2；否则，执行步骤 3。 步骤 3：将 d_{new} 加入检测器集合 D。 步骤 4：如果检测器集合的大小 $N_d > maxNum$，则返回 D，程序终止；否则，执行步骤 2。

2.3　GB-RNSA 的实现

2.3.1　GB-RNSA 算法的基本思想

本书提出了一种基于网格的实值否定选择算法 GB-RNSA。该算法将变半径的检测器，以及检测器对非自体空间的覆盖率作为检测器生成过程的结束条件。算法首先分析了自体集在实值空间的分布，并把 $[0, 1]^n$ 视为最大的网格。然后，通过一步一步分割直到达到最小网格，并采用 2^n 叉树才存储网格，这样一个有限数量的子网格就生成了，同时自体抗原被填入相对应的网格中。随机生成的候选检测器只需要与该检测器所在的网格及邻居网格中的自体进行匹配，而不是与全部自体匹配，这就减少了距离计算的时间代价。当把该候选检测器加入成熟检测器集合中时，其将与该候选检测器所在网格及邻居网格中的检测器进行匹配，来判断该检测器是否已在其他成熟检测器的覆盖范围内或者它的覆盖范围完全包含了其他检测器。这一步过滤操作减少了检测器间的冗余覆盖，实现了以较少的检测器覆盖尽可能多的非自体空间。GB-RNSA 算法的主要思想如表 2.2 所示。

表 2.2　　GB-RNSA 算法的基本思想

GB-RNSA（*Train*，C_{exp}，*D*）
输入：自体训练集 *Train*，期望覆盖率 C_{exp}
输出：检测器集合 *D*
N_0：非自体空间的取样次数，$N_0 > max\ [5/C_{exp},\ 5/(1-C_{exp})]$
i：非自体样本的数目
x：被检测器覆盖的非自体样本的数目
CD：候选检测器集合 *CD* =
$\{d \mid d = \langle y_1, y_2, \cdots, y_n, r_d \rangle, y_j \in [0,1], 1 \leqslant j \leqslant n, r_d \in [0,1]\}$

步骤 1：初始化自体训练集 *Train*，$i=0$，$x=0$，$CD = \varnothing$，$N_0 = ceiling\ \{max\ [5/C_{exp},\ 5/(1-C_{exp})]\}$

步骤 2：调用 *GenerateGrid*（*Train*，*TreeGrid*，*LineGrids*）来生成包含自体的网格结构，其中 *GreeGrid* 是网格的 2^n 叉树存储，*LineGrids* 是网格的线性存储。

步骤 3：随机生成一个候选检测器 d_{new}。调用 *FindGrid*（d_{new}，*TreeGrid*，*TempGrid*）来查找 d_{new} 所在的网格 *TempGrid*。

步骤 4：计算 d_{new} 与 *TempGrid* 及其邻居网格中的全部自体的欧式距离。如果 d_{new} 能被一个自体抗原识别，则舍弃 d_{new}，执行步骤 3；否则，增加 *i*。

步骤 5：计算 d_{new} 与 *TempGrid* 及其邻居网格中的全部检测器的欧式距离。如果 d_{new} 没有被任何检测器识别，则把它加入候选检测器集合 *CD* 中；否则，增加 *x*，并判断是否达到了期望覆盖率 C_{exp}，是的话，返回 *D*，程序结束。

步骤 6：判断 *i* 是否到达了取样次数 N_0。如果 $i = N_0$，调用 *Filter*（*CD*）来执行候选检测器的扫描过程，并把通过了此操作的检测器加入集合 *D*，重置 *i*、*x* 和 *CD*；否则，执行步骤 3。

Iris 数据集是由 California Irvine 大学发布的经典的机器学习数据集之一，被广泛应用于模式识别、数据挖掘、异常检测等。我们选择 Iris 数据集中的“setosa”类别的数据记录作为自体抗原，选择“sepalL”和“sepalW”作为第一维和第二维的属性，并选择自体抗原中的前 25 条记录作为训练集。这里，我们只采用记录的两个属性在二维空间中展示算法的思想，不会影响对比结果。图 2.1 显示了 GB-RNSA 算法与经典的否定选择算法 RNSA 和 V-Detector 的对比。RNSA 生成固定半径的检测器；V-Detector 通过计算候选检测器中心与自体抗原的最近距离，动态确定检测器的半径来生成变半径检测器。这两种算法生成的检测器需要与全部自体抗原进行耐受，随着覆盖率的上升将引起成熟检测器间的冗余覆盖。GB-RNSA 首先分析自体集在空间中的分布情况，形成网格。然后，随机生成的候选检测器只与该检测器所在网格及邻居网格内的自体进行耐受。通过耐受的检测器将执行一定的策略来避免重复覆盖，保证新检测器能覆盖之前未覆盖的区域。

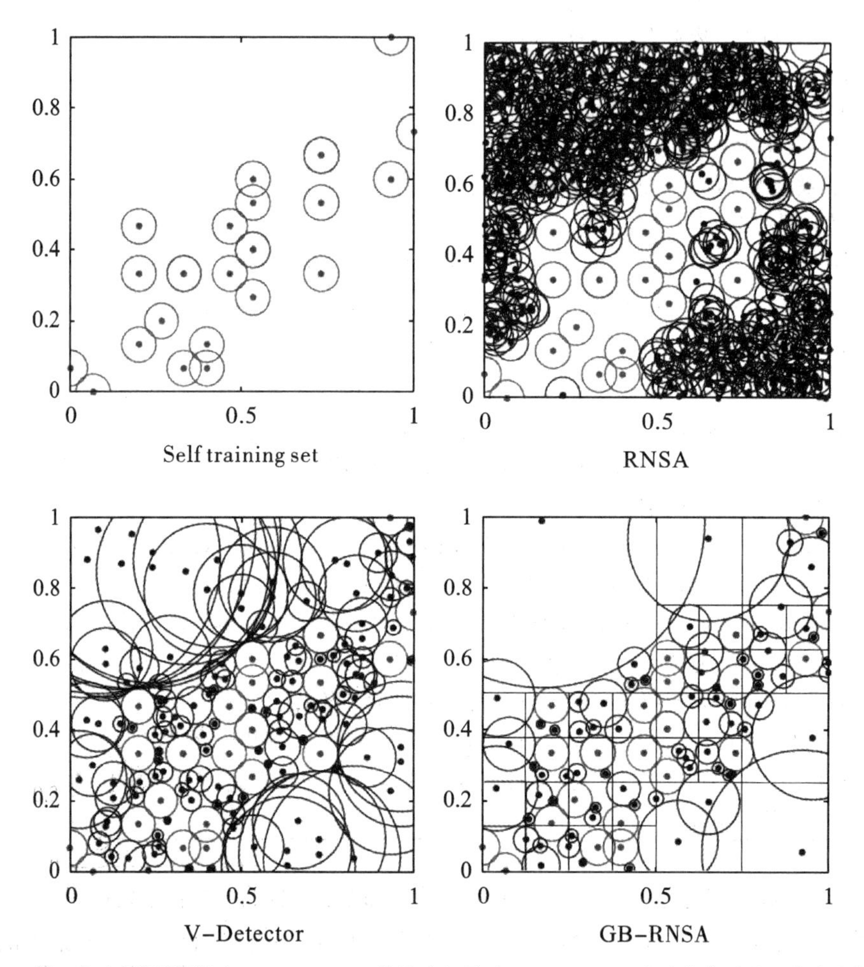

注：为达到期望覆盖率 $C_{exp}=90\%$，三种算法各需要 561、129、71 个成熟检测器，其中自体半径为 0.05，RNSA 中检测器半径为 0.05，V-Detector 和 GB-RNSA 中最小检测器半径为 0.01

图 2.1 RNSA、V-Detector 和 GB-RNSA 的对比

2.3.2 网格生成策略

在网格生成过程中，我们采用了从上到下的方法。首先，GB-RNSA 算法把 n 维［0，1］空间当作最大的网格。如果在此网格中存在自体，那么将每一维分成两部分，得到 2^n 个子网格。然后，继续判断并划分每个子网格，直到该网格不包含自体或者网格的直径达到了最小值。最后，空间的网格结构就形成了，该算法搜索每个网格得到各自的邻居节点。这个过程由表 2.3 和表 2.4 来说明。

表 2.3　　网格生成过程

GenerateGrid（*Train*，*TreeGrid*，*LineGrids*） 输入：自体训练集 *Train* 输出：*TreeGrid* 网格的 2^n 叉树存储，*LineGrids* 网格的线性存储
步骤 1：以直径 1 生成 *TreeGrid* 网格，并设置该网格的属性，包括低维子网格、邻居网格、包含的自体以及包含的检测器。 步骤 2：调用 *DivideGrid*（*TreeGrid*，*LineGrids*）来划分网格。 步骤 3：调用 *FillNeighbours*（*LineGrids*）来查找每个网格的邻居。

表 2.4　　网格划分过程

DivideGrid（*Grid*，*LineGrids*） 输入：*Grid* 需要划分的网格 输出：*LineGrids* 网格的线性存储
步骤 1：如果该网格 *Grid* 不包含任何自体或直径达到了 r_{gs}，那么不再划分，将网格加入 *LineGrids*，返回；否则，执行步骤 2。 步骤 2：划分网格 *Grid* 的每一维为两部分，得到 2^n 个子网格，并把网格 *Grid* 中的自体分布到子网格中。 步骤 3：对每个子网格，调用 DivideGrid（*Grid. sub*，*LineGrids*）。

定义 2.9 网格的最小直径。$r_{gs} = 4r_s + 4r_{ds}$。其中，r_s为自体半径，r_{ds}为检测器的最小半径。假设一个网格的直径小于 r_{gs}，划分这个网格，那么得到的子网格直径小于 $2r_s + 2r_{ds}$。如果该子网格中存在自体，那么不可能在该子网格中生成检测器。所以，设网格的最小直径为 $4r_s + 4r_{ds}$。

定义 2.10 邻居网格。如果两个网格至少在一个维度相邻，那么这两个网格即为邻居，被称作互为基础邻居网格。如果邻居网格中自体为空，则该邻居网格的同一方向的基础邻居网格为附加邻居网格。一个网格的邻居包括基础邻居网格和附加邻居网格。

邻居网格的填充过程如表 2.5 所示。

表 2.5　　邻居网格的填充过程

FillNeighbours（*LineGrids*） 输入：*LineGrids* 网格的线性存储

表2.5(续)

步骤1：获取存储结构 linegrids 中每个网格的基础邻居网格。
步骤2：对每个网格的每个基础邻居，如果该邻居中不包含自体，补充与该邻居相同方向的邻居作为网格的附加邻居。
步骤3：对每个网格的每个附加邻居，如果该邻居中不包含自体，补充与该邻居相同方向的邻居作为网格的附加邻居。

图2.2描述了网格的划分过程。自体训练集仍然来自 Iris 数据集中的类别的数据记录，被选择作为抗原的第一维和第二维属性。如图2.2所示，在第一次划分中二维空间被划分为4个子网格。当子网格中自体不为空时，继续划分，直到子网格不能被划分为止。

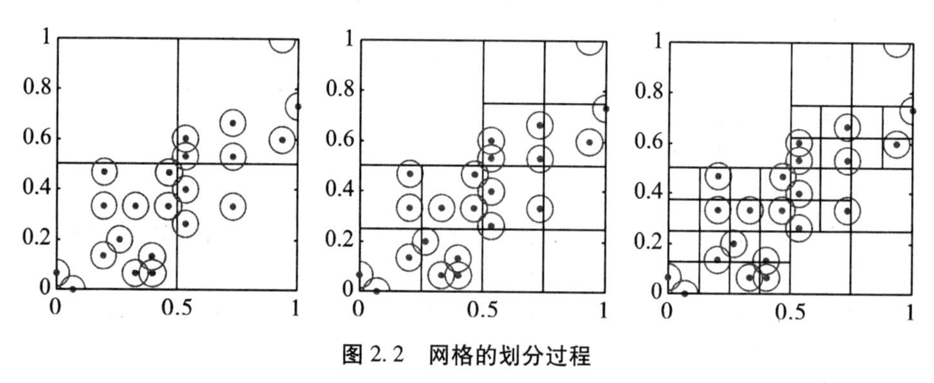

图2.2 网格的划分过程

图2.3描述了邻居网格的位置。被斜杠覆盖的网格为［0，0.5，0.5，1］网格的邻居，分布在空间的左下部分和右上部分。

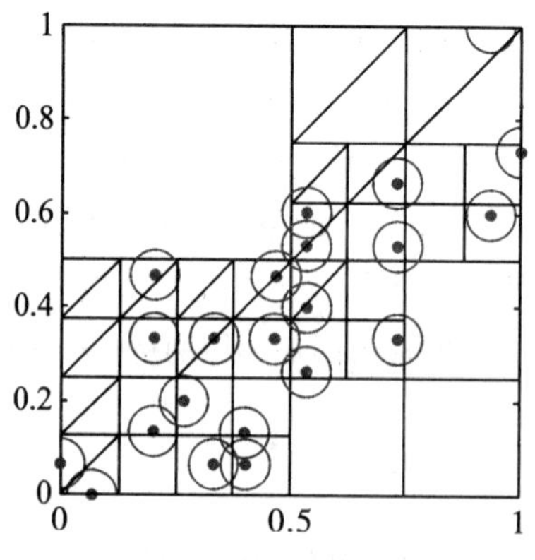

图2.3 邻居网格

2.3.3 非自体空间的覆盖率计算方法

非自体空间覆盖率 P 等于检测器覆盖的空间 $V_{covered}$ 与全部非自体所占的空间 $V_{nonself}$ 的比值，如式（2.4）所示。

$$P = \frac{V_{covered}}{V_{nonself}} = \frac{\int_{covered} dx}{\int_{nonself} dx} \tag{2.4}$$

由于检测器间存在冗余覆盖，所以直接计算（2.4）式是不可能的。本书采用概率估计的方法来计算检测器覆盖率 P。对检测器集合 D 来说，在非自体空间采样被检测器覆盖的概率服从二项分布 b（1，P）。采样次数 m 的概率服从二项分布 b（m，P）。

定理 2.1 当持续采样的非自体样本数量 $i \leqslant N_0$ 时，如果 $\left[\frac{x}{\sqrt{N_0P(1-P)}}\right] - \sqrt{\frac{N_0P}{(1-P)}} > Z_\alpha$，那么检测器的非自体空间覆盖率达到了 P。Z_α 是标准正太分布的 α 位点，x 是持续采样的非自体样本被检测器覆盖的数目，N_0 是同时大于 $5/P$ 和 $5/(1-P)$ 的最小正整数。

证明　随机变量 $x \sim B(i, P)$。设 $z = \frac{x - N_0P}{\sqrt{N_0P(1-P)}} = \left[\frac{x}{\sqrt{N_0P(1-P)}}\right] - \left[\sqrt{\frac{N_0P}{(1-P)}}\right]$。我们考虑两种情况。

（1）如果持续采样的非自体样本的数量 $i = N_0$，由 De Moivre-Laplace 定理可知，当 $N_0 > 5/P$ 且 $N_0 > 5/(1-P)$，$x \sim AN[N_0P, N_0P(1-P)]$。即，$\frac{x - N_0P}{\sqrt{N_0P(1-P)}} \sim AN(0, 1)$，$z \sim AN(0, 1)$。下面做假设。$H_0$：检测器的非自体空间覆盖率 $\leqslant P$。H_1：检测器的非自体空间覆盖率 $> P$。给定显著性水平 α，$P\{z > Z_\alpha\} = \alpha$。那么，拒绝域 $W = \{(z_1, z_2, \cdots, z_n) : z > Z_\alpha\}$。因此，当 $\left[\frac{x}{\sqrt{nP(1-P)}}\right] - \left[\sqrt{\frac{nP}{(1-P)}}\right] > Z_\alpha$，z 属于拒绝域，拒绝 H_0，接受 H_1。即，非自体空间覆盖率 $>P$。

（2）如果持续采样的非自体样本的数量 $i < N_0$，$i \cdot P$ 不是太大，那么 x 近似服从泊松分布，λ 等于 $i \cdot P$。即 $P\{z > Z_\alpha\} < \alpha$。当 $\left[\frac{x}{\sqrt{N_0P(1-P)}}\right] -$

$\left[\sqrt{\frac{N_0P}{(1-P)}}\right] > Z_\alpha$，那么非自体空间覆盖率>$P$。证毕。

从定理2.1知，在检测器生成过程中，只有持续采样的非自体样本数目 i 和被检测器覆盖的非自体样本数目 x 需要被记录。在非自体空间采样后，确定该非自体样本是否被检测器集合 D 覆盖。如果没有被覆盖的话，以该非自体样本的位置向量生成一个候选检测器，然后把它加入到候选检测器集合 CD 中。如果被覆盖的话，计算 $\left[\frac{x}{\sqrt{N_0P(1-P)}}\right]-\left[\sqrt{\frac{N_0P}{(1-P)}}\right]$ 是否大于 Z_α。如果大于，那么非自体空间覆盖率达到了期望覆盖率 P，则停止采样。如果不大于的话，增加 i。当 i 达到 N_0，把候选检测器集合 CD 加入检测器集合 D 来改变非自体空间覆盖率，然后重置 $i=0$，$x=0$ 来开始新一轮的采样。随着候选检测器的持续增加，检测器集合逐渐增大，非自体空间覆盖率逐渐增长。

2.3.4 候选检测器的过滤方法

当在非自体空间的采样次数达到了 N_0 时，候选检测器集合中的检测器将加入检测器集合 D。这个时候，并不是所有的候选检测器都将加入 D，我们将对这些检测器执行过滤操作。过滤操作包含两个部分。

第一部分为减少候选检测器间的冗余覆盖。首先，将候选检测器集合中的检测器按照半径大小降序排列，然后判断队列中后面的检测器是否包含在前面的检测器覆盖范围内。如果是的话，此次非自体空间采样是无效的，以该次采样的位置向量生成的候选检测器将被删除。这一轮过滤操作后，候选检测器间将不包含完全覆盖。

第二部分为降低成熟检测器与候选检测器间的冗余覆盖。当把候选检测器并入检测器集合 D 中时，候选检测器将与它所在网格及邻居网格中的检测器进行匹配，来判断它是否包含了其他成熟检测器。如果是的话，该成熟检测器是冗余的，应该被删除。此步过滤操作保证了每一个成熟检测器都覆盖了一部分未被覆盖的非自体空间。

候选检测器的过滤操作过程如表2.6所示。

表 2.6　　　　　　　　　候选检测器的过滤操作

Filter (*CD*) 输入：*CD* 候选检测器集合
步骤 1：将 CD 按照检测器半径降序排列。 步骤 2：确保队列中后面的检测器的中心没有落入前面检测器的覆盖范围。即 $dis(d_i, d_j) > r_{di}$，其中 $1 \leq i < j \leq N_{CD}$，r_{di} 是检测器 d_i 的半径，N_{CD} 是 *CD* 的大小。 步骤 3：将全部候选检测器加入 *D* 中，确保它们没有完全覆盖 *D* 中的任何检测器。即 $dis(d_i, d_j) > r_{di}$，或者 $dis(d_i, d_j) \leq r_{di}$ 且 $2r_{dj} > r_{di}$，其中，$1 \leq i \leq N_{CD}$，$1 \leq j \leq N_D$，r_{di} 和 r_{dj} 分别是检测器 d_i 和 d_j 的半径，N_{CD} 和 N_D 分别是集合 *CD* 和 *D* 的大小。

2.3.5　时间复杂度分析

定理 2.2　GB-RNSA 中检测器生成过程的时间复杂度为 $O\{[|D|/(1-P')](N_s+|D|^2)\}$。其中 N_s 为训练集的大小，$|D|$ 为检测器集合的大小，P' 为检测器的平均自反应率。

证明。在 GB-RNSA 中，生成一个成熟检测器主要的时间代价包括调用 *FindGrid* 查找网格的时间消耗，候选检测器自体耐受的时间消耗和调用 *Filter* 过滤检测器的时间消耗。

由 2.3.2 节可知，2^n 叉树的深度为 $Ceil\{log_2[1/(4r_s+4r_{ds})]\}$。因此，对一个新的检测器来说，查找该检测器所在网格 *grid'* 的时间复杂度为 $t1 = O(Ceil(log_2(1/(4r_s+4r_{ds})))^n)$。$n$ 为空间维度，r_s 为自体半径，r_{ds} 为检测器的最小半径。因此，$t1$ 相对来说，是恒量。

计算新检测器的半径需要计算检测器的中心与它所在网格及邻居网格包含的自体的最小距离。时间复杂度为 $t2 = O(N_{s'})$，其中 $N_{s'}$ 为网格 *grid'* 及其邻居内自体的数量。

计算新检测器是否被已有检测器覆盖的时间复杂度为 $t3 = O(D')$。其中 D' 为 *grid'* 网格及其邻居内检测器的数量。

调用 *Filter* 扫描检测器的时间复杂度包括对候选检测器排序的时间消耗和判断是否存在冗余覆盖的时间消耗，即，$t4 = O(N_0^2 + N_0 \cdot D')$。

设 N' 为生成检测器集合 *D* 所需的候选检测器的数量，那么采样的时间复杂度为 $N' \cdot (t1 + t2) + N' \cdot (1-P) \cdot t3 + (\frac{N'}{N_0}) \cdot t4$。$N' \approx |D|/(1-P')$。因此，生成检测器集合 *D* 的时间复杂度如下。

$$O\left[\frac{|D|}{1-P'}\left(t1+\sum N_{s'}\right)+|D|\left(\sum D'\right)+\frac{|D|\left(N_0+\sum D'\right)}{1-P'}\right]$$

$$=O\left(\frac{|D|}{1-P'}N_s+|D|^2+\frac{|D|^2}{1-P'}\right)$$

$$=O\left[\frac{|D|}{1-P'}\left(N_s+|D|^2\right)\right]$$

因此，GB-RNSA 中检测器生成过程的时间复杂度为 $O\{[|D|/(1-P')](N_s+|D|^2)\}$。证毕。

SNSA、RNSA 和 V-Detector 是主要的检测器生成算法，且被广泛应用于基于人工免疫的模式识别、异常检测、免疫优化等。表 2.7 显示了这些否定选择算法与 GB-RNSA 的对比。从表 2.7 中可以看出，传统算法的时间复杂度与自体集大小 Ns 呈指数关系。当自体元素增多时，时间复杂度将迅速增高。GB-RNSA 消除了指数影响，并降低了自体规模的增长对时间复杂度的影响。因此，GB-RNSA 降低了原始算法的时间复杂度并改进了检测器生成的效率。

表 2.7　时间复杂度对比

算法	时间复杂度
SNSA	$O\left[\frac{-\ln(P_f)\cdot N_s}{P(1-P')N_s}\right]$ [7]
RNSA	$O\left[\frac{\|D\|\cdot N_s}{(1-P')N_s}\right]$ [11]
V-Detector	$O\left[\frac{\|D\|\cdot N_s}{(1-P')N_s}\right]$ [13]
GB-RNSA	$O\left[\frac{\|D\|}{1-P'}(N_s+\|D\|^2)\right]$

2.4　实验结果与分析

本节将通过实验来验证 GB-RNSA 的有效性。实验采用否定选择算法研究中普遍使用的两类数据集，包括 2D 综合数据集和 UCI 数据集。其中，2D 综合数据集是由 Memphis 大学的 Dasgupta 教授的研究小组提供的，是实值否定选择算法性能测试的权威数据集。UCI 数据集是经典的机器学习数据集，广泛应用于检测器的性能测试和生成效率测试。在实验中，我们会将 GB-RNSA 与两种传统的实值否定选择算法 RNSA 和 V-Detector 做比较。

实验采用成熟检测器的数量 DN、检测率 DR、误报率 FAR 和检测器生成的时间代价 DT 来衡量算法的有效性。由于传统算法 RNSA 采用预设检测器数量作为算法的终止条件，为了保证三种算法在相同的实验条件下进行有效对比，本书修改了 RNSA 算法，采用对非自体空间的期望覆盖率作为算法的终止条件。

2.4.1 2D 综合数据集

这些数据集包含几种不同的子数据集。我们选择 Ring、Stripe 和 Pentagram 子数据集来测试 GB-RNSA 的检测器生成性能。图 2.4 显示了这三种数据集在二维实值空间的分布。

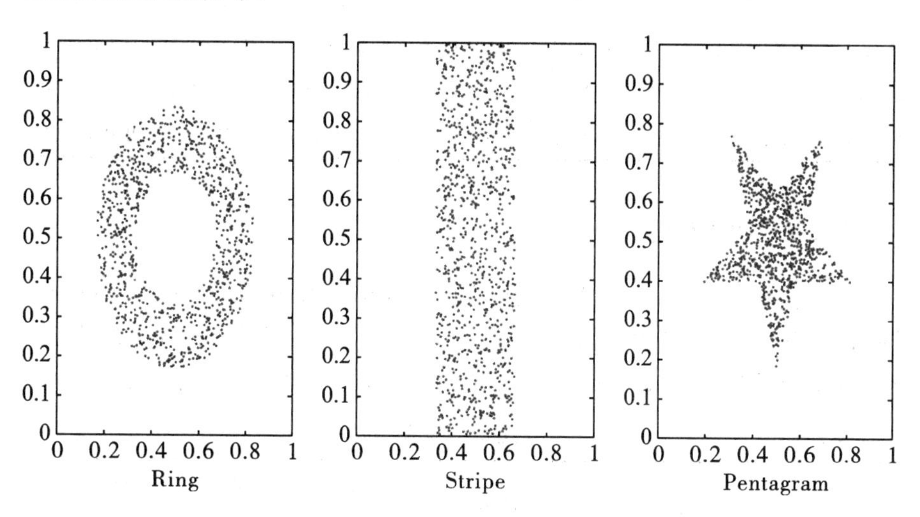

图 2.4 Ring、Stripe 和 Pentagram 数据集的分布

这三种数据集的自体集合大小为 $N_{self}=1\ 000$。训练集由自体集中随机选择的数据点组成，测试数据由二维［0，1］空间中随机选择的点组成。实验重复 20 次取平均值。表 2.8 和表 2.9 显示了实验结果，其中括号中的值为方差。表 2.8 列出了 GB-RNSA 在三种数据集具有相同的期望覆盖率（90%）、相同的训练集大小（$N_s=300$）、不同的自体半径的情况下，检测率和误报率的对比。可以看出，算法在较小的自体半径下，具有较高的检测率和误报率，同时在较大的自体半径下，具有较低的检测率和误报率。表 2.9 列出了 GB-RNSA 在三种数据集具有相同的期望覆盖率（90%）、相同的自体半径（$r_s=0.05$）、不同

的训练集大小的情况下，检测率和误报率对比。可以看出，随着训练集增大，检测率逐渐增大，误报率逐渐减小。

表 2.8　不同自体半径的影响

数据集	自体半径 $r_s = 0.02$		自体半径 $r_s = 0.1$		自体半径 $r_s = 0.2$	
	DR%	*FAR%*	*DR%*	*FAR%*	*DR%*	*FAR%*
Ring	81.55(1.02)	62.11(2.14)	61.77(1.39)	12.04(1.24)	32.39(1.42)	0.00(0.00)
Stripe	80.21(1.24)	63.34(1.90)	58.52(1.18)	11.20(2.47)	25.93(1.88)	0.00(0.00)
Pentagram	77.09(1.38)	67.02(2.32)	57.65(2.31)	13.19(1.63)	22.78(1.59)	0.00(0.00)

表 2.9　不同训练集大小的影响

数据集	训练集大小 $N_s = 100$		训练集大小 $N_s = 500$		训练集大小 $N_s = 800$	
	DR%	*FAR%*	*DR%*	*FAR%*	*DR%*	*FAR%*
Ring	22.54(1.22)	76.26(2.05)	86.09(1.16)	8.21(1.21)	95.92(1.37)	0.00(0.00)
Stripe	18.25(1.98)	78.92(2.32)	80.13(1.87)	9.05(1.44)	87.63(1.78)	0.00(0.00)
Pentagram	12.20(1.55)	88.29(2.87)	72.33(1.91)	11.42(1.41)	82.18(1.49)	0.00(0.00)

2.4.2　UCI 数据集

实验选取了三种标准的 UCI 数据集，包括 Iris、Haberman's Survival 和 Abalone，实验参数如表 2.10 所示。对这三种数据集，自体集和非自体集都是随机选择的，训练集和测试集也是随机选择的。实验重复 20 次并取平均值。

表 2.10　UCI 数据集的实验参数

数据集	记录数量	属性个数	类型	自体集	非自体集	训练集及大小	测试集及大小
Iris	150	4	Real	Setosa:50	Versicolour:50 Virginica:50	Setosa:25	Setosa:25 Versicolour:25 Virginica:25
Haberman's Survival	306	3	Integer	Survived:225	Died:81	Survived:150	Survived:50 Died:50
Abalone	4 177	8	Real, integer	M:1 528	F:1 307 I:1 342	M:1 000	M:500 F:500 I:500

2.4.2.1 检测器数量对比

图 2.5、图 2.6、图 2.7 显示了 RNSA、V-Detector 和 GB-RNSA 在三种数据集下的成熟检测器数量的对比。从图中可以看出，随着期望覆盖率的上升，三种算法所需的成熟检测器数量相应上升。但是 GB-RNSA 的效率明显优于其他两种算法。对 Iris 数据集来说，为了达到期望覆盖率 99%，RNSA 需要 13 527 个成熟检测器，V-Detector 需要 1 432 个，而 GB-RNSA 需要 1 166 个，依次下降了 89.4%和 18.6%。对大数据集 Abalone 来说，为了达到期望覆盖率 99%，RNSA 需要 11 500 个成熟检测器，V-Detector 需要 620 个，而 GB-RNSA 需要 235 个，依次下降了 94%和 62.1%。因此，在相同的期望覆盖率、不同的数据维度、不同的训练集下，GB-RNSA 生成的成熟检测器数量相比 RNSA 和 V-Detector 大大减少。

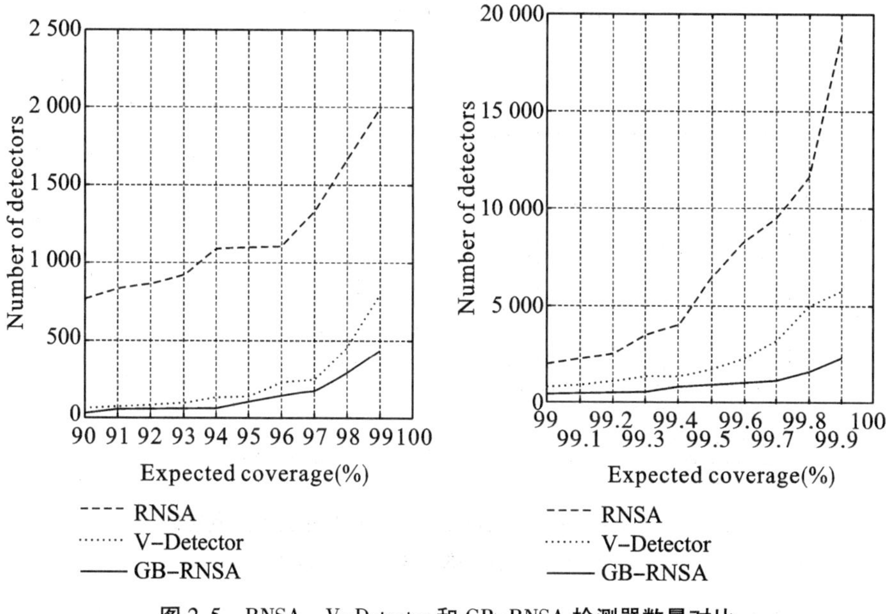

图 2.5 RNSA、V-Detector 和 GB-RNSA 检测器数量对比

（采用 Haberman's Survival 数据集，自体半径为 0.1）

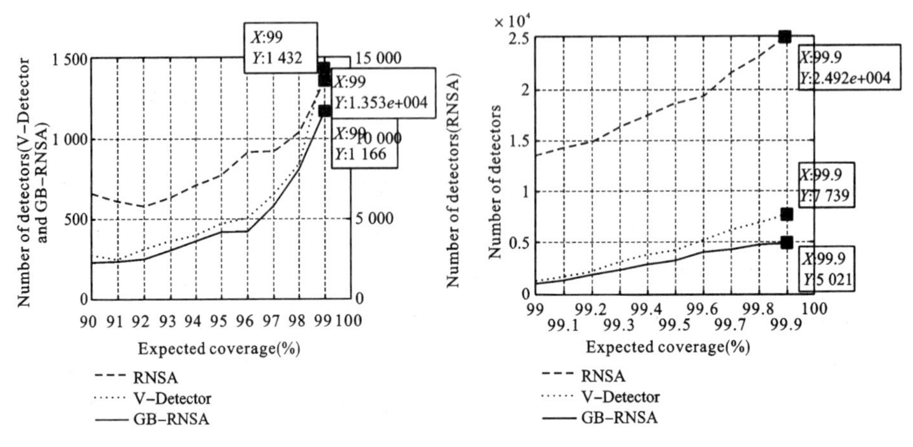

图 2.6　RNSA、V-Detector 和 GB-RNSA 检测器数量对比

（采用 Iris 数据集，自体半径为 0.1）

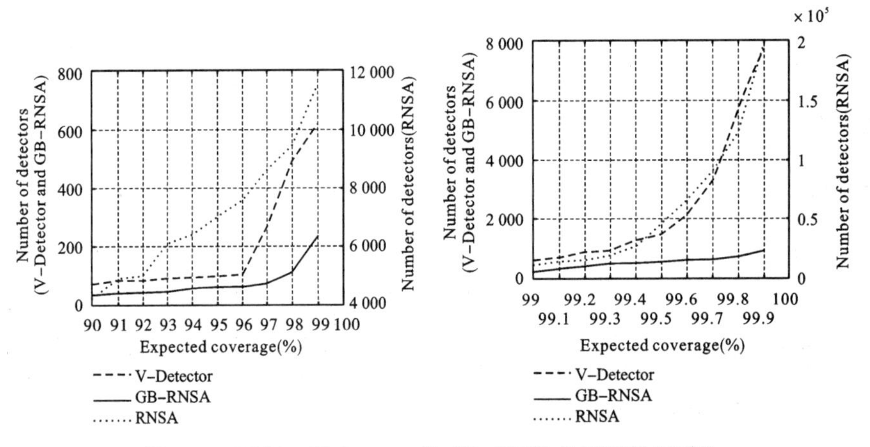

图 2.7　RNSA、V-Detector 和 GB-RNSA 检测器数量对比

（采用 Abalone 数据集，自体半径为 0.1）

2.4.2.2　检测器生成代价对比

图 2.8、图 2.9、图 2.10 显示了 RNSA、V-Detector 和 GB-RNSA 在三种数据集下的检测器生成的时间代价的对比。从图中可以看出，随着期望覆盖率的上升，RNSA 和 V-Detector 的时间花费上升非常快，而 GB-RNSA 上升较缓慢。对 Iris 数据集来说，为了达到期望覆盖率 90%，RNSA 的时间消耗是 350.187 秒，V-Detector 是 0.347 秒，而 GB-RNSA 是 0.1 秒，依次降低了 99.9% 和 71.2%。当期望覆盖率为 99% 时，RNSA 的时间消耗是 1 259.047 秒，V-Detector 是 40.775 秒，而 GB-RNSA 是 3.659 秒，依次降低了 99.7% 和 91.0%。

对其他两种数据集，实验结果是类似的。因此，相比 RNSA 和 V-Detector，GB-RNSA 的检测器生成效率有了大幅提高。

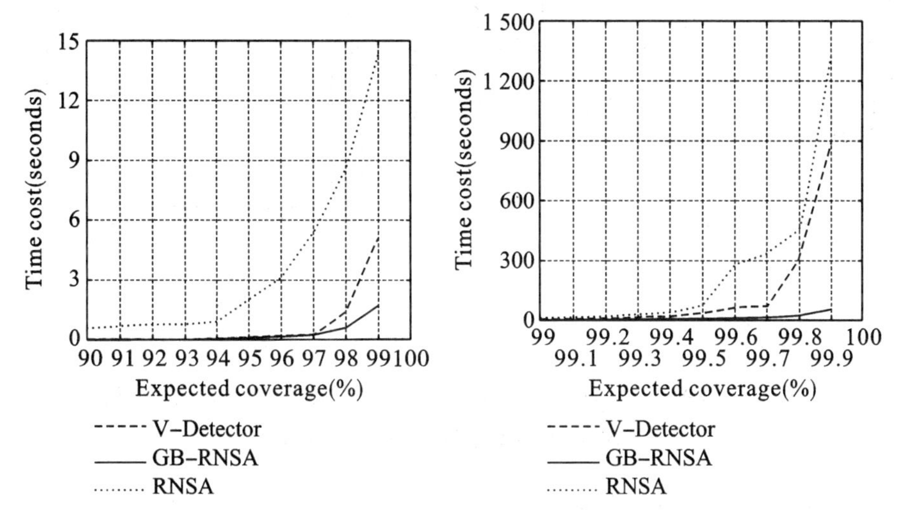

图 2.8　RNSA、V-Detector 和 GB-RNSA 生成检测器的时间消耗对比

(采用 Haberman's Survival 数据集，自体半径为 0.1)

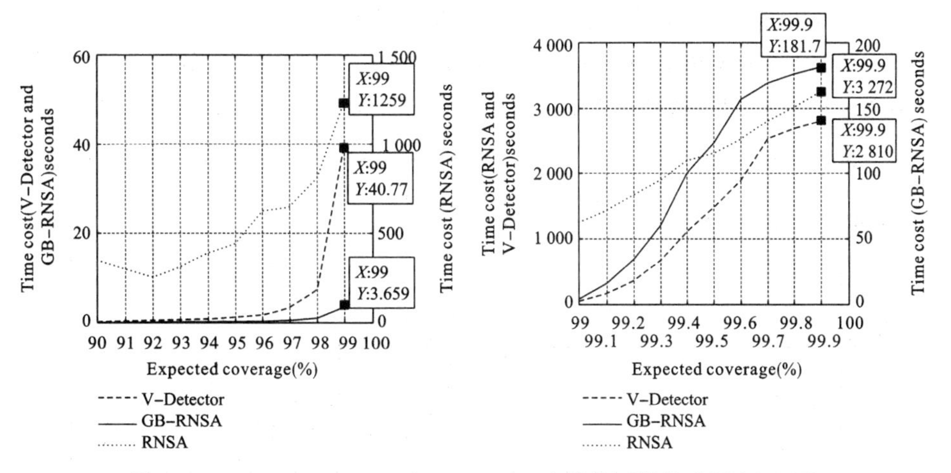

图 2.9　RNSA、V-Detector 和 GB-RNSA 生成检测器的时间消耗对比

(采用 Iris 数据集，自体半径为 0.1)

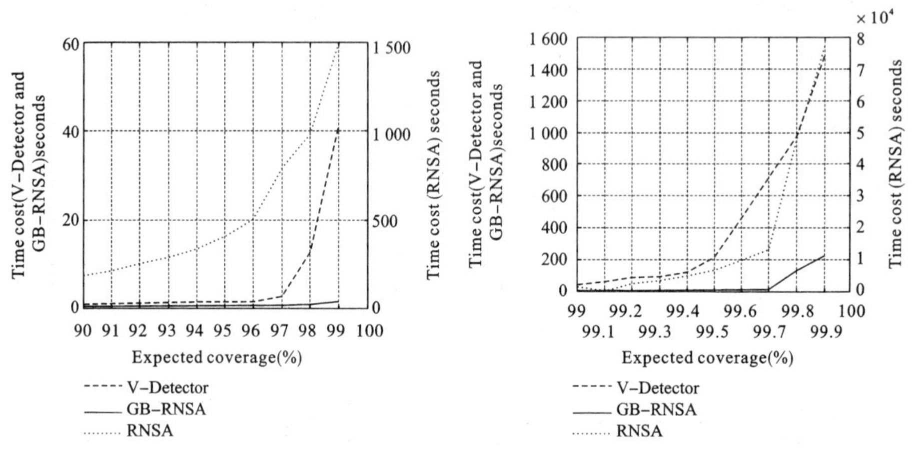

图 2.10 RNSA、V-Detector 和 GB-RNSA 生成检测器的时间消耗对比

(采用 Abalone 数据集，自体半径为 0.1)

2.4.2.3 检测率和误报率对比

图 2.11、图 2.12、图 2.13 显示了 RNSA、V-Detector 和 GB-RNSA 在三种数据集下的检测率和误报率对比。从图中可以看出，当期望覆盖率大于 90%时，三种算法的检测率较为接近，其中 RNSA 稍低一点；而 GB-RNSA 的误报率明显低于 RNSA 和 V-Detector。对 Haberman's Survival 数据集来说，当期望覆盖率为 99%时，RNSA 的误报率是 55.2%，V-Detector 是 30.1%，而 GB-RNSA 是

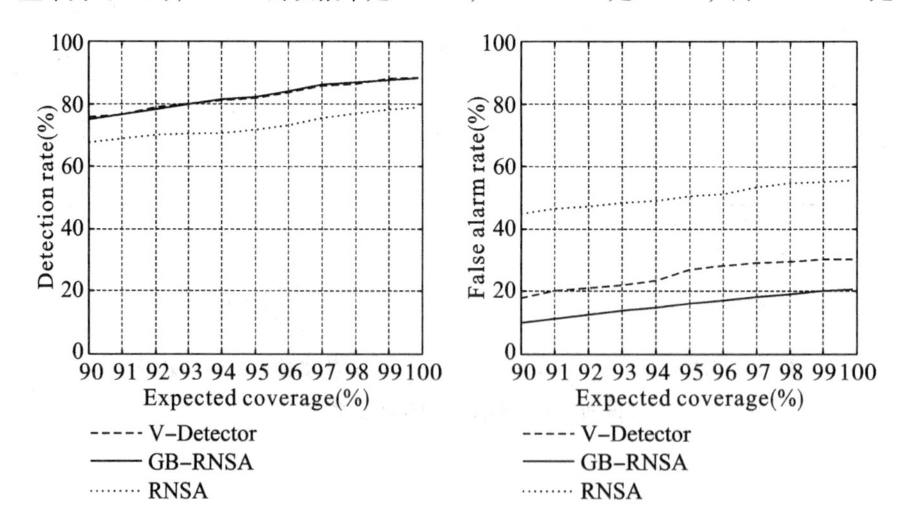

图 2.11 RNSA、V-Detector 和 GB-RNSA 的检测率和误报率对比

(采用 Haberman's Survival 数据集，自体半径为 0.1)

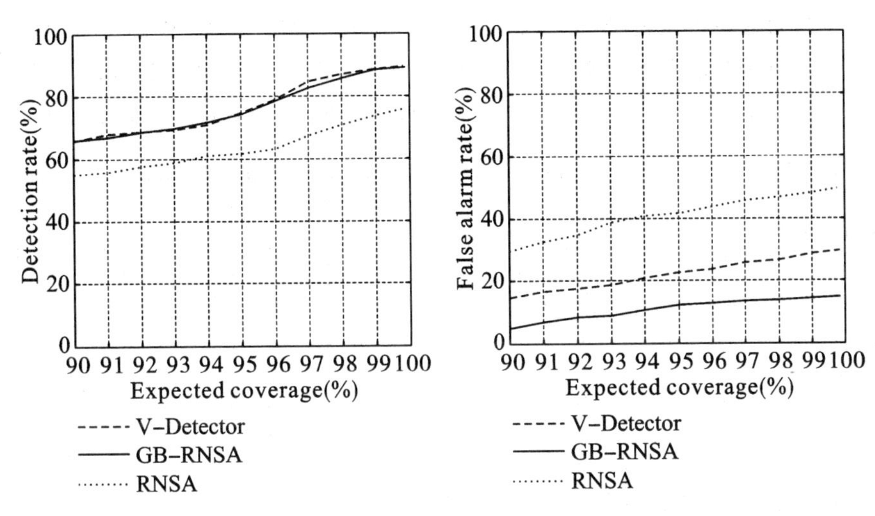

图 2.12　RNSA、V-Detector 和 GB-RNSA 的检测率和误报率对比

（采用 Iris 数据集，自体半径为 0.1）

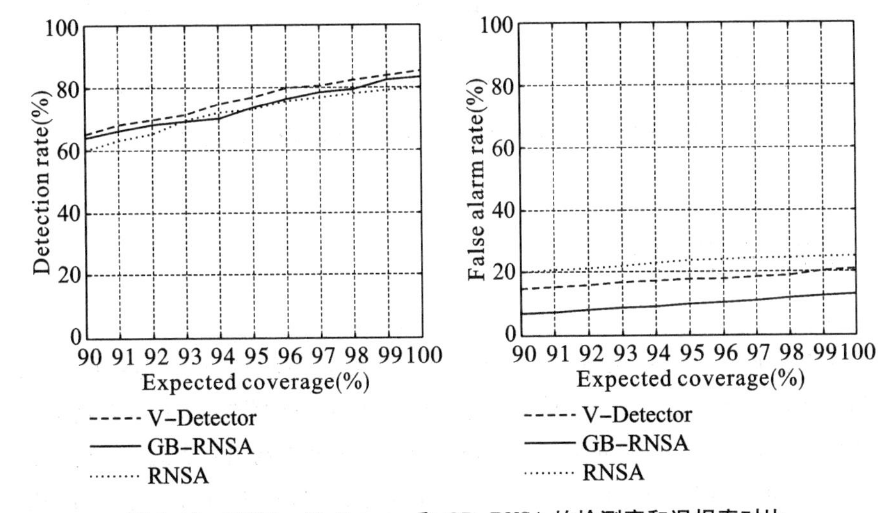

图 2.13　RNSA、V-Detector 和 GB-RNSA 的检测率和误报率对比

（采用 Abalone 数据集，自体半径为 0.1）

20.1%，依次降低了 63.6%和 33.2%。对 Abalone 数据集来说，当期望覆盖率为 99%时，RNSA 的误报率是 25.1%，V-Detector 是 20.5%，而 GB-RNSA 是 12.6%，依次降低了 49.8%和 38.5%。因此，在相同的期望覆盖率下，相比 RNSA 和 V-Detector，GB-RNSA 的误报率明显降低。

ROC 曲线是一个采用检测率（True positive rate）和误报率（False positive

rate）绘制分类模式的图形方法。图 2. 14 显示了 RNSA、V-Detector 和 GB-RNSA 在三种数据集下的 ROC 曲线对比。一个好的分类模式的曲线应该尽可能分布在图形的左上方。从图中可以看出，GB-RNSA 优于 RNSA 和 V-Detector。

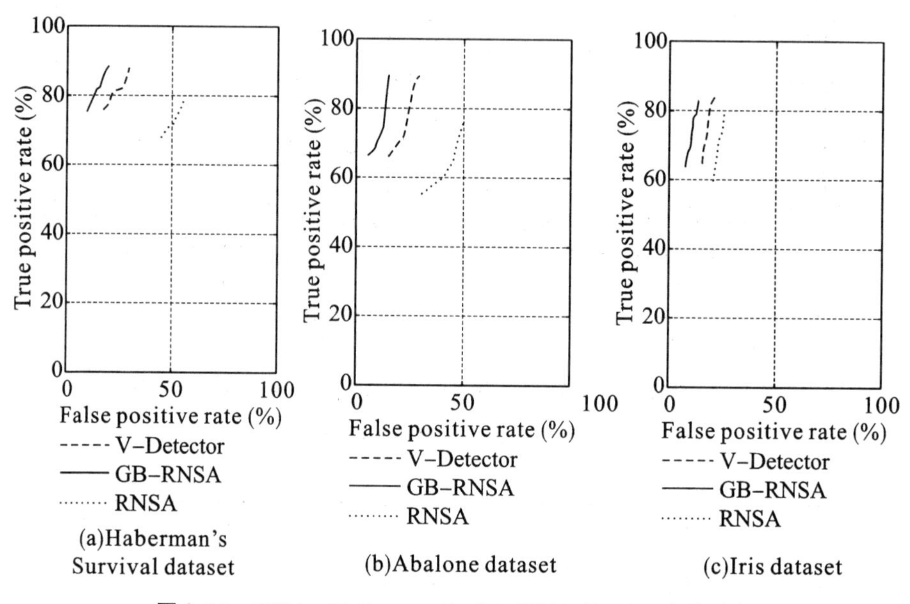

图 2. 14　RNSA、V-Detector 和 GB-RNSA 的 ROC 曲线对比

2. 5　本章小结

过多的检测器及过高的时间复杂度是现有否定选择算法存在的主要问题，限制了否定选择算法的实际应用。在非自体空间中，检测器间大量冗余覆盖也是否定选择算法存在的严重问题。本章提出了一种基于网格的实值否定选择算法，记为 GB-RNSA。该算法首先分析了自体集在空间中的分布，并采用一定的方法把空间划分为若干个网格。然后，随机生成的候选检测器只需要与它所在的网格及邻居网格内的自体进行耐受。最后，候选检测器通过耐受后，在加入成熟检测器集合前，将采用一定的方法来减少冗余覆盖。本章首先分析了否定选择算法的现状，对已有的否定选择算法进行了介绍；之后对否定选择算法的基本定义进行了说明；接着详细介绍了 GB-RNSA 的实现策略；最后通过实验对算法进行验证。理论分析和实验结果表明，相比传统的否定选择算法，GB-RNSA 有更好的时间效率及检测器质量，是一种有效的生成检测器的人工

免疫算法。

参考文献

[1] DASGUPTA D, YU S, NINO F. Recent advances in artificial immune systems: models and applications [J]. Applied soft computing journal, 2011, 11 (2): 1574-1587.

[2] BRETSCHER P, COHN M. A theory of self-nonself discrimination [J]. Science, 1970 (169): 1042-1049.

[3] BURNET F. The clonal selection theory of acquired immunity [M]. Nashville: Vanderbilt University Press, 1959.

[4] JERNE N K. Towards a network theory of the immune system [J]. Annals of immunology, 1974, 125: 373-389.

[5] MATZINGER P. The danger model: a renewed sense of self [J]. Science, 2002, 296: 301-305.

[6] KAPSENBERG M L. Dendritic-cell control of pathogen-driven T-cell polarization [J]. Nature reviews immunology, 2003 (12): 984-993.

[7] FORREST S, ALLEN L, PERELSON A S, et al. Self-nonself discrimination in a computer [C] // Proceedings of the IEEE Symposium on Research in Security and Privacy. [S. l.: s. n.], 1994.

[8] LI T. Computer immunology, house of electronics industry [M]. Beijing: [s. n.], 2004.

[9] LI T. Dynamic detection for computer virus based on immune system [J]. Science in China F, 2008, 51 (10): 1475-1486.

[10] LI T. An immunity based network security risk estimation [J]. Science in China F, 2005, 48 (5): 557-578.

[11] GONZALEZ F A, DASGUPTA D. Anomaly detection using realvalued negative selection [J]. Genetic programming and evolvable machines, 2003 (4): 383-403.

[12] JI Z. Negative selection algorithms: from the thymus to V-detector [D]. Memphis: University of Memphis, 2006.

[13] JI Z, DASGUPTA D. V-detector: an efficient negative selection algorithm

with "probably adequate" detector coverage [J]. Information science, 2009, 19 (9): 1390-1406.

[14] GAO X Z, OVASKA S J, WANG X. Genetic algorithms based detector generation in negative selection algorithm [C] // Proceedings of the IEEE Mountain Workshop on Adaptive and Learning Systems. [S. l.: s. n.], 2006: 133-137.

[15] GAO X Z, OVASKA S J, WANG X, et al. Clonal optimization of negative selection algorithm with applications in motor fault detection [C] // Proceedings of the IEEE International Conference on Systems, Man and Cybernetics (SMC'06). Taipei: [s. n.], 2006: 5118-5123.

[16] SHAPIRO J M, LAMENT G B, PETERSON G L. An evolutionary algorithm to generate hyper-ellipsoid detectors for negative selection [C] // Proceedings of the Genetic and Evolutionary Computation Conference (GECCO'05). Washington DC: [s. n.], 2005: 337-344.

[17] OSTASZEWSKI M, SEREDYNSKI F, BOUVRY P. Immune anomaly detection enhanced with evolutionary paradigms [C] // Proceedings of the 8th Annual Genetic and Evolutionary Computation Conference (GECCO'06). Seattle: [s. n.], 2006: 119-126.

[18] STIBOR T, MOHR P, TIMMIS J. Is negative selection appropriate for anomaly detection? [C] // Proceedings of the Genetic and Evolutionary Computation Conference (GECCO'05). [S. l.]: IEEE Computer Society Press, 2005: 569-576.

[19] CHEN W, LIU X, LI T, et al. Anegative selection algorithm based on hierarchical clustering of self set and its application in anomaly detection [J]. International journal of computational intelligence systems, 2011, 4: 410-419.

[20] CHANG G, SHI J. Mathematical analysis tutorial [M]. Beijing: Higher Education Press, 2003.

[21] GONZALEZ F, DASGUPTA D, GOMEZ J. The effect of binary matching rules in negative selection [C] // Proceedings of the Genetic and Evolutionary Computation (GECCO'03). Berlin: Springer, 2003.

[22] STIBOR T, TIMMIS J, ECKERT C. On the appropriateness of negative selection defined over hamming shape-space as a network intrusion detection system [C] // Proceedings of the IEEE Congress on Evolutionary Computation (CEC ' 05). [S. l.: s. n.] , 2005: 995-1002.

[23] ANGIULLI F, BEN R, PALOPOLI L. Outlier detection using default reasoning [J]. Artificial intelligence, 2008, 172 (16): 1837-1872.

[24] IDRIS I, SELAMAT A, NGUYEN N T, et al. A combined negative selection algorithm particle swarm optimization for an email spam detection system [J]. Independent component analysis & signal separation, 2015, 39: 33-44.

[25] LIMA F, LOTUFO A, MINUSSI C. Wavelet-artificial immune system algorithm applied to voltage disturbance diagnosis in electrical distribution systems [J]. Generation transmission & distribution iet, 2015, 9 (11): 1104-1111.

[26] 张衡, 吴礼发, 张毓森, 等. 一种 r 可变阴性选择算法及其仿真分析 [J]. 计算机学报, 2005, 28 (10): 1614-1619.

[27] 何申, 罗文坚, 王煦法, 等. 一种检测器长度可变的非选择算法 [J]. 软件学报, 2007, 18 (6): 1361-1368.

[28] BALTHROP J, ESPONDA F, FORREST S, et al. Coverage and generalization in an artificial immune system [M]. New York: Morgan Kaufmann Publishers Inc, 2002: 3-10.

[29] GONG M, ZHANG J, MA J, et al. An efficient negative selection algorithm with further training for anomaly detection [J]. Knowledge-based systems, 2012, 30: 185-191.

[30] D'HAESELEER P, FORREST S, HELMAN P. An immunological approach to change detection: Algorithms, analysis and implications [C] // IEEE Symposium on Security and Privacy. Oakland, CA.: IEEE Computer Society Press, 1996: 110-119.

3 基于免疫的网络安全态势感知模型

3.1 引言

互联网的迅猛发展使人们的生活产生了翻天覆地的影响，各行各业对网络的依赖越来越强。目前，互联网的应用可以说是“无孔不入”，比如打电话、开会、写信、购物、投票、炒股、看电视、听音乐等都可以通过互联网来实现，现代人的工作、学习和生活都离不开互联网。据互联网数据统计机构（Internet World Stats）发布的最新数据显示：截至2017年3月31日，全球网民数量为37.40亿，占全球总人数的49.7%；相比2000年，网民数量增长率为936.0%。表3.1为全球互联网使用及人数统计情况。从2000年开始，互联网普及率增长最快的为非洲，是7 721.1%；其次为中东，是4 220.9%；全部互联网用户中，亚洲所占比率为50.1%，其次是欧洲17.0%。

表3.1 全球互联网使用与人口统计情况表

World Regions	Population (2017 Est.)	Population of World%	Internet Users 31 Mar 2017	Penetration Rate(% Pop.)	Growth 2000—2017	Internet Users %
Africa	1 246 504 865	16.6 %	353 121 578	28.3 %	7 721.1%	9.4 %
Asia	4 148 177 672	55.2 %	1 874 136 654	45.2 %	1 539.6%	50.1 %
Europe	822 710 362	10.9 %	636 971 824	77.4 %	506.1%	17.0 %
Latin America / Caribbean	647 604 645	8.6 %	385 919 382	59.6 %	2 035.8%	10.3 %

表3.1(续)

World Regions	Population (2017 Est.)	Population of World%	Internet Users 31 Mar 2017	Penetration Rate(% Pop.)	Growth 2000—2017	Internet Users %
Middle East	250 327 574	3.3 %	141 931 765	56.7 %	4 220.9%	3.8 %
North America	363 224 006	4.8 %	320 068 243	88.1 %	196.1%	8.6 %
Oceania / Australia	40 479 846	0.5 %	27 549 054	68.1 %	261.5%	0.7 %
WORLD TOTAL	7 519 028 970	100.0 %	3 739 698 500	49.7 %	936.0%	100.0 %

而我国的互联网发展状况，可以通过中国互联网络信息中心（CNNIC）每年1月和7月发布的《中国互联网络发展状况统计报告》了解，该信息中心从1997年开始定期发布报告。CNNIC的历次报告见证了中国互联网从起步到腾飞的全部历程，从基础资源、企业应用、个人应用、政府应用和网络安全5个部分进行调查分析，以严谨客观的数据，为政府、企业等了解中国互联网发展动态、制定相关决策提供重要支持。最新的第39次《中国互联网络发展状况统计报告》显示，截至2016年12月，中国“.CN”域名总数为2 061万，年增长25.9%，占中国域名总数比例为48.7%。“.中国”域名总数为47.4万，年增长34.4%。我国网民规模达7.31亿，普及率达到53.2%，超过全球平均水平3.1个百分点，超过亚洲平均水平7.6个百分点。全年共计新增网民4 299万人，增长率为6.2%。中国网民规模已经相当于欧洲人口总量。我国手机网民规模达6.95亿，增长率连续三年超过10%。图3.1为中国网民规模和互联网普及率，图3.2为中国手机网民规模及其占网民比例。移动互联网与线下经济联系日益紧密，2016年，我国手机网上支付用户规模增长迅速，达到4.69亿，年增长率为31.2%，网民手机网上支付的使用比例由57.7%提升至67.5%。手机支付向线下支付领域的快速渗透，极大丰富了支付场景，有50.3%的网民在线下实体店购物时使用手机支付结算。

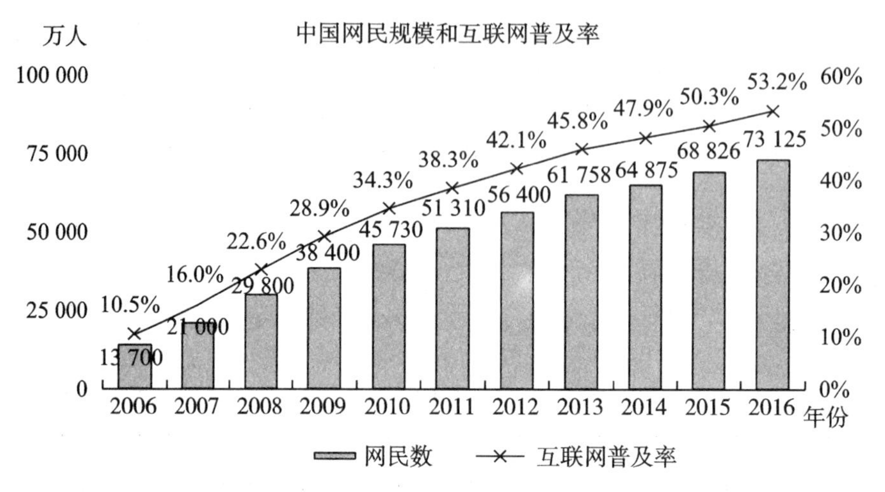

图 3.1　中国网民规模和互联网普及率

图 3.2　中国手机网民规模及其占网民比例

互联网爆炸式的增长给人们的日常生活带来了非常高的便捷性，但是随着互联网技术的发展和互联网应用的扩增，人们面临的网络安全威胁越来越严重。据《中国互联网络发展状况统计报告》显示，2016 年遭遇过网络安全事件的用户占比达到整体网民的 70.5%。国家互联网应急中心（CNCERT）发布的《2016 年中国互联网网络安全报告》涵盖了我国互联网网络安全态势分析、网络安全监测数据分析、网络安全事件案例详解、网络安全政策和技术动态等多个方面的内容。报告显示，从木马和僵尸网络方面来看，2016 年约 9.7 万个木马和僵尸网络控制服务器控制了我国境内 1 699 万余台主机。其中，来自境外的约4.8万个控制服务器控制了我国境内1 499万余台主机，其中来自美国的控制服务器数量居首位，其次是中国香港和日本。就所控制的我国境内主机数量来看，来自美国、中国台湾和荷兰的控制服务器规模分列前三位，分别控制了我国境内约475万、182万、153万台主机。从移动互联网方面来看，2016年，CNCERT/CC自主捕获和通过厂商交换获得的移动互联网恶意程序数量为205万余个，较2015年增长39.0%，近7年来保持持续高速增长趋势。按恶意行为进行分类，前三位分别是流氓行为类、恶意扣费类和资费消耗类，占比分别为61.1%、18.2%和13.6%。CNCERT/CC发现移动互联网恶意程序下载链接近67万条，较2015年增长近1.2倍，涉及的传播源域名为22万余个，IP地址为3万余个，恶意程序传播次数达1.24亿次。CNCERT/CC累计向141家已备案的应用商店、网盘、云盘的广告宣传等网站运营者通报恶意APP事件8 910起。从拒绝服务攻击方面来看，CNCERT/CC监测到1Gbit/s以上的DDoS攻击事件日均452起，比2015年下降60%。但同时发现，2016年大流量攻击事件数量全年持续增加，10Gbit/s以上的攻击事件数量多，第四季度日均攻击次数较第一季度增长1.1倍，全年日均达133次，占日均攻击事件的29.4%。另外100Gbit/s以上的攻击事件数量日均在6起以上，并在监测中发现阿里云多次遭受500Gbit/s以上的攻击。从安全漏洞方面来看，2016年，国家信息安全漏洞共享平台（CNVD）共收录通用软硬件漏洞10 822个，较2015年增长33.9%。其中，高危漏洞收录数量高达4 146个（占38.3%），较2015年增长29.8%；“零日”漏洞2 203个，较2015年增长82.5%。漏洞主要涵盖Google、Oracle、Adobe、Microsoft、IBM、Apple、Cisco、Wordpress、Linux、Mozilla、Huawei等厂商产品。权威咨询公司Gartner的研究表明，到2020年，企业所面临的安全威胁将会更加多样化，不仅仅是企业资产，员工个人也可能遭到直接的攻击。由此可以看出，网络攻击和网络病毒所带来的安全问题已经严重影响了我国的政府机构、国防军事机构，以及与人们日常工作、生活紧密相关的企事业机构等的正常运作。与此同时，网络攻击形式的多样性和网络病毒发作的隐蔽性等攻击特性，使网络资产面临着巨大的安全危害，诸如绝密信息被泄露、数据资料被破坏和整个网络瘫痪等。因此，网络攻击技术的日新月异对网络安全监控提出了更高的要求。

由于面临网络安全方面的巨大威胁，各国政府纷纷投入巨大的人力物力从事网络安全研究，加强信息安全防御体系，保护各自的国家利益。美国2000年公布首个《信息系统保护国家计划》，提高防止信息系统被入侵与破坏的能力。2008年布什以第54号国家安全总统令和第23号国土安全总统令的形式签署《国家网络安全综合计划》。日本、德国等国家政府也都拨巨款以开展网络安全技术研究。我国对信息安全也非常重视，1999 年就开始进行全面部署，之后启动了 863 信息安全应急计划，又在 973 计划、自然科学基金、科技创新基金计划和国家科技攻关计划中对信息安全技术的发展进行了研究资助。为了抵御层出不穷的网络攻击，保护网络和计算机的安全，研究人员设计并开发了多种安全模式，如加密、认证、病毒防范、防火墙等。学术界先后提出了可指导信息系统安全建设和安全运营的动态风险模型，如 PDR（Protection，Detection，Response）、P2DR（Policy，Protection，Detection，Response）、P2DR2（Policy，Protection，Detection，Response，Restore）等。目前市面上国内外知名的安全产品，如 Cisco、Norton、ZoneAlarm、Kaspersky、AVG，瑞星和奇虎 360 等，它们的安全防范技术主要通过以下几种方式来实现：①监听、分析用户及系统活动；②对系统配置和弱点进行审计；③识别与已知病毒模式匹配的活动；④对异常活动模式进行统计分析；⑤评估重要系统和数据文件的完整性；⑥对操作系统进行审计跟踪管理，并识别用户违反安全策略的行为等。传统网络安全技术的基本特点是：被动防御网络、定性描述网络和静态处理风险等。由于现在的网络安全攻击大多表现出大规模性、多变性和多途径性等特点，传统网络安全技术已不能适应新一代网络发展的安全需求。近年来，我国网络信息安全专家何德全院士、沈昌祥院士和方滨兴院士等从战略高度上提出建立对网络攻击者有威慑力作用的主动防御系统。基于主动防御的网络安全技术将改变以往仅仅依靠杀毒软件、防火墙、漏洞扫描和入侵检测系统（IDS）等传统网络安全产品进行被动防御的局面。因此，当前网络急需一种既能及时、定量地评估网络安全态势又能主动防御网络安全攻击的安全监控系统，用于正确监视和评价网络应用设备的安全状况，使网络系统能够及时响应网络安全攻击和提高网络系统的可生存能力。

网络安全态势感知技术是一种基于主动防御思想的新一代网络安全技术，主要包括态势提取、态势评估和态势预测等关键性技术。网络安全态势感知技术在传统安全技术的基础上利用主动学习机制来检测网络异常入侵行为和发现从未出现过的、新的或变异过的网络攻击和病毒等，然后采取相应的评估方法对当前网络所面临的安全态势进行及时的、动态的和量化的评估，并且利用态势预测技术对随后可能会发生的安全事件进行估计和推测，最终根据安全态势评估结果和推测结论的反馈信息对当前网络的安全策略进行及时调整。目前，网络安全态势感知研究已经成为网络安全领域中的一个热点研究内容。

3.2 网络安全态势感知研究现状

态势感知（Situation Awareness，SA）概念源于航天飞行中的人因因素（Human Factors）研究，这一研究开始于20世纪80年代中期并且在20世纪90年代得到了迅速的发展。目前，与态势感知密切相关的研究已经涉及空中交通控制、医疗应急调度、核反应控制和军事战场等应用领域。关于态势感知定义，研究者通常根据自己研究所涉及的特定领域对态势感知提出不同的定义，但是在已提出的众多态势感知的定义中，许多定义接近于航天飞行领域所提出的态势感知定义。Endsley于1988年将态势感知定义为“在一定的时空条件下，对环境因素的获取、理解以及对未来状态的预测”，这也是迄今为止被许多研究者接受的一种定义形式。随后，Endsley提出一种用于动态决策的态势感知模型，该模型由核心态势感知和影响态势感知的要素两部分组成。在核心态势感知部分，Endsley将其分为三级：当前态势要素察觉、当前态势理解和未来状态预测，图3.3是核心态势感知部分的三级模型图。

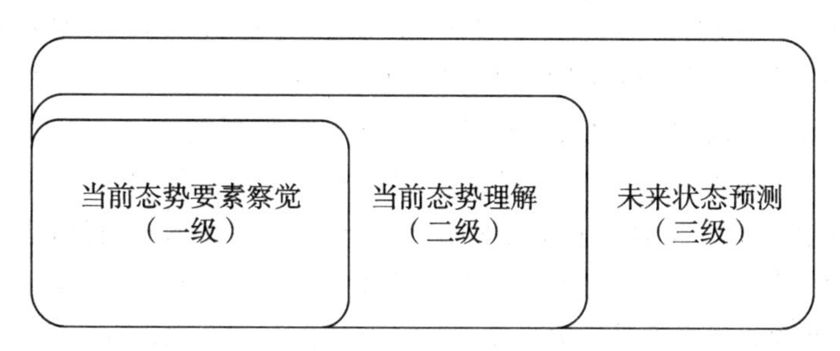

图3.3 态势感知模型

在图3.3中，态势要素察觉是态势感知模型中的第一级，也是态势感知的基础，它可以对特定环境中关联要素的状态、属性和动态性进行察觉；态势理解则是对第一级中所察觉到的态势离散要素进行分析与合成，通过第一级所获取的态势要素知识，特别是当与其他态势要素形成一种模式时，决策者会对整个态势环境有一个全面的了解并能较全面地理解对象和事件的重要性；而在特定环境中态势要素的外延活动能力形成了态势感知的最高级别，即未来状态预测，这样可以方便决策者及时做出合理的决策。

网络安全态势感知的研究工作始于Bass对网络态势感知的研究。他于1999年首次提出了网络态势感知概念，随后提出了基于多传感器数据融合的网络入侵检测系统框架，同时指出其可以应用于新一代网络入侵检测系统和网络态势感知系统中。网络态势感知侧重于整个网络中与拓扑相关的节点的感知或发现，而网络安全态势感知侧重于整个网络安全的当前状况和未来趋势。目前，学术界对网络安全态势感知还未能给出统一的、全面的定义。Cole 等人认为网络安全态势感知是指网络决策者通过人机交互界面形成的对当前网络状况的认知程度，从决策者的角度描述了网络安全态势感知的定义；王慧强等人把网络安全态势感知定义为："在大规模网络环境中，对能够使网络安全态势发生变化的安全要素进行获取、理解、显示以及预测未来的发展趋势。"

自态势感知概念被引入网络安全领域以来，国内外研究人员相继从不同角度入手提出了应用于不同网络环境中的安全态势感知模型，但是大多数感知模型的构建思想来源于 Endsley 提出的态势感知模型（即 Endsley 模型）和美国国防部的实验室理事联合会（Joint directors of laboratories，JDL）下设的数据融合工作组所提出的 JDL 模型。虽然 JDL 模型最初用于军事领域，但是由于 JDL 模型只是一个概念模型，具有一定的通用性，因此，该模型也被广泛应用于非军事领域。JDL 模型主要由对象精炼（Level 1）、态势评估（Level 2）、威胁评估（Level 3）和过程精炼（Level 4）四个用于信息处理的基本级别构成。1998 年，Waltz 借鉴观察—调整—决策—行动（Observe、Orient、Decide、Act，OODA）循环模型的思想对 JDL 模型进行相应的改进，提出了一种用于描述信息战争中知识发现过程的数据融合模型。他将该模型划分为三层（数据、信息和知识）和五级（Level 0 数据精简、Level 1 对象精炼、Level 2 态势评估、Level 3 威胁评估、Level 4 过程精炼）。Bass 于 2000 年将 Waltz 提出的数据融合模型与网络入侵检测系统相结合，首次提出基于多传感器数据融合的网络态势感知功能模型，该模型已经被业界普遍接受。虽然该模型没有提出明确的解决方法，但是它对网络安全态势感知模型研究具有极其重要的影响。上述三种模型之间的关系如图 3.4 所示。在图 3.4 中，六个浅灰色框所构成的数据流图即为 JDL 概念模型；如果在 JDL 模型的基础上添加四个白色框，则构成 Waltz 提出的数据融合模型，该模型被划分为三个层次和五个级别；而 Bass 提出的基于多传感器数据融合的网络态势感知功能模型与 Waltz 模型的区别体现在数据来源是否用于互联网络态势感知。

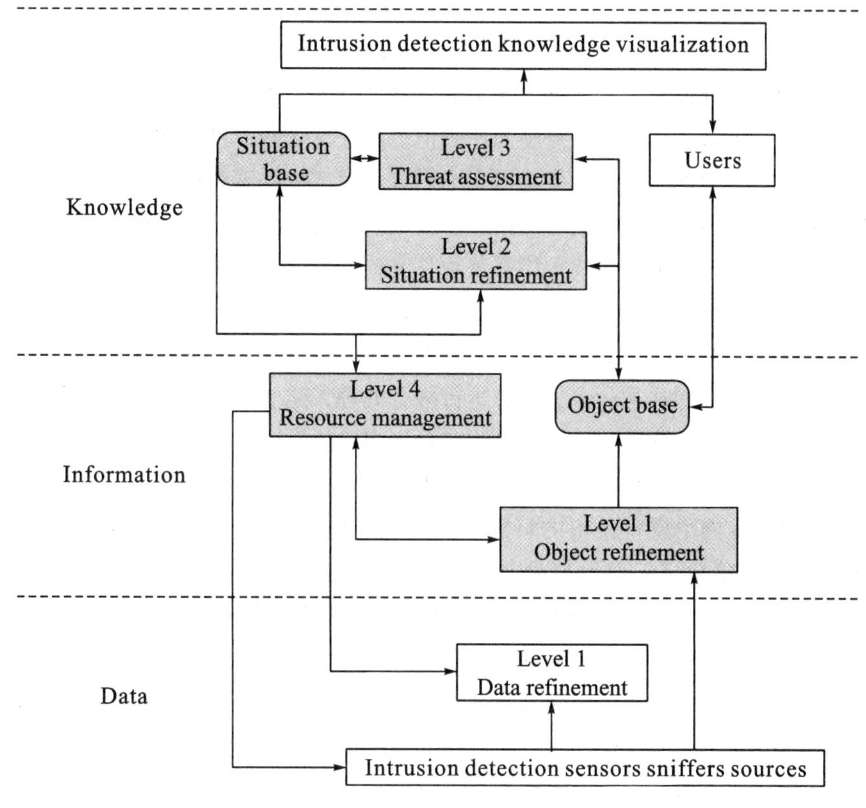

图 3.4　JDL 模型、Waltz 模型和 Bass 模型

目前，国内外关于网络安全态势感知的研究仍处于起步阶段，到其理论模型的成熟和实用模型的应用推广还有一定的距离。较有代表性的网络安全态势感知模型有：

2001 年，Information Extraction & Transport 公司 Ambrosio 等人开发了 SSARE（Security situation assessment and response evaluation）系统，并将其应用于广域网络中计算机攻击检测、态势估计和响应评估。SSARE 系统包括系统组件、攻击组件、任务组件、策略组件和响应组件等主要元素，其态势感知过程依次为：获取假设性数据、计算数据信息值、预测未观测到的模型元素实例、安全态势估计和响应评估，以便为决策者提供指导并制定出相应的安全管理决策方案。

2004 年，美国国家高级安全系统研究中心（National center for advanced secure system research，NCASSR）的 SIFT（Security incident fusion tool）项目组开

发了 NVisionIP 和 VisFlowConnect 两种可视化工具。它们的数据源都来源于由路由器生成的 NetFlow 日志信息，每一条日志包括网络连接的源/目的 IP、源/目的端口、协议类型、时间戳、传输速度和字节统计等主要信息。NVisionIP 借助系统状态可视化来获取安全态势感知相关信息；而 VisFlowConnect 借助连接分析可视化来获取安全态势感知相关信息。开发这两种可视化工具的动机是现有网络安全设备的检测结果均以文本形式表示，缺乏直观性，使网络决策者很难及时、准确地从中找到有用信息。借鉴人类对图像信息的灵敏性，这两种可视化工具运用图形图像技术将态势评估和态势预测结果以可视化形式表示，方便决策者快速获取一些有利于网络安全运行的关键信息。

Shen 等人提出将从入侵检测系统（IDS）和入侵防御传感器（IPSs）等网络设备获得的各种日志和报警信息进行融合处理，建立一种基于信息融合的安全网络态势感知功能模型，用于检测和预测多级隐性网络攻击。该模型包括数据融合组件和动态/自适应特征组件两部分，对于数据融合部分，首先对从 IDS 和 IPSs 等网络设备获得的日志和报警信息进行预处理；然后进入第一级（Level 1：对象精简）对数据做融合处理；接着进入更高处理级别（Level 2：态势评估和 Level 3：威胁评估）对数据做知识发现；最后预测未来可能发生的网络攻击并对其采取相应的安全响应策略。对于动态/自适应特征部分，其主要用于特征或模式识别以及捕获新的或未知的网络攻击。该模型为在多源融合平台上的原型系统框架，在具体应用环境中融合的层次选择是该模型面临的一个重要问题。但是与单源系统相比，该模型具有更优越的性能。

2005 年，四川大学李涛教授提出了一种基于免疫的网络安全风险检测模型。该模型包括自体演化、自体耐受、克隆选择、动态免疫记忆和免疫监视等功能模块，并给出了与该模型有关的自体、非自体、抗体、抗原等的形式化定义。利用该模型可以实时地、定量地计算出当前网络所面临的攻击类别、数量、强度和风险指标等。该模型在网络安全态势感知中显示出了其主动防御能力，这是对传统网络安全技术的一次重要突破。

2006 年，陈秀真提出一种层次化安全威胁态势定量评估模型。该模型从上至下被划分为网络系统、主机、服务和攻击/漏洞四个层次，采取“自下而上、先局部后整体”的评估策略，利用 IDS 日志信息获取主机中服务受到的威胁情况并在攻击层统计分析网络攻击的严重程度、发生次数以及网络带宽占用率，来评估各项服务所面临的安全威胁态势，然后逐层向上来量化评估主机和整个局部网络系统的安全威胁态势。该模型在进行量化评估时除了考虑网络带宽占用率、网络攻击频率和攻击严重性之外，同时还考虑了服务和主机的重要性因子，并用于计算服务、主机和整个网络系统的威胁指数值。

2008 年，王慧强等人通过对 JDL 模型和 Endsely 模型进行分析，提出了网络安全态势感知分层实现模型。该模型从下至上被分为三层，其中要素提取层采用一种基于多分类器融合的安全态势要素提取方法；由于不同分类器的分类结果可能不同，对于同一事件，其采用 D-S 证据理论进行进一步融合推理，其最终结果即为该模型所提取的态势要素。对于态势评估层，其借鉴陈秀真提出的基于统计学习的分层态势评估方法对网络安全态势进行量化评估。而态势预测层采用基于遗传算法优化的 BP 神经网络模型实现网络安全态势预测。

韦勇等人于 2009 年针对网络安全态势评估中数据源单一、数据源之间的低互补和高冗余性以及量化算法的主观性等问题，提出了一种基于信息融合的网络安全态势评估模型。该模型由多源信息融合、态势要素融合、结点态势融合和时间序列分析四个层次构成，它采取“自下而上、先部分后整体”的方法对网络安全态势进行评估。该模型利用改进的 D-S 证据理论将多数据源态势信息进行融合，对漏洞及服务信息进行利用并经过态势要素融合和节点态势融合来计算网络安全态势值，然后通过时间序列分析来实现网络安全态势的量化分析和趋势预测。

迄今为止，尽管网络安全态势感知研究取得了丰硕的科研成果，但是由于网络自身的复杂性、多元性和不定性等特性，该领域的研究工作仍处于探索阶段。根据已有的研究成果可发现，网络安全态势感知研究呈现如下一些特点：①态势感知理论框架大多数沿用了 Endsley 态势感知模型和 JDL（Joint directors of laboratories）数据融合模型的设计思想；②态势感知系统结构以层次化结构为主；③态势评估过程多采用“自下而上，先局部后整体”的评估策略；④态势评估方法多采用权重分析法。目前，网络安全态势感知研究存在的主要问题是：

（1）缺乏实时的、具有主动学习能力的网络安全态势感知模型。已有的态势感知模型在态势评估时大多采用离线静态评估技术，这些技术难以适应大规模网络环境下在线动态评估的需求；而在态势评估过程中，对于网络攻击数据的检测通常采用模式匹配方法和概率攻击方法等，只能检测已知的网络攻击行为。因此，利用主动学习方法获取未知的网络攻击行为以及利用有效的态势预测方法推测未来的安全攻击趋势是提高网络安全态势感知能力的有效措施。

（2）已有的态势预测方法多采用传统的预测模型，几乎没有考虑到预测模型选择的合理性。

（3）缺乏标准化的态势指标体系，尽管学术界已经在态势指标体系方面进行了一定研究，但基本上都是针对各自特定的应用环境来确定不同的指标体系，仍缺乏全面的、统一的指标标准。

本书将人工免疫和云模型技术应用于网络安全态势感知领域，提出了一种新的网络安全态势感知模型。该模型的特点表现在以下几个方面：①利用基于危险理论和云模型的入侵检测技术，实时地监测网络面临的攻击，能够更为精确地检测网络所受到的威胁；②给出了网络安全态势的定量评估算法，可以实时定量地计算网络当前所面临攻击的安全态势指标等；③利用云模型技术，对网络安全态势进行预测，为制定合理准确的响应策略提供依据。

3.3　基于免疫的网络安全态势感知模型框架

本书基于 Endsley 提出的态势感知模型，引入人工免疫的思想，提出一种基于免疫的网络安全态势感知模型。它包括三个阶段：态势感知、态势理解和态势预测。对应这三个阶段，本书提出的模型由入侵检测、态势评估和态势预测等模块组成。模型框架如图 3.5 所示。

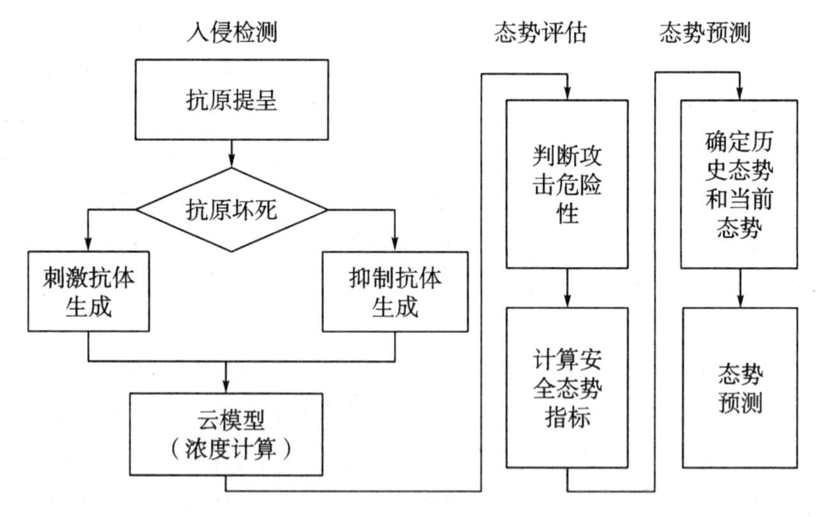

图 3.5　模型框架

入侵检测模块包含了一种模拟免疫响应中抗体浓度变化的入侵检测方法，来改善和解决现有基于免疫的异常检测技术存在的问题。该方法引入了血亲类和血亲类系的概念来对抗体和抗原进行分类，模拟抗体之间的相关性；建立了入侵检测中抗原、抗体的动态演化模型；借鉴云模型的思想判定免疫系统中抗体浓度的变化，并对危险等级进行划分，根据危险等级引导免疫应答。

态势评估模块在入侵检测模块的基础上，采用云理论的不确定性推理，对网络安全态势进行多粒度分析。通过对安全态势指标建模，再采用云规则发生器和逆向云发生器，可以得到主机及网络的安全态势的定性结果。

态势预测模块采用基于云模型的时间序列预测机制，在综合历史和当前网络安全态势的基础上进行网络安全态势预测。

下文将分别对这三个模块进行详细描述。

3.4 入侵检测

3.4.1 抗体和抗原

本模型中定义抗原为网络请求，自体为正常网络请求，非自体为异常的网络活动（网络攻击）。自体和非自体构成整个系统的抗原集合，抗原的特征由抗原决定基表示。抗体用于检测和匹配抗原，抗体的特征由抗体决定基表示。本书在形态空间模型的基础上，用一个二进制字符串表示抗体 Ab 和抗原 Ag 的特征。

定义 $B=\{0,\ 1\}^{length}$ 代表所有长度为 *length* 的二进制串组成的集合，N 为自然数集合，R 为实数集合。定义抗原 Ag 如（3.1）。

$$Ag=\{<d,\ type,\ lifetime>|d\in B,\ type,\ lifetime\in N\} \tag{3.1}$$

其中 d 为抗原决定基，由 m 个特征基因段（gene）组成，$d=(d_1,\ d_2,\ \cdots,\ d_m)$，$d_i$表示抗原决定基 d 的第 i 个分量，$d_i\in\{0,\ 1\}\ l_i$，$i=1,2,\cdots,m$，l_i为 d_i的长度。*type* 为抗体类型，取值为 0 和 1，0 表示固有抗原，1 表示外来抗原。*lifetime* 为抗原的生命期。

抗体 Ab 分为未成熟抗体 AbI、成熟抗体 AbT 和记忆抗体 AbM。未成熟抗体 AbI 指的是新生成的并且未经过自体耐受的免疫细胞，定义如（3.2）。成熟抗体 AbT 指的是经过了自体耐受并且没有被抗原激活的免疫细胞，定义如（3.3）。记忆抗体 AbM 指的是成熟抗体中与一定数量的抗原匹配后激活进化的免疫细胞，定义如（3.4）。

$$AbI=\{<d,\ age>\ |d\in B,\ age\in N\} \tag{3.2}$$

其中，d 为抗体决定基，结构与抗原决定基相同，都是由基因段组成。

$$AbT=\{<d,age,consistency,count>\ |\ d\in B,age,count\in N,consistency\in R\} \tag{3.3}$$

其中，d 为抗体决定基。age 为抗体的年龄，$consistency$ 为抗体的浓度，$count$ 为抗体匹配抗原的数量。

$$AbM = \{ <d, age, consistency, count> \mid d \in B, age, count \in N, consistency \in R \} \tag{3.4}$$

其中，d 为抗体决定基。age 为抗体的年龄，$consistency$ 为抗体的浓度，$count$ 为抗体匹配抗原的数量。

抗体 Ab 和抗原 Ag 的决定基都是由基因段组成。基因段提取自 IP 包的关键组成部分。把各个基因段的所有可能的取值集中到基因库中，从基因库中各个基因段随机选择相应的基因值构成合法基因。在本书中基因段类型包括服务类型（8bit）、源地址（32bit）、源端口（16bit）、目的地址（32bit）、目的端口（16bit）、协议类型（8bit）、IP 包长度（16bit）、数据包部分内容（16bit）等。

3.4.2 亲和力计算

抗原和抗体、抗原和抗原、抗体和抗体之间的亲和力被定义为其数据结构之间的匹配。亲和力可以为 Euclidean 距离、Manhattan 距离、Hamming 距离、r 连续位匹配、结合强度计算等。本书采用改进的 r 连续位匹配规则，表示如（3.5）。

$$f_{affinity}(d1, d2) = \begin{cases} 1, & \sum_{i=1}^{m} f_{match}(d1.d_i, d2)/m \geq \theta \\ 0, & others \end{cases} \tag{3.5}$$

其中，$d1 \in B$、$d2 \in B$、m 为组成 $d1$ 和 $d2$ 的基因段的个数，θ 为匹配阈值。若 $f_{affinity}$ 为 1，表示 $d1$ 和 $d2$ 相匹配。f_{match} 表示如（3.6），l 为二进制字符串 y 的长度。

$$f_{match}(x, y) = \begin{cases} 1, \exists i, j, j-i \geq |x|, 0<i \leq j \leq l, x_i = y_j, x_{i+1} = y_{j+1}, \cdots, x_{|x|} = y_{i+|x|-1}, \\ 0, others \end{cases} \tag{3.6}$$

3.4.3 血亲类和血亲类系

本书采用血亲类和血亲类系来模拟抗体之间的相关性。定义血亲如（3.7），θ 为匹配阈值。

$$Consanguinity = \{ <x, y> \mid f_{affinity}(x.d, y.d) \geq \theta \cap x, y \in Ab \} \tag{3.7}$$

对于抗体中的任意集合 X，如果对任意的 $\forall x, y \in X$，都有 $<x, y> \in Consanguinity$，即集合 X 中的任意元素 x、y 的亲和力均大于给定阈值，则称 X 为血亲类。若 $Ab-X$ 中的任何元素与 X 中的元素的关系均不为 *consanguinity*，则称 X 为 Ab 中的最大血亲类。

设 $\pi = \{A1, A2, \cdots, An\}$，$Ab^1 = Ab$，$Ab^i = Ab - \cup_{1 \leqslant j < i \leqslant n} A_j$，令 A_i 为 Ab^i 中具有最多元素的任一最大血亲类，并且 $Ab = \cup_{1 \leqslant i \leqslant n} A_i$，则称 π 为 Ab 中的血亲类系。设 $1 \leqslant j < i \leqslant n$，由 π 的定义有：$A_i \cap A_j = \emptyset$。表 3.2 显示了对抗体集合 X 进行分类得到血亲类系的步骤。

表 3.2　　对抗体集合 X 进行分类得到血亲类系

输入：$X = \{ab_1, ab_2, \cdots, ab_n\}$ 输出：$\pi = \{A_1, A_2, \cdots, A_s\}$
步骤 1：$\pi = \emptyset$。 步骤 2：计算全部元素 ab_i、ab_j（$1 \leqslant i \leqslant n$，$1 \leqslant j \leqslant n$）之间的亲和力。如果 $<ab_i, ab_j> \in$ Consanguinity，则 ab_i、ab_j 之间存在边 $e_{ij} = <ab_i, ab_j>$，由于 *Consanguinity* 关系是相互的，所以用无向边代替双向的有向边。由此可得无向图 $G = <V, E>$，其中 $G.V = X$ 为非空有限集，即图 G 的顶点；$G.E = \{e_{ij} \mid e_{ij} = (ab_i, ab_j) \in Consanguinity\}$，即图 G 的边。 步骤 3：求图 G 的全部极大完全子图 $X' = \{X_1, X_2, \cdots, X_k\}$，其中 $X_i = <V, E>$（$1 \leqslant i \leqslant k$）。 步骤 4：在 X' 中选取 $X_i = \{ag \mid ag \in X_i.V, \mid X_i.V \mid = \max_{1 \leqslant j \leqslant k} \mid X_j.V \mid\}$，$A = X_i.V$，$\pi = \pi + A$。 步骤 5：令 $X' = X' - \{x \mid x \in X', \forall ag(ag \in x.V) ! \in X_i.V\}$。 步骤 6：转到步骤 4 重新开始执行，直到 $X' = \emptyset$。

3.4.4　血亲类系的浓度计算

微观上，每个血亲类系的浓度由该类系的每个抗体的浓度构成。抗体浓度的状态将直接反映网络的安全态势。本书中设定抗体浓度的改变规则如下。

未成熟抗体经过自体耐受变为成熟抗体时，会有一个初始浓度。

当抗原为非自体时，其将对抗体发出刺激信号 η。即当抗原与记忆抗体匹配，抗原将对相应抗体产生一个刺激信号 η_m，使抗体浓度增加；当抗原与成熟抗体匹配，则抗原会对相应抗体产生一个刺激信号 η_t，使抗体浓度增加。

抗原正常死亡时将对抗体发出一个抑制信号 ζ。即当记忆抗体在一定时间内没有与抗原匹配，抗体浓度将减少；当成熟抗体在一定时间内没有与抗原匹配，抗体浓度也将减少；成熟抗体的生命周期到达阈值还没有被激活时，抗体将被删除。

如公式（3.8）所示。

$$Consistency(t) = f_{init}(t) + f_{\eta}(t) - f_{\zeta}(t) = \sum_{i=1}^{n} ab_i(t).\ consistency \quad (3.8)$$

其中 n 为该类系中抗体的个数，$i = 1, 2, \cdots, n$，f_{init}（t）表示 t 时刻类系的初始浓度，f_{η}（t）表示 t 时刻匹配非自体对抗体浓度的影响函数，f_{ζ}（t）表示 t 时刻抗原正常死亡对抗体浓度的影响函数。

3.4.5 云模型建模

云模型是用语言值表示的某个定性概念与其定量表示之间的不确定转换模型，其数字特征包括期望值 Ex、熵 En、超熵 He。基于抗体浓度机制的入侵检测系统中的最重要的问题就是如何根据抗体浓度判断危险。由于判定过程中，危险、安全是定性的概念，存在着不确定性，而人工免疫系统中的资源是定量的数据，因此可用云模型来表示。通常，我们可以监视系统变量（内存占用率、CPU 使用率、I/O 使用情况、网络延迟、丢包率、网络流量等），并通过它们的变化情况采样，来建立正常概念云和不正常概念云，由此判定危险。但系统变量较多，其相互之间存在一定的关联，如果用多个一维云或多维云来建模的话，误差会大一些。而在免疫系统中，系统受到入侵，最直接的变化即是抗体浓度的变化，抗体浓度的变化能够反映网络安全态势。因此可对抗体浓度建模，来判定危险。

首先采集安全状态下的数据。以 t_0 为采样起始点，T 为采样时间间隔，分别对不同血亲类系的抗体浓度进行采样，获取 k 个样本点：t_0 $\{A_{10}, A_{20}, \cdots, A_{n0}\}$、$t_1$ $\{A_{11}, A_{21}, \cdots, A_{n1}\}$、$\cdots$、$t_k$ $\{A_{1k}, A_{2k}, \cdots, A_{nk}\}$。将样本点的数值规约到［0，1］之间。这样，每个血亲类系的样本点在空间的分布就构成了云。根据逆向云发生器算法（如表 3.3 所示），可分别得到每个血亲类系的安全状态的云的数字特征 $\{Ex_{safe1}, En_{safe1}, He_{safe1}\}$、$\{Ex_{safe2}, En_{safe2}, He_{safe2}\}$、$\cdots$、$\{Ex_{safen}, En_{safen}, He_{safen}\}$。

表 3.3　　　　　　　　　**逆向云发生器算法**

根据云滴，求云的数字特征。（以血亲类系 A_1 的抗体浓度为例） 输入：样本点 A_{11}、…、A_{1k} 输出：（Ex_1、En_1、He_1）
步骤 1：计算样本均值 $\overline{A_1}=(1/k)\sum_{i=1}^{k}A_{1i}$，样本方差 $S^2=1/(k-1)\sum_{i=1}^{k}(A_{1i}-\overline{A_1})^2$ 步骤 2：$Ex_1=\overline{A_1}$ 步骤 3：$En_1=\sqrt{\pi/2}\times(1/k)\sum_{i=1}^{k}\lvert A_{1i}-Ex\rvert$ 步骤 4：$He_1=\sqrt{S^2-En^2}$

引入已知攻击，在系统处于危险的情况下，收集若干样本点，以类似的方法生成危险状态的云，并得到每个血亲类系的危险状态的云的数字特征：$\{Ex_{dangerous1}, En_{dangerous1}, He_{dangerous1}\}$、$\{Ex_{dangerous2}, En_{dangerous2}, He_{dangerous2}\}$、…、$\{Ex_{dangerousn}, En_{dangerousn}, He_{dangerousn}\}$。

如果安全状态云和危险状态云覆盖了整个状态空间，则我们可用这两个云来判定系统的危险情况。这是一个比较理想的情况。如果安全状态云和危险状态云不能覆盖整个状态空间，则需对状态空间的空白部分进行划分，可以划分为弱安全云和弱危险云。一般情况下，越接近论域中心，云的熵和超熵越小；越远离中心，云的熵和超熵越大。相邻云的熵和超熵，预设较小者是较大者的 0.618 倍，此为经验值。因此可得 $En_{lesssafe}$、$En_{lessdangerous}$、$He_{lesssafe}$、$He_{lessdangerous}$。根据云的“3En 规则”，可估算出弱安全云和弱危险云的期望值 $Ex_{lesssafe}$、$Ex_{lessdangerous}$，见式（3.9）和式（3.10）。

$$Ex_{lesssafe}=Ex_{safe}+3En_{lesssafe}=Ex_{safe}+3*0.618*En_{safe} \tag{3.9}$$

$$Ex_{lessdangerous}=Ex_{dangerous}-3En_{lessdangerous}=Ex_{dangerous}-3*0.618*En_{dangerous} \tag{3.10}$$

3.4.6　总体流程

系统的结构分为两个部分，正常数据建模和入侵检测模块。

正常数据建模的目的是建立各个血亲类系的浓度的云模型。首先用 syn flood、scanning attack、IP spoofing attack 等十多种攻击初始化系统，产生初始抗原集合、初始记忆抗体集合，并根据成熟抗体和记忆抗体之间的血亲关系，得到初始血亲类系的划分。此时为 t_0。之后，在系统正常状态下，每隔时间 T 进行采样，采样 k 次。在每个采样点，计算各个血亲类系的浓度，由此得到 k

个云滴，可根据逆向云发生器算法，算出各个血亲类系在安全状态下云的数字特征。同理，在 t_0时刻引入已知攻击，在系统只受到一种攻击的状态下，每隔时间 T 进行采样，采样 k 次，根据样本值计算各个血亲类系在危险状态下云的数字特征。然后，根据式（3.9）和式（3.10）计算得知弱安全云和弱危险云的数字特征。至此，数据建模完成，可得各个危险等级的一维变量云，并设计如下规则构造规则发生器。

规则 1：IF 浓度低 THEN 系统安全。

规则 2：IF 浓度较低 THEN 系统较安全。

规则 3：IF 浓度较高 THEN 系统较危险。

规则 4：IF 浓度高 THEN 系统危险。

入侵检测模块是系统的主要部分，目的是判断系统是否受到异常攻击，其流程如图 3.6 所示。

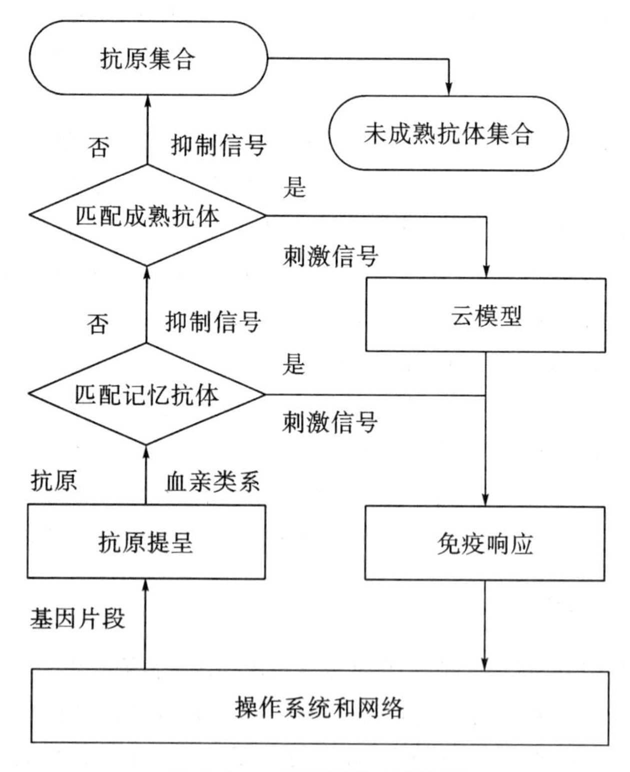

图 3.6　入侵检测模块流程图

当系统收到 IP 包以后，由抗原提程模块提取基因段编码成抗原决定基，将其加入抗原集合，并对该抗原进行血亲分类。然后抗原与记忆抗体会进行亲和力匹配。当亲和力大于一定阈值时，该抗原被认为是非自体，应从抗原集合中将该抗原删除，增加匹配抗体的浓度，并引发二次应答。如果没有引发二次应答，该抗原将继续与成熟抗体进行亲和力匹配，当亲和力大于一定阈值时，增加匹配抗体的浓度，此时计算抗原的血亲类系的浓度，并得到该浓度的危险等级的隶属度，产生不同的响应（见表 3.4）。当系统引发二次应答或者浓度隶属于危险云而引发初次应答时，抗体依据克隆选择算法发生变异，产生新的比原有抗原亲和力更高的抗体以便更快地识别危险抗原，同时也会产生一些比原有抗原亲和力低的抗体加入未成熟抗体集合，以保证免疫系统多样性。

表 3.4　　不同的隶属云的响应对比

隶属于安全云，说明虽然检测到非自体抗原，但系统安全，可认为是误识别，应删除对应的成熟抗体。
隶属于弱安全云，说明虽然检测到非自体抗原，但系统基本安全，基本可认为是误识别，不引发免疫响应，对应的成熟抗体浓度降低。
隶属于弱危险云，说明该抗原是非自体抗原，应从抗原集合中将该抗原删除，并引发初次应答，对应的成熟抗体的浓度增加。
隶属于危险云，说明该抗原是非自体抗原，应从抗原集合中将该抗原删除，并引发初次应答，对应的成熟抗体应加入记忆抗体集合。

1. 抗原演化模型

在实际情况中，一个时刻被认为是正常的网络活动，下一时刻就有可能被认为是非法的。如，t_0时刻管理员开放服务器的 ftp 服务，此时网络中的 21 端口的连接为正常连接；t_1时刻管理员关闭了 ftp 服务，这时网络中的 21 端口的连接则为非法连接。因此，免疫系统中的抗原集合是随时间动态演化的。抗原分为固有抗原和外来抗原。固有抗原集合不变，生命期 *lifetime* 始终为最大值 T_L。外来抗原集合随时间动态变化，新加入的抗原的生命期 *lifetime* 为最大值 T_L，此后逐渐减少，直至为 0。当外来抗原的生命期为 0 时，则删除该抗原。如公式（3.11）所示。

$$f_{ag}(t)=\begin{cases}\{<d,\ type,\ lifetime>\ |\ selveswhent=0\} & t=0\\ f_{ag}(t-1)+f_{agnew}(t)-f_{agdead}(t) & t\geqslant 1\end{cases} \tag{3.11}$$

其中，$f_{agnew}(t)=\{<d, type, lifetime>\ |\ type=1, lifetime=T_L$，$d$ 为 t 时刻新增加的抗原决定基$\}$，$f_{agdead}(t)=\{<d, type, lifetime>\ |\ type=1, lifetime=0$，$d$ 为 t 时刻认为是非自体的抗原$\}$。

在免疫系统运行过程中，因系统资源有限，应避免系统中的抗原数目随时间无限增大。假定免疫系统的抗原数目阈值为 C_{ag}。固有抗原集合大小为 $C_{inherent}$，则外来抗原集合大小的阈值为 $C_{foreign} = C_{ag} - C_{inherent}$。而抗原生命期应尽可能大，这样才能覆盖更多自体空间，减少错误肯定率。抗原生命期 T_L 和抗原数目阈值 C_{ag} 的关系如下：

假定 t_0 时刻外来抗原数目为 N_0，这些抗原的生命期为 T_L，则 t_0 时刻应满足 $N_0 \leqslant C_{foreign}$；

假定 t_1 时刻外来抗原数目为 N_1，此时 t_0 时刻的抗原生命期为 T_{L-1}，则 t_1 时刻应满足 $N_0 + N_1 \leqslant C_{foreign}$；

…

假定 t_{TL-1} 时刻外来抗原数目为 N_{TL-1}，此时 t_0 时刻的抗原生命期为1，则 t_{TL-1} 时刻应满足 $N_0 + N_1 + \cdots + N_{TL-1} = \sum_{i=0}^{TL-1} N_i \leqslant C_{foreign}$；

理想情况下，每一时刻外来抗原的数目相等，即 $N = N_0 = N_1 = \cdots = N_{TL-1}$，则有 $T_L \times N \leqslant C_{ag} - C_{inherent}$，$T_L \leqslant (C_{ag} - C_{inherent})/N$。

2. 抗体演化模型

抗体集合包括未成熟抗体集、成熟抗体集和记忆抗体集。

未成熟抗体集包括两部分：一部分抗体是由基因库中随机选出的不同基因段构成的，另一部分抗体是免疫应答时抗体依据克隆选择算法发生变异产生的。新生成的未成熟抗体要根据否定选择算法与抗原集合进行比较，删除那些与自体抗原相匹配的未成熟抗体。此时，这些新生成的未成熟抗体的年龄为0。之后，未成熟抗体要经过一个耐受期 $T_{tolerance}$，只有经过了耐受期的未成熟抗体才能变为成熟抗体。同抗原集合一样，抗体集合的大小也是有限制的。以上过程如公式（3.12）所示。

$$f_{abi}(t) = \begin{cases} \{ < d,\ age > \mid antibodieswhent = 0\} & t = 0 \\ f_{abi}(t-1) + f_{abinew}(t) - f_{abit}(t) & t \geqslant 1 \end{cases} \tag{3.12}$$

其中，$f_{abi}(t-1) = \{<d, age> \mid 0<age<T_{tolerance}$，$d$ 为 $t-1$ 时刻的未成熟抗体$\}$，$f_{abinew}(t) = \{<d, age> \mid age = 0$，$d$ 为 t 时刻新生成的通过了否定选择算法的抗体$\}$，$f_{abit}(t) = \{<d, age> \mid age = T_{tolerance}$，$d$ 为 t 时刻要进入成熟抗体集的抗体$\}$。

当未成熟抗体 abi 变为成熟抗体 abt 时，设新生成的成熟抗体 $abt.d = abi.d$，$abt.age = 0$，$abt.consistency = \delta_{t0}$，$abt.count = 0$。在成熟抗体的生命周期 T_{mature} 内，当一个非自体抗原与成熟抗体相匹配时，则该成熟抗体的匹配值 $count$ 增加1，浓度 $consistency$ 增加 δ_{t1}；其他未与抗原相匹配的成熟抗体的浓度

consistency 减少 δ_{t2}。显然，$\delta_{t1} > \delta_{t2}$。如果在生命周期内，成熟抗体与一个已知是自体的抗原相匹配的话，则该成熟抗体将被删除。另外，如果在生命周期内，未引发免疫响应，则该成熟抗体也将被删除；引发了免疫响应，则该成熟抗体将根据克隆选择算法，进化为记忆抗体。此过程如公式（3.13）所示。

$$f_{abt}(t)=\begin{cases}\varnothing & t=0\\ f_{abt}(t-1)+f_{abtnew}(t)-f_{abtm}(t)-f_{abtdead}(t) & t\geqslant 1\end{cases} \tag{3.13}$$

其中，$f_{abtnew}(t)=\{<d, age, consistency, count> \mid age=0, consistency=\delta_{t0}, count=0$，$d$ 为新加入的成熟抗体$\}$，$f_{abtm}(t)=\{<d, age, consistency, count> \mid consistency \in$ 危险云$\}$，$f_{abtdead}(t)=\{<d, age, consistency, count> \mid age \geqslant T_{mature}, consistency\ ! \in$ 危险云 $\cup\ \exists x \in self[f_{affinity}(d, x)\geqslant \theta]\}$。

浓度函数 δ_{t1} 和 δ_{t2} 的取值很重要。δ_{t1} 的变化曲线与攻击强度 a 有关，随着攻击强度的增强而增大。这样在持续攻击下，能缩短免疫学习时间，使免疫系统快速进行免疫响应。δ_{t2} 同样应是攻击强度 a 的函数，随着攻击强度的降低而缓慢增大。这样若某一攻击在较短时间内再次发生，则系统可保持较高的警戒度。设 δ_{t1} 和 δ_{t2} 的变化满足公式（3.14）和公式（3.15）。

$$\eta(\tau)=(e\sqrt{\tau})^{0.2}-1 \tag{3.14}$$

$$\zeta(\tau)=0.2\log(\tau+1) \tag{3.15}$$

成熟抗体 *abt* 在生命周期内引发了免疫响应，则其转化为记忆抗体 abm，设新生成的记忆抗体 $abm.d=abt.d$，$abm.age=0$，$abm.consistency=abt.consistency$，$abm.count=abt.count$。在记忆抗体的生命周期 T_{memory}（尽量大）内，当一个非自体抗原与记忆抗体相匹配时，则该记忆抗体的匹配值 *count* 增加 1，浓度 *consistency* 增加 η，并引发免疫响应；其他未与抗原相匹配的记忆抗体的浓度 *consistency* 减少 ζ。如果在生命周期内，记忆抗体与一个已知是自体的抗原相匹配的话，则该记忆抗体将被删除。此过程如公式（3.15）所示。

$$f_{abm}(t)=\begin{cases}\varnothing & t=0\\ f_{abm}(t-1)+f_{abmnew}(t)-f_{abmdead}(t) & t\geqslant 1\end{cases} \tag{3.15}$$

其中，$f_{abmnew}(t)=\{<d, age, consistency, count> \mid age=0$，$d$ 为新加入的记忆抗体$\}$，$f_{abmdead}=\{<d, age, consistency, count> \mid \exists x \in self[f_{affinity}(d,x)\geqslant \theta]\}$。

3.5 态势评估

设 t 时刻主机 j（$0\leqslant j\leqslant m$）的免疫系统的血亲类系划分为 $A(t)=\{A_1$

(t), $A_2(t)$, $\cdots$, $A_n(t)\}$，表明了系统受到的攻击的类型。实时计算各个血亲类系的浓度 $c(t) = \{c_1(t), c_2(t), \cdots, c_n(t)\}$。$c_i(t)$ 由血亲类系 i 所包含的全部抗体的浓度构成。

由于每台主机在网络中的重要性和不同类型攻击的危害性不同，在计算网络或主机的安全态势时，应考虑每台主机的重要性以及每类攻击的危害性。设 α_j（$0 \leqslant \alpha_j \leqslant 1$）为主机 j 在网络中的重要性，β_i（$0 \leqslant \beta_i \leqslant 1$）为 i 类攻击的危险性，c_{ij}（t）为主机 j 的血亲类系 i 的浓度。设 R_{ij}（t）为 t 时刻主机 j 受到攻击 i 时的安全态势指标，R_j（t）为 t 时刻主机 j 的安全态势指标，R_i（t）为 t 时刻网络受到攻击 i 时的安全态势指标，R（t）为 t 时刻网络总体的安全态势指标。计算公式如下：

$$R_{ij}(t) = 1 - \frac{1}{1 + \ln[1 + c_{ij}(t)\beta_i\alpha_j]} \tag{3.16}$$

$$R_j(t) = 1 - \frac{1}{1 + \ln[1 + \sum_{i=1}^{n} c_{ij}(t)\beta_i\alpha_j]} \tag{3.17}$$

$$R_i(t) = 1 - \frac{1}{1 + \ln[1 + \sum_{j=1}^{m} c_{ij}(t)\beta_i\alpha_j]} \tag{3.18}$$

$$R(t) = 1 - \frac{1}{1 + \ln[1 + \sum_{j=1}^{m}\sum_{i=1}^{n} c_{ij}(t)\beta_i\alpha_j]} \tag{3.19}$$

显然，$0 \leqslant R_{ij}$（t）、R_j（t）、R_i（t）、R（t）$\leqslant 1$。R_{ij}（t）越大，表明 t 时刻主机 j 受到攻击 i 的威胁越大；R_j（t）越大，表明 t 时刻主机 j 的风险越大；R_i（t）越大，表明 t 时刻网络受到攻击 i 的威胁越大；R（t）越大，表明 t 时刻网络的风险越大。反之相反。

网络安全态势的多粒度分析。推理规则的设定决定了推理的能力。由安全专家的知识汇聚成的规则库是一个好的方案。但安全专家的知识一般是自然语言表达的，例如：如果在一段时间同一个端口的连接很多，那么服务拒绝攻击的可能性很大；如果一段时间内，登陆失败的次数很多，那么入侵的可能性较大。这些表达多是定性的，如“很多”“较大”等。如何将自然语言的定性规则转化为计算机能够处理的定量规则呢？一个好的解决方法是借助云的不确定性推理。本书通过对安全态势指标建模，采用云规则发生器和逆向云发生器，来对主机及网络的安全态势进行定性分析。以下以主机 j 受到攻击 i 时的安全态势指标 R_{ij} 为例。

规则发生器可分为前件云和后件云两个部分。IF 部分是规则的条件，在这里用前件云实现，THEN 部分是规则的结果，用后件云实现。前件云的输入是待检值，输出是采样值激活某个规则前件的隶属度；该隶属度同时作为后件云的输入，输出是规则的结论。

首先对主机在安全状态下和被攻击状态下的安全态势指标 R_{ij} 分别采样 k 次，根据获得的云滴，通过逆向云发生器算法构建前件云，得到前件云的数字特征 $\{Ex_{safe\ ij}, En_{safe\ ij}, He_{safe\ ij}\}$ 和 $\{Ex_{dangerous\ ij}, En_{dangerous\ ij}, He_{dangerous\ ij}\}$。如果安全状态云和危险状态云覆盖了整个状态空间，则我们可用这两个云来判定系统的危险情况。这是一个比较理想的情况。如果安全状态云和危险状态云不能覆盖整个状态空间，则需对状态空间的空白部分进行划分，可以将其划分为弱安全云和弱危险云。因此可得 $En_{lesssafe\ ij}$、$En_{lessdangerous\ ij}$、$He_{lesssafe\ ij}$、$He_{lessdangerous\ ij}$。与入侵检测模块中的抗体浓度建模相似，根据云的“3En 规则”，可估算出弱安全云和弱危险云的期望值 $Ex_{lesssafe\ ij}$、$Ex_{lessdangerous\ ij}$。

因此设计如下规则构造规则发生器。

规则 1：IF 安全态势指标低，THEN 系统安全。

规则 2：IF 安全态势指标较低，THEN 系统较安全。

规则 3：IF 安全态势指标较高，THEN 系统较危险。

规则 4：IF 安全态势指标高，THEN 系统危险。

接下来，可根据安全态势指标 R_{ij} 的实际值，通过规则发生器，得到主机所属的风险等级及对该等级的隶属度。下面给出安全态势的云推理算法。

输入：待检安全态势指标 R_{ij}、规则前件（前件云）、规则后件（后件云）

输出：主机 j 的安全态势（定性态势 C、定性态势的隶属度）

步骤：

(1) 对每一条单规则，以 En_{ij} 为期望，He_{ij} 为方差，生成符合正态分布的随机值 En_t。

(2) 根据给定的安全态势指标 R_{ij}，由步骤 1 中的 En_t 求出各个单规则生成器的前件中输入安全态势指标 R_{ij} 所得到的激活强度，即隶属度 μ_t，见式(3.20)。

$$\mu_t = e - \frac{(R_{ij} - Ex_{ij})^2}{{En_t}^2} \tag{3.20}$$

(3) 取 μ_t 中最大 μ_1，其相应的单规则激活的后件云即为主机 j 所属的安全态势等级 C，μ_1 即为激活隶属度。

3.6 态势预测

本书在评估历史和当前网络安全态势的基础上，采用基于云模型的时间序

列预测机制对未来一定时期内的网络安全态势进行定量预测。假定我们有时间序列数据集 $D=\{(t_i, r_i)\ |0\leqslant i<k\}$，其中 t_i 是时间属性 T 的某一值，r_i 是数值属性安全态势 R 在时间点 t_i 的值。我们要预测在未来时间点 t_k 的 r_k 值。步骤如下。

1. 表达预测知识

基于云模型，语言变量由论域上的原子概念组成。即语言变量 T 可表示为 $\{T_1(Ex_1, En_1, He_1), T_2(Ex_2, En_2, He_2), \cdots, T_s(Ex_s, En_s, He_s)\}$。图 3.7 为语言变量时间 T｛安全期 1，弱危险期 1，危险期，弱危险期 2，安全期 2｝的示意图。我们可以得到预测语言规则集如下，规则集中的概念均用云来表示：

IF 在安全期 1 THEN 安全态势 R 低 1；IF 在弱危险期 1 THEN 安全态势 R 中等 1；IF 在危险期 THEN 安全态势 R 高；IF 在弱危险期 2 THEN 安全态势 R 中等 2；IF 在安全期 2 THEN 安全态势 R 低 2。

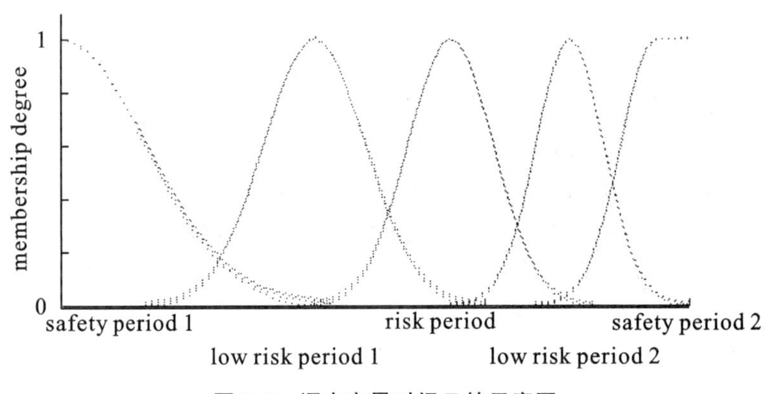

图 3.7 语言变量时间 T 的示意图

2. 确定历史云和当前云

假定时间序列的周期长度为 L。首先把网络安全态势变化情况规约在若干个周期长度内。存在整数 w 和时间值 $t'\in[0, L]$ 使得 $t_k=t'+w*L$。然后将时间序列数据集 D 划分为两部分：$HD=\{(t_i, r_i)\ |0\leqslant i<w*L\}$ 和 $CD=\{(t_i, r_i)\ |w*L\leqslant i<k\}$。$HD$ 称为历史数据集，根据 HD 中数据的分布可得到规则集 $\{T_1\rightarrow R_1, T_2\rightarrow R_2, \cdots, T_5\rightarrow R_5\}$ 中各个云的数字特征。预测规则集中的 T_i 和 R_i 分别是由云模型表示的前件和后件语言变量的原子概念，可以通过判定时间值 t' 属于前件语言变量中的哪个原子概念来激活相应的规则。如果 t' 属于 T_i，则说明规则 $T_i\rightarrow R_i$ 最能反映在时间 t_k 的周期规律，因而其后件 R_i 作为相应的预测知识，称为历史云。根据 CD 中数据的分布，利用逆向云发生器可得到当前趋势——当前云 I_k。

3. 生成预测云

通过使用当前云 I_k（Ex_c, En_c, He_c）对历史云 R_i（Ex_h, En_h, He_h）进行惯

性加权，生成预测云 P（Ex，En，He），方法如下：

$$Ex = \frac{Ex_c\ En_c + Ex_h\ En_h}{En_c + En_h} \tag{3.21}$$

$$En = En_c + En_h \tag{3.22}$$

$$He = \frac{He_c\ En_c + He_h\ En_h}{En_c + En_h} \tag{3.23}$$

4. 进行时间序列预测

通过激活预测规则 $A_i \rightarrow P$ 多次，我们可以得到多个预测结果。

3.7 实验结果与分析

3.7.1 实验环境和参数设置

实验在某高校实验室进行，包括 20 余台主机，其中服务器提供 www 服务、ftp 服务、email 服务等。采用 MIT 林肯实验室提供的 KDDCUP 99 中 10% 的精简数据集作为实验数据，该实验数据包括大量的正常网络流量和各种攻击。首先用 syn flood、smurf、neptune、spy、perl 等 10 多种攻击初始化系统，产生初始抗原集合和初始记忆抗体集合。

受机器物理性能的限制，如内存、运算速度等，在仿真时对系统中的抗原和抗体数目进行限制，设抗原集合大小阈值 $C_{ag}=200$，非记忆抗体数目阈值 $C_{i+t}=300$，记忆抗体数目阈值为 200（理论上越大越好）。一般情况下，网络的正常行为变化不大，故设未成熟抗体的耐受期 $T_{tolerance}=1$。为了使免疫细胞有充分的识别时间，原则上在不丢包的情况下越大越好。设抗原更新周期 $\varepsilon=50$，显然抗原生命期 $T_L \geqslant \zeta$，设 $T_L=100$。图 3.8 显示了匹配阈值 θ 对检测率和误报率的影响。当 θ 较小时，由于成熟细胞未经充分学习而被激活，因此相对增大了误报率。所以选择判定血亲的匹配阈值 $\theta=0.8$。成熟抗体和记忆抗体的浓度函数 η 和 ζ 与攻击强度有关。实际情况中，用抗原匹配数 count 近似代表浓度递增函数 η 的攻击强度，用时间 t 近似代表浓度递减函数 ζ 的攻击强度。图 3.9 显示了成熟抗体的生命周期 T_{mature} 对检测率和误报率的影响。过小的生命周期将导致较低的检测率 TP，这是由于成熟细胞因为没有足够的时间等待其期望的非自体元素（网络攻击）造成的。然而，较大的生命周期也将导致较大的 FP 值，因此需要综合考虑。设成熟抗体的生命周期 $T_{mature}=120$。

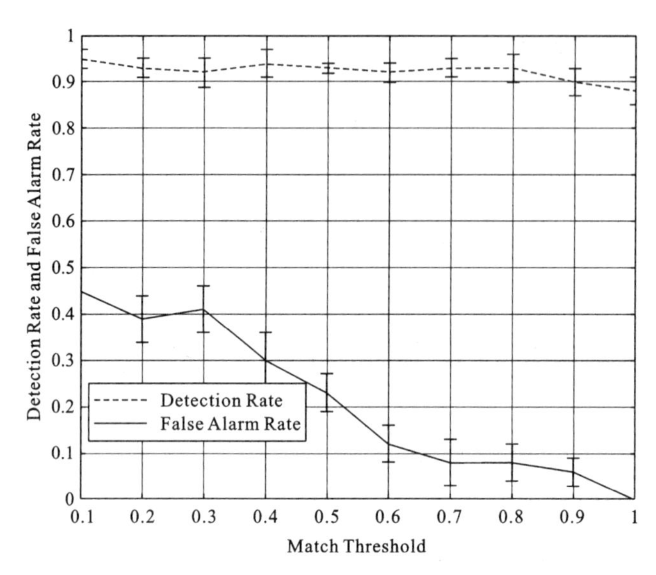

图 3.8　匹配阈值 θ 对检测率和误报率的影响

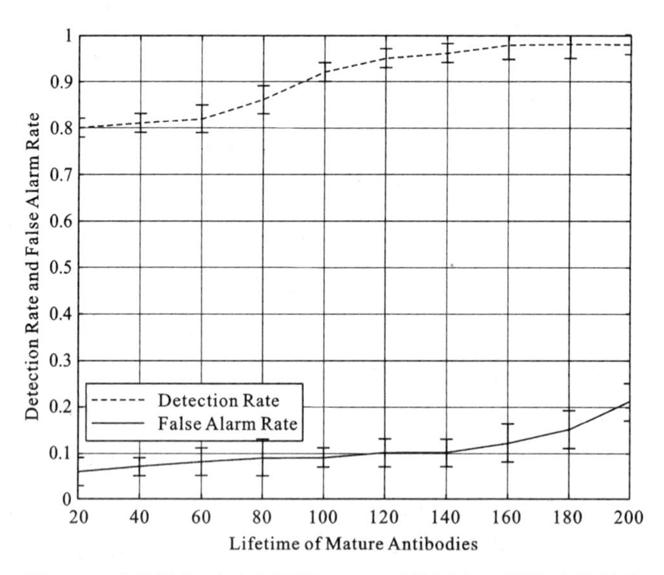

图 3.9　成熟抗体的生命周期 T_{mature} 对检测率和误报率的影响

3.7.2　检测率 TP 和误报率 FP 对比

为检验模型性能，我们进行了有针对性的对比实验，对比对象为 Forrest 等人提出的 DynamiCS 算法。DynamiCS 算法是传统的基于免疫的入侵检测算法的典型代表，对后来入侵检测系统的设计产生了重要的影响。

图 3.10 和图 3.11 显示了 DynamiCS 算法和 AC-Id 的检测率对比。在图 3.10 的实验中，我们采取每 100 个数据包中夹杂 80 个非自体，其中非自体中有 40 个是刚刚确定的，即以前这种类型的 IP 包被认为是自体，现在被认为是非法的网络行为，例如：紧急关闭其中 40 个端口以停止提供相关服务。在图 3.11 的实验中，我们采用了 KDDCUP 99 中 10%的精简数据集作为实验数据。

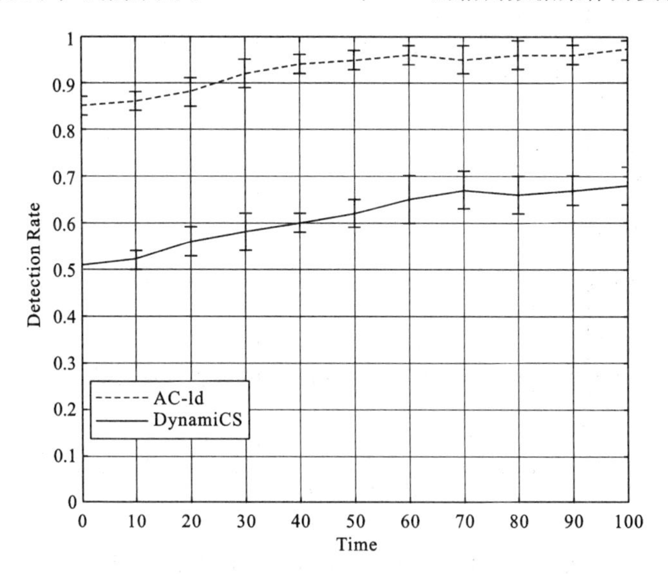

图 3.10　DynamiCS 算法和 AC-Id 的检测率对比 1

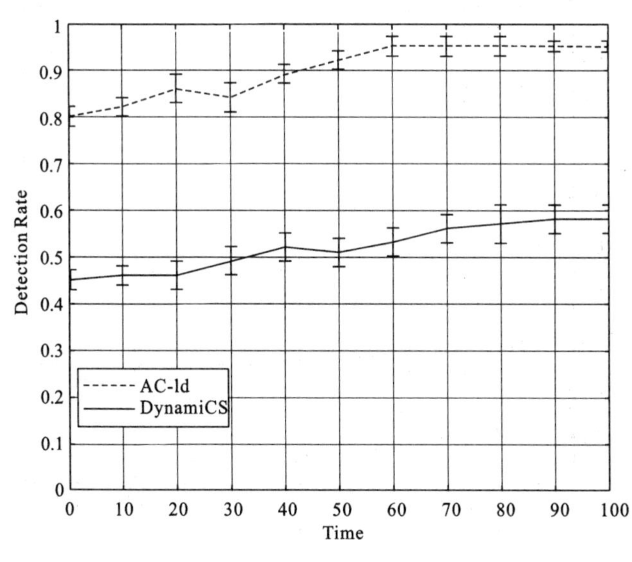

图 3.11　DynamiCS 算法和 AC-Id 的检测率对比 2

图 3.12 和图 3.13 显示了 DynamiCS 算法和 AC-Id 的误报率对比。在图 3.12 的实验中，我们采取每 100 个数据包中夹杂 40 个自体，其中 20 个自体为新近定义，例如：另外的 20 个网络端口刚被打开以提供新的服务。在图 3.13 的实验中，我们采用了 KDDCUP 99 中 10%的精简数据集作为实验数据。

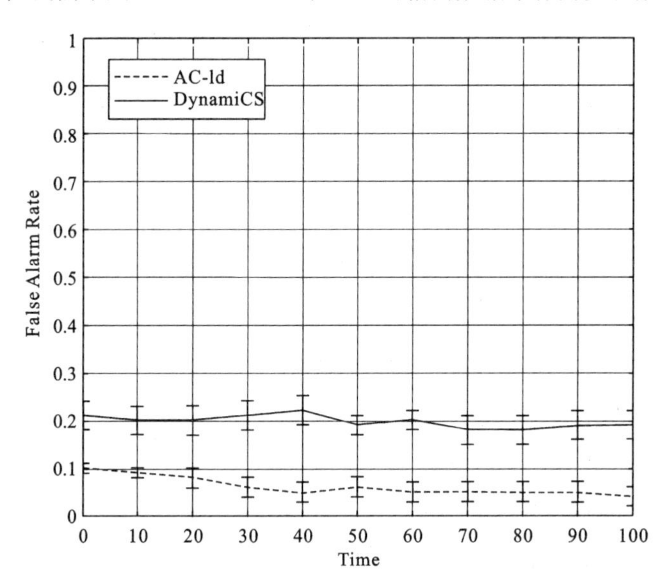

图 3.12　DynamiCS 算法和 AC-Id 的误报率对比 1

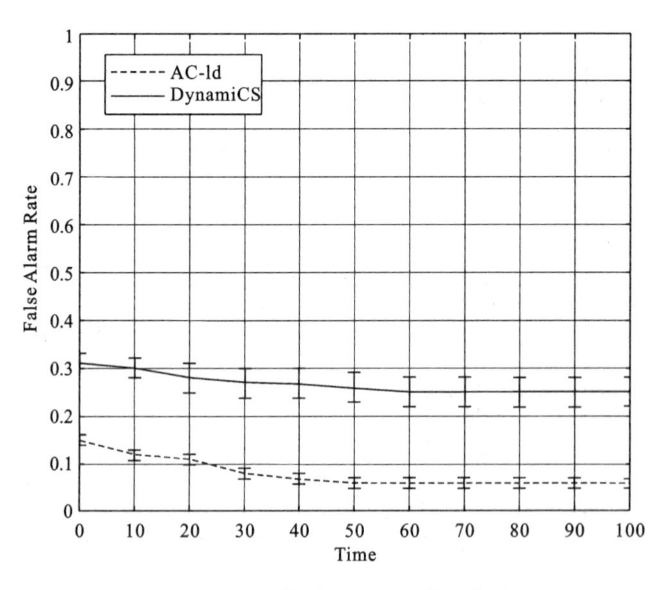

图 3.13　DynamiCS 算法和 AC-Id 的误报率对比 2

实验结果表明，DynamiCS 与 AC-Id 相比有较低的 TP 值和较高的 FP 值，原因为其自体的定义缺乏灵活性，不能有效地识别新近加入的自体抗原和非自体抗原。与之相反，AC-Id 通过抗原演化和抗体演化等机制，避免了免疫细胞对发生变异的自体的耐受，降低了漏报率；而且 AC-Id 采用云模型对抗体浓度进行建模，抗体浓度会随着攻击强度增大而迅速增加，能够准确反映当前网络环境的安全态势，从而提高了模型的检测率 TP。与此同时，模型通过自体演化和记忆细胞的淘汰机制等，避免了模型对新加入自体的识别，从而降低了模型的误报率 FP。

3.7.3 攻击强度与安全态势对比

在本实验中，我们对 4 台主机进行监控，包括 ftp 服务器 A、打印服务器 B、数据库服务器 C、主机 D 等，分别设置重要性为 0.5、0.2、0.8、0.1。Syn flood、land 等攻击的危险性设为 0.8、0.6 等。

图 3.14 为主机 A 受到攻击时，攻击强度（每秒发送的攻击数据包的数目）与安全态势的变化曲线对比图。图 3.15 为网络受到攻击时，攻击强度与安全态势的变化曲线对比图。从图中可看出，当网络遭到持续高强度的攻击时，主机和网络的安全态势指标较高；反之，当网络攻击强度降低时，主机和网络的安全态势指标降低。

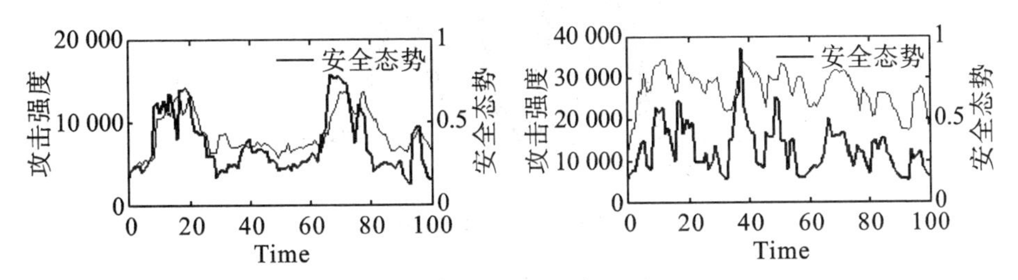

图 3.14 主机 A 的安全态势与受到的攻击强度变化曲线对比图

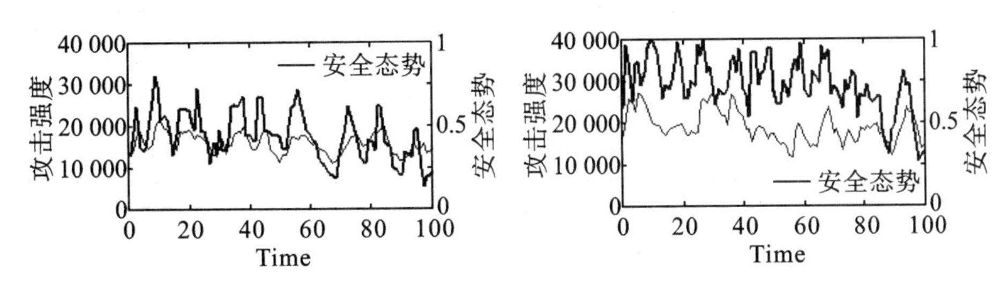

图 3.15 网络的安全态势与受到的攻击强度变化曲线对比图

表 3.5 为不同时刻主机 A 受到攻击时的安全态势及对该态势的隶属度，图 3.16 为主机 A 的安全态势的云推理图。表 3.6 为不同时刻网络受到攻击时的安全态势及对该态势的隶属度，图 3.17 为网络的安全态势的云推理图。从表 3.5 和表 3.6 可以看出，当网络遭到持续高强度的攻击时，主机和网络的安全态势对风险等级（危险）的隶属度较高；反之，当网络攻击强度降低时，主机和网络的安全态势对风险等级（安全）的隶属度较高。

表 3.5　　主机 A 受到攻击时的安全态势

	定量态势值	定性安全态势	隶属度
时刻 t1	0.293 3	安全	0.437 2
时刻 t2	0.576 2	较危险	0.823 1
时刻 t3	0.72	危险	0.892 6

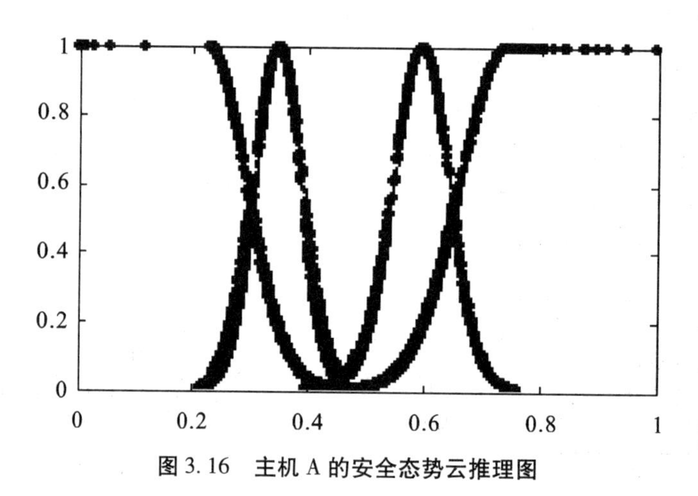

图 3.16　主机 A 的安全态势云推理图

表 3.6　　网络受到攻击时的安全态势

	定量态势值	定性安全态势	隶属度
时刻 t1	0.427 7	安全	0.653 1
时刻 t2	0.556	较危险	0.960 1
时刻 t3	0.892 3	危险	0.995 2

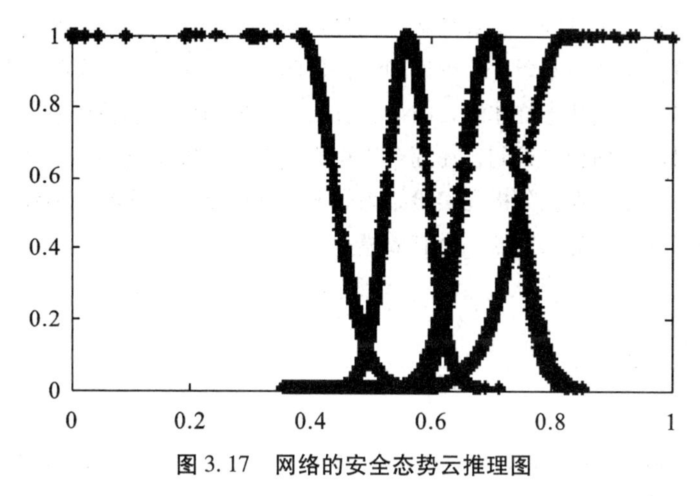

图 3.17 网络的安全态势云推理图

实验结果与真实网络环境的情形较为一致，表明模型能够很好地实时反映当前网络安全态势实际变化情况，具有实时性和较高的准确性。

3.7.4 安全态势实际值与预测值对比

图 3.18 为网络在多种攻击下，其安全态势实际值和预测值的对比曲线。由图中可看出，预测的网络安全态势与实际状况较为接近，具有较高精度。

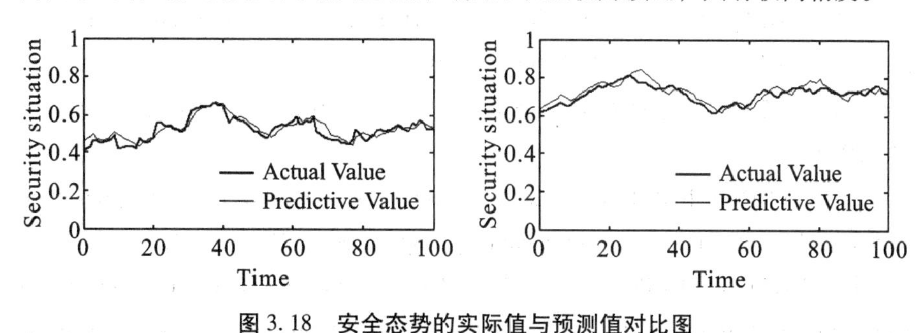

图 3.18 安全态势的实际值与预测值对比图

3.8 本章小结

本书在分析和总结了国内外网络安全态势感知技术之后，针对当前网络安全态势感知在主动防御策略上的不足，将免疫原理和云模型理论应用于网络安全态势感知研究，旨在强化网络安全态势感知系统的主动防御能力，有助于网络管理者及时有效地调整网络安全策略，为系统提供更全面的安全保障。具体来说，本书从态势感知、态势理解、态势预测三个层次建立了一种安全态势感知模型。该模型利用基于危险理论和云模型的入侵检测技术，实时地监测网络面临的攻击；采用基于抗体浓度的计算方法进行网络安全态势评估；采用基于云模型的时间序列预测机制，在综合历史和当前网络安全态势的基础上进行网络安全态势预测。理论分析和实验结果表明，该模型具有实时性和较高的准确性，是网络安全态势感知的一个有效模型。

参考文献

[1] 沈昌祥，张焕国，冯登国，等. 信息安全综述 [J]. 中国科学：信息科学，2007，37 (2)：129-150.

[2] 沈昌祥，张焕国，王怀民，等. 可信计算的研究与发展 [J]. 中国科学：信息科学，2010，40 (2)：139-166.

[3] STANIFORD S, PAXSON V, WEAVER N. How to own the internet in your spare time: Proc. of the 11th USENIX Security Symposium [C]. San Francisco: [s. n.], 2002.

[4] NIELSEN C B, CANTOR M, DUBCHAK I. Visualizing genomes: techniques and challenges [J]. Nature, 2010, 7 (S5-S15).

[5] 韩筱卿. 计算机病毒分析与防范大全 [M]. 北京：电子工业出版社，2008.

[6] FUCHSBERGER A. Intrusion detection systems and intrusion prevention systems [J]. Information security technical report, 2005, 10: 134-139.

[7] DHARMAPURIKAR S, LOCKWOOD J W. Fast and scalable pattern matching for network intrusion detection systems [J]. IEEE journal on selected areas in communications, 2006, 24 (10): 1781-1792.

[8] PATCHA A, PARK J M. An overview of anomaly detection techniques: Existing solutions and latest technological trends [J]. Computer networks, 2007, 51: 3448-3470.

[9] PEISERTL S, BISHOP M, KARIN S, et al. Analysis of computer intrusions using sequences of function calls [J]. IEEE transactions on dependable and secure computing, 2007, 4 (2): 137-150.

[10] SHARMAA A, PUJARI A K, PALIWALA K K. Intrusion detection using

text processing techniques with a kernel based similarity measure [J]. Computers & security, 2007, 26: 488-495.

[11] LI X H, PARKER T P, XU S H. A stochastic model for quantitative security analyses of networked systems [J]. IEEE transactions on dependable and secure computing, 2011, 8 (1): 28-43.

[12] THEUREAU J. Use of nuclear-reactor control room simulators inresearch & development: 7th IFAC/IFIP/IFORS/IEA Symposium on Analysis, Design and Evaluation of MAN-MACHINE SYSTEMS [C]. Kyoto: [s. n.], 1998.

[13] ENDSLEY M R, GARLAND D J. Situation awareness analysis and measurement [M]. Mahwah, NJ: Lawrence Erlbaum Associates, 2000.

[14] 王慧强. 网络安全态势感知研究新进展 [J]. 大庆师范学院学报, 2010, 30 (3): 1-8.

[15] ENDSLEY M R. Design and evaluation for situation awareness enhancement: the Human Factors Society 32nd Annual Meeting [C]. Santa Monica: CA, 1988.

[16] ENDSLEY M R. Toward a theory of situation awareness in dynamic systems [J]. Human factors, 1995, 37 (1): 32-64.

[17] YEGNESWARAN V, BARFORD P, PAXSON V. Using honeynets for internet situational awareness [EB/OL]. [2017-08-11]. http://www.cs.wisc.edu/~pb/hotnet-s05_final.pdf.

[18] National Science and Technology Council Federal plan for cyber security and information assurance [EB/OL]. [2017-08-12]. http://www.nitrd.gov/pubs/csia/csia_federal_plan.pdf.

[19] 龚正虎, 卓莹. 网络态势感知研究 [J]. 软件学报, 2010, 21 (7): 1605-1619.

[20] BASS T, GRUBER D. A glimpse into the future of id [EB/OL]. [2017-08-12]. http:// www.usenix.org/publications/login/199929/features/future.html.

[21] BASS T. Intrusion detection systems and multisensor data fusion: creating cyberspace situational awareness [J]. Communications of the ACM, 2000, 43 (4): 99-105.

[22] COLE G, BULASHOVA N, YURCIK W. Geographical netflows visualization for network situational awareness: naukanet administrative data analysis system [EB/OL]. [2017 - 08 - 16]. http://www. ncassr. org/projects/sift/papers/

NADAS.pdf.

[23] HALL D L, LLINAS J. An introduction to multisensor data fusion [J]. Proceedings of the IEEE, 1997, 85 (1): 6-23.

[24] WALTZ E. Information warfare principles and operations [M]. Boston: Artech House INC., 1998.

[25] LAKKARAJU K. Vision IP: Net flow visualizations of system state for security situational awareness: 11th ACM conference on computer and communications security [C]. [S. l: s. n.], 2004.

[26] YIN X, YURCIK W, SLAGELL A. The design of visflowconnect-IP: a link analysis system for IP security situational awareness: third IEEE international workshop on information assurance [C]. [S. l: s. n.], 2005.

[27] D'AMBROSIO B, TAKIKAWA M, UPPER D, et al. Security situation assessment and response evaluation: DARPA Information Survivability Conf. & Exposition II [C]. Anaheim: [s. n.], 2001.

[28] SHEN D, CHEN G S, HAYNES L, et al. Strategies comparison for game theoretic cyber situational awareness and impact assessment: 10th international conference on information fusion [C]. Auebec: [s. n.], 2007.

[29] LI T. An immunity based network security risk estimation [J]. Science in China: Information sciences, 2005, 48 (5): 557-578.

[30] 陈秀真，郑庆华，管晓宏，等. 层次化网络安全威胁态势量化评估方法 [J]. 软件学报，2006, 17 (4): 885-897.

[31] 王慧强，赖积保，胡明明，等. 网络安全态势感知关键实现技术研究 [J]. 武汉大学学报（信息科学版），2008, 33 (10): 995-998.

[32] 韦勇，连一峰，冯登国. 基于信息融合的网络安全态势评估模型 [J]. 计算机研究与发展，2009, 46 (3): 353-362.

[33] LI D, LIU C. Study on the universality of the normal cloud model [J]. Engineering science, 2004, 6 (8): 28-34.

[34] LI D, MENG H, SHI X. Membership clouds and membership cloud generators [J]. Computer R&D, 1995, 32 (6): 15-20.

[35] FORREST S, PERELSON A S. Self-nonself discrimination in a computer [C] // IEEE Symposium on security and privacy. Oakland: IEEE Computer Society Press, 1994: 202-213.

[36] KIM J, BENTLEY P J. Negative selection: how to generate detectors

[C] // TIMMIS J, BENTLEY P J. The first international conference on artificial immune systems (ICARIS). Kent: Canterbury Printing Unit, 2002: 89-98.

[37] KIM J, BENTLEY P J. Towards an artificial immune system for network intrusion detection: an investigation of dynamic clonal selection [C] // The congress on evolutionary computation (CEC-2002). Piscataway: IEEE Press, 2002: 1015-1020.

4 基于免疫的云计算环境中虚拟机入侵检测技术研究

4.1 引言

4.1.1 云计算的概念及面临的安全问题

云计算（Cloud Computing）是一种新兴的计算模型，它将计算任务分布在大量计算机构成的资源池上，使各种应用系统能够根据需要获取计算能力、存储空间和各种业务服务。它能够减少企业对 IT 设备的成本支出，大规模节省企业预算，以一种比传统 IT 服务更经济的方式提供 IT 服务。由于云计算的发展理念符合当前低碳经济与绿色计算的总体趋势，为世界各国政府、企业所大力倡导与推动，它正在带来计算领域、商业领域的巨大变革。

目前国外厂商已经推出了一系列的云产品及服务，如 Amazon EC2、Apple iCloud、Microsoft Azure 以及 Google Apps 等，使得云计算逐渐走入了大众生活中。在某种程度上，云计算打破了我们原来对于电信技术及其应用的固有看法——人们正摆脱自建信息系统的惯常模式，逐步认识到硬件也好、平台也好、软件也好，都可以用云运算的服务租用模式实现。云计算通常提供以下三个层次的服务：基础设施即服务（Infrastructure as a service，IaaS）、平台即服务（Platform as a service，PaaS）与软件即服务（Software as a service，SaaS）。其中 IaaS 提供一些基本的基础建设组件，如中央处理器（CPU）、存储的容量、网络流量等；PaaS 提供更多的平台导向服务，针对特定的使用需求提供一个适当的执行运算平台；SaaS，是一种软件分配模式，其中应用程序由服务提供商托管，并且通过网络提供给用户。

在已经实现的云服务中，信息安全和隐私保护问题一直令人担忧，并已经成为阻碍云计算普及和推广的主要因素之一。一方面，由于云计算环境下的数据和服务外包的特性，客户感觉自己的数据和应用处于别人的控制之中，担心自己的隐私信息被泄漏或滥用，导致个人或企业数据无法安全方便地转移到云计算环境中。另一方面，由于服务资源的虚拟化和跨域使用，使得客户对云计算的可信性和安全性质疑，多个虚拟资源很可能会被绑定到相同的物理资源上，进而导致不同租户甚至竞争对手的数据可能被存放于云服务商相同的存储设备之上，使得云计算的进一步普及与推广更加困难。例如，Google 公司泄露用户隐私事件，以及 Amazon EC2、Google Apps、Windows Azure 的服务中断事件。

云计算在提高资源使用效率和使用方便性的同时，也为实现客户 IT 资产的安全与保护带来了极大的冲击与挑战。研究云安全需要从云计算的主要特征出发，根据云计算对机密性、完整性和可用性的安全需求，分析和提炼云计算环境中服务外包、虚拟化管理、多租户跨域共享带来的信息安全问题，具体包括：

（1）服务外包带来的数据隐私安全问题。当用户或企业将所属的数据或应用外包给云计算服务提供商时，云计算服务提供商就获得了该数据或应用的访问控制权，用户数据或应用程序面临隐私安全威胁。事实证明，由于存在内部管理人员失职、黑客攻击、系统故障导致的安全机制失效以及缺少必要的数据销毁政策等，用户数据在未经许可的情况下面临盗卖、滥用、篡改、随机使用和分析的风险。由此可以看出，用户数据的安全与隐私保护是云计算产业发展无法回避的一个核心问题。

（2）虚拟化运行环境面临的安全问题。虚拟化技术是云计算采用的核心技术之一，它支持多租户共享服务资源，多个虚拟资源很可能会被绑定到相同的物理资源上。如果云平台中的虚拟化软件中存在安全漏洞，那么用户的数据、应用就可能被其他用户访问；如果虚拟机中的应用程序被篡改，那么这个安全漏洞将会传递开来，影响后续使用该虚拟机的用户；如果恶意用户借助缓存等共享资源实施侧通道攻击，则虚拟机面临更严重的安全挑战。

（3）多租户跨域共享带来的安全问题。一方面，由于多用户共享跨域管理资源，用户和服务资源之间呈现多维耦合关系，信任关系的建立、管理和维护更加困难，使得服务授权和访问控制变得更加复杂。另一方面，用户租用大量的虚拟服务器，协同攻击系统变得更加容易，隐蔽性更强。此外，色情内容、钓鱼网站将很容易以打游击的模式在网络上迁移，使得内容审计、追踪和监管更加困难。

许多云服务提供商，如 Amazon、IBM、Microsoft、Google 等纷纷提出并部署了相应的云计算安全解决方案，主要通过采用身份认证、安全审查、数据加密、系统冗余等技术及管理手段来提高云计算业务平台的鲁棒性、服务连续性和用户数据的安全性。Sun 公司发布的开源云计算安全工具 OpenSolaris VPC 可为 Amazon 的 EC2 提供安全保护。微软为云计算平台 Azure 设立代号为 Sydney 的安全计划，旨在帮助企业用户在服务器和 Azure 之间交换数据，解决虚拟化、多租户环境中的安全问题。Vmware、Intel 和 EMC 等公司联合宣布了一个“可信云体系架构”的合作项目，旨在构建从下至上值得信赖的多租户服务器集群。开源云计算平台 Hadoop 也推出了安全版本，引入 kerberos 安全认证技术对共享敏感数据的用户加以认证与访问控制，阻止非法用户对 Hadoop 应用系统的非授权访问。国内网络安全企业顺应潮流提出了“云安全”概念，瑞星、金山、赛门铁克、江民科技、联想网御、奇虎 360 等都给出了各自的云安全解决方案。但实际上，这几个方案是传统防病毒和恶意代码检测程序的网络化扩展，其基本原理是采用云计算环境的优势来实现用户端安全，而非保证云环境平台自身的构建及运行安全。

目前，云计算已经成为国内外专家、学者的研究热点，关于云计算安全技术的学术研究主要集中在以下几个方面：①数据安全与隐私保护方面，加密数据的模糊检索及精确检索、加密数据的算术运算问题、加密数据的关系运算问题等；②虚拟化计算环境安全方面，虚拟机监控器的安全漏洞、虚拟机内应用程序的安全、虚拟机动态迁移的安全、侧通道攻击等；③动态服务授权、访问控制和内容审计方面，共享用户身份认证问题、资源访问控制问题、恶意软件检测等。

4.1.2 云计算环境中虚拟机系统安全研究现状

虚拟机系统作为云计算的基础设施，其安全性是非常重要的。目前关于云计算环境中虚拟机系统安全的研究较少，下面对已有的研究进行简要介绍。

Haeberlen 等提出了审计虚拟机（Accountable virtual machines，AVMs）的概念，在该虚拟机中执行程序并记录运行相关的信息，来判断程序是否正常。该方法属于静态评估，不能检测程序的实时运行安全性。

Payne 等提出了 Lares 系统，该系统通过在客户虚拟机中插入一个钩子函数，从而可以主动监测客户虚拟机中的事件。此钩子函数能触发安全虚拟机（特权虚拟机）中的安全程序，然后安全程序对客户虚拟机中发生的事件做出决策。此监控程序位于安全虚拟机内、客户虚拟机外，因此属于虚拟机外

（Out-of-VM）监控方法。该方法安全性较高，但虚拟机间需要频繁切换上下文，会带来较大的性能开销，尤其不适用于细粒度监控。

Sharif 等提出了一个虚拟机内（In-VM）通用监控框架，把监控和判断过程都运行在不可信的客户虚拟机中。为了达到与虚拟机外监控同样的安全性，该框架采用了硬件内存保护机制和硬件虚拟化技术，在客户虚拟机中划分一块受虚拟机监控器保护的内存空间，该区域在受控状态下由安全监控程序高速使用。此框架需要硬件虚拟化的支持。

Wang 等提出了一个基于虚拟机监控器的轻量级系统 HookSafe。该系统主要应用于监测内核空间的 rootkit 攻击。rootkit 攻击通过修改控制数据或钩子函数地址进行入侵。钩子函数通常与其他数据一起动态分配，且分布在不相邻的内存区域，需要字节级（Byte-level）粒度的保护，但当前的硬件级保护只有页面级（Page-level）粒度。为了解决保护粒度的差距问题，Hooksafe 引入了一个钩子函数跳转层，将需要保护的钩子函数映射到一个连续的页对齐内存空间，然后利用硬件保护机制来控制对此块内存区域的访问。

Hofmann 等提出了不同的方法来检测内核 rootkit。这种方法通过监控控制流转移中的不变量和非控制流数据中隐含的不变关系来达到检测的目的。Baliga 等的研究采用 Daikon 工具从内存页面提取的数据结构中推导出不变量，并通过监测该不变量来判断内核的状态。

Bharadwaja 等分析了虚拟化环境中超级调用引发的安全问题，提出了基于 Xen 的分布式入侵检测系统，该系统通过在特权域上对超级调用实施过滤操作来实现安全保障。

Srivastava 等研究了利用 rootkit 模糊化系统调用实现对 VMM 的攻击，并提出了一个基于 Xen 的监控系统 Sherlock。该系统通过在内核执行过程中增加观测点来监控系统调用流，并可根据安全需求自动调整灵敏度。

Szefer 等提出 NoHype 系统，该系统不需要虚拟机管理器的过多参与，将 VM 直接运行在底层硬件上，并保持多个虚拟机同时运行，来减小虚拟机之间的攻击可能性及虚拟机管理器的漏洞引起的安全威胁。其主要思想在于下面 4 点：预分配处理器及内存资源，利用虚拟化 I/O 设备，对客户机 OS 进行小修改从而在系统引导过程中执行系统发现，避免客户 VM 与底层硬件间接接触。

Benzina 等提出 Domain0 是虚拟化系统的一个重要漏洞，建立了一个基于角色的访问控制模型。该模型通过简单的时序公式来描述所有的不必要的活动流，降低 Domain0 被特洛伊木马等攻击的威胁。

王丽娜等提出了基于虚拟机监控器的隐藏进程检测方法。该方法将进程检测工具运行在被监控虚拟机外，安全性较高；通过虚拟机自省机制获取被监控的虚拟机的底层状态信息，并重构进程队列，来确定恶意进程。

以上文献针对虚拟机中的用户程序安全性、虚拟化监控器中存在的安全漏洞进行了研究，并提出了相应的防御方法。然而，我们通过仔细分析可以发现，目前的方法还不能准确地判断出客户虚拟机中应用程序的实时状态，也不能系统反映 VMM 漏洞所引发的安全问题，同时所提出的防御方法大多针对特定的攻击及漏洞，不能有效地处理其他攻击对系统安全带来的威胁。

受到生物免疫系统中免疫响应机制及危险理论的启发，本书提出了一种基于免疫机制的云计算环境中虚拟机入侵检测模型 I-VMIDS。该模型的主要贡献在于：将危险理论引入虚拟机入侵检测中，定义了危险信号的实现方式；模型能够检测应用程序受到的被静态篡改的攻击，而且能够检测应用程序动态运行时受到的攻击，具有较高的实时性；以较少的代价对入侵检测程序进行监控，保证检测数据的真实性，使模型具有更高的安全性。实验结果表明模型没有给虚拟机系统带来太大的性能开销，且具有良好的检测性能。将 I-VMIDS 应用于云计算平台是可行的。

4.2 模型理论

在虚拟机系统中，虚拟机监控器处于上层虚拟机和下层硬件之间，具有非常重要的作用。此外，通常有一台虚拟机具备相对高等级的权限，称为特权虚拟机（Privileged VM），能在一定程度上管理和控制其他客户虚拟机（Guest VM）。在云计算平台中，客户虚拟机为用户提供服务，而特权虚拟机和虚拟机监控器对用户来说是透明的，它们由云服务供应商来管理。在本书中，我们采用半虚拟化 Xen 系统作为原型系统，采用 linux 系统作为客户虚拟机中运行的操作系统。在 Xen 中，虚拟机监控器称为 Hypervisor，而虚拟机称为 Domain（域），第一台随 Hypervisor 一起启动的 Domain 称为 Dom0，其他 Domain 称为 DomU（非特权虚拟机），如图 4.1 所示。由于 Hypervisor 和 Dom0 的高特权等级和相对精简的结构，因此假设这两者是安全的，本书研究的主要内容是确保 DomU 中用户级应用程序的安全。

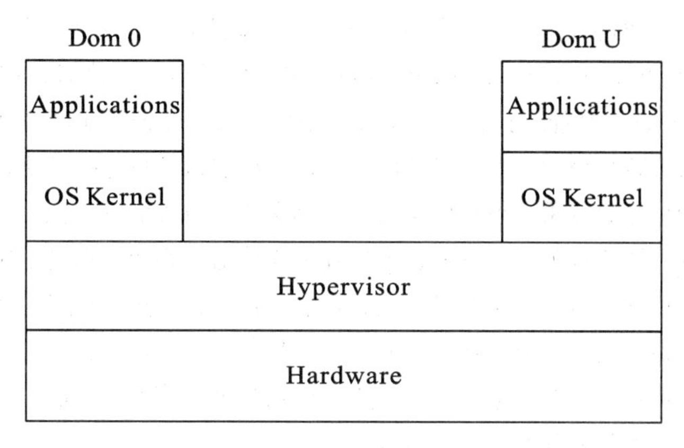

图 4.1　Xen 虚拟机系统

4.2.1　架构描述

本书提出的虚拟机入侵检测模型 I-VMIDS 的架构如图 4.2 所示。此架构分为 4 个层次：底层硬件层、虚拟机监控器层、虚拟机内核空间层、虚拟机用户空间层。模型的各个模块分布在这四个层次中。为了减少 Dom0 和 DomU 的上下文切换并能够进行细粒度的监控，模型在每个客户虚拟机中部署了抗原提

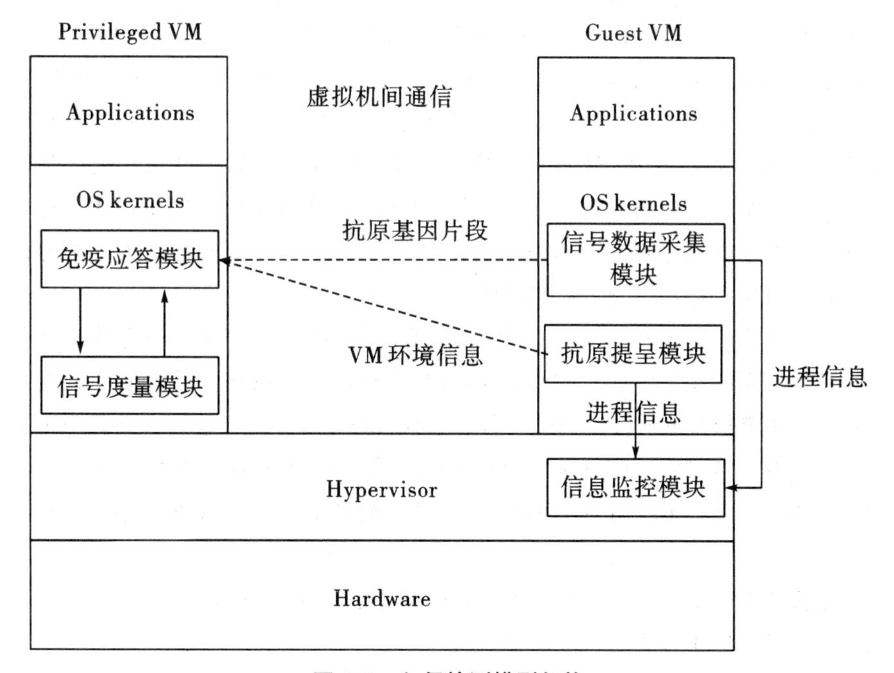

图 4.2　入侵检测模型架构

呈模块和信号数据采集模块，在特权虚拟机中部署了免疫应答模块和信号度量模块。这两个模块在执行过程中不需要与 DomU 通信，单独部署在 Dom0 中，可以减少 Dom0 的性能开销且提高系统安全性。信息监控模块部署在虚拟机监控器中。由于客户虚拟机是不可信的，所以模型引入信息监控模块来监视抗原提呈模块和信号数据采集模块的运行，来确保检测过程的安全性。

模型的检测流程如下。首先，抗原提呈模块监听客户虚拟机中用户级应用程序的执行情况，提取其中关键数据，抽象成抗原，通过虚拟机间通信机制传递到特权虚拟机的免疫应答模块。同时，信号数据采集模块将搜集该程序执行的环境状态信息，一起传递给特权虚拟机的信号度量模块。然后，免疫应答模块基于记忆抗体集合先评估是否引发二次应答。若引发二次应答，则直接判断为入侵；若不引发二次应答，则调用信号度量模块评估当前环境的危险等级并产生不同程度的危险信号，判断是否发生入侵。如果发生入侵，模型将启动免疫应答模块进行初次应答，以消灭异己抗原。信息监控模块在系统启动以后周期性的运行，以保证抗原提呈模块和信号数据采集模块未被攻击。

4.2.2 模型定义

在虚拟机软件系统中，所有的信息最终都可以还原为一个二进制串，虚拟机入侵检测实际上就是根据一定的规则和先验知识来分类二进制串的问题。定义问题状态空间 $\Omega = \cup \infty_{i=1} \{0,\ 1\} i$。依据生物免疫原理，我们把虚拟机系统平台定义为生物体，其中的客户虚拟机定义为免疫组织，虚拟机中的用户程序作为抗原。定义 $AG \subset \Omega$ 为抗原集合。虚拟机入侵检测的目的就是区分模式：给定一个输入模式 x，$x \in AG$，系统检测并确定这个模式属于自体还是非自体。系统在检测过程中可能出现两种错误：错误否定，把非自体分类为自体；错误肯定，把自体分类为非自体。

Forrest 等人在研究中发现，系统关键程序的执行，可以通过程序执行过程中所使用的系统调用序列，也称为执行迹（trace），来描述。系统调用状况在一定程度上能够反映程序的行为特征，且执行迹在程序运行过程中具有一定的局部稳定性。考虑系统调用和系统调用的参数，其中 linux 系统规定最多 6 个参数，本书把进程 ID、系统调用前后短序列及系统调用的参数作为抗原基因片段。

定义 4.1　抗原用三元组 $ag = <gid, pid, <x_1, x_2, \cdots, x_k>>$，抗原代表了问题域的解空间中包含的特征向量。

其中，gid 为平台中客户虚拟机的唯一标识 ID；pid 为进程 ID；$x_i = < sid_i$，

$p_{i1}, p_{i2}, \cdots, p_{il}$>（$i = 1, 2, \cdots, k$）为抗原的基因片段；$sid_i$为系统调用 ID；$k$为系统调用短序列的长度，即细胞编码长度，这个序列反映了进程执行过程中系统调用之间的次序关系；p_{ij}为系统调用的参数，$i = 1, 2, \cdots, k$，$j = 1, 2, \cdots, l$；l为系统调用参数的个数。形态空间中的全部抗原构成的集合表示为$AG = \cup \infty_{i=1} \{ag_i\}$。

能被模型识别的正常短序列为自体集 S，所有未知的短序列为非自体集 N。产生危险信号的异常短序列集合为 D。确定为入侵的短序列集合为 I。

则有：$S \cap N = \varnothing$，$S \cup N = AG$。危险理论不区分自体和非自体，只识别入侵集合 $I = D \cap N$ 并触发免疫响应，而对无害集合 $D \cap S$ 不做应答。

定义 4.2　抗体能够识别抗原，并产生特异性免疫响应。抗体具有与抗原相同的结构，用来检测和匹配抗原，表示为 ab = <gid, pid, <$x_1, x_2, \cdots, x_k$>>，抗体集合表示为 $AB = \cup \infty_{i=1} \{ab_i\}$。

定义 4.3　匹配规则，即抗体、抗原亲和力，表示为抗体与抗原的结合强度。本书提出并采用了一种改进的 r-连续位匹配方法：

$$affinity(ab, ag) = \begin{Bmatrix} 1, \sum_{i=1}^{k} f(ab.x_i, ag)/k \geqslant \beta, ag.gid = ab.gid, ag.pid = ab.pid \\ 0, others \end{Bmatrix} \tag{4.1}$$

其中，β 为匹配门限值，$f(x,y)$ 为抗体的基因片段 x_i 与抗原的 r-连续位匹配方法。

$$f(x,y) = \begin{Bmatrix} 1, \exists i,j, j-i \geqslant |x|, 0<i \leqslant j \leqslant k \cdot (l+1), x_i = y_j, x_{i+1} = y_{j+1}, \cdots, x_{|x|} = y_{j+|x|-1} \\ 0, others \end{Bmatrix} \tag{4.2}$$

定义 4.4　定义检测器集合 $B = \{ <ab, age> \mid ab \in AB \cap age \leqslant age_{max} \}$。其中 ab 为检测器的抗体，age 为检测器的年龄，age_{max} 是检测器的最大年龄。检测器集合由未成熟检测器、成熟检测器和记忆检测器集合组成。未成熟检测器是还没有进行自体耐受的检测器，通过自体耐受的未成熟检测器进化为成熟检测器，成熟检测器被激活后进化为记忆检测器。

未成熟检测器集合 $U = \{x \mid x \in B \cap x.age < \gamma\}$，其中 γ 为模拟耐受期。

成熟检测器集合 $T = \{x \mid x \in B \cap \gamma \leqslant x.age < age_{max} \cap \forall ag \in S[affinity(x.ab, ag) = 0]\}$。

记忆检测器集合 $M = \{x \mid x \in B \cap x.age = age_{max} \cap \forall ag \in S[affinity$

$(x. ab, ag) = 0]\}$。

在检测器生成过程中，若 $Affinity(x, ag) = 1$（$ag \in S$），则该检测器 x 能描述自体，引发了免疫自反应，必须删除；生成过程结束后，剩下的检测器只能描述非自体集合中的元素。在检测器检测过程中，若 $Affinity(x, ag) = 1$（$ag \in I$），则抗原 ag 能被检测器 x 描述，引发了免疫响应。

我们用图 4.3 来表示模型的免疫机制。模型首先通过基因编码产生新的未成熟检测器，未成熟检测器通过否定选择（自体耐受）进化为成熟检测器，若在耐受期内匹配自体则将走向死亡。成熟检测器拥有固定长度的生命周期，若在生命周期内被危险信号激活，则进化为记忆检测器，并产生初次应答；否则令其死亡（删除那些对抗原没有作用的检测器）。记忆检测器具有无限长的生命周期，一旦匹配到一个抗原，则会被立即激活，并同时产生二次应答。

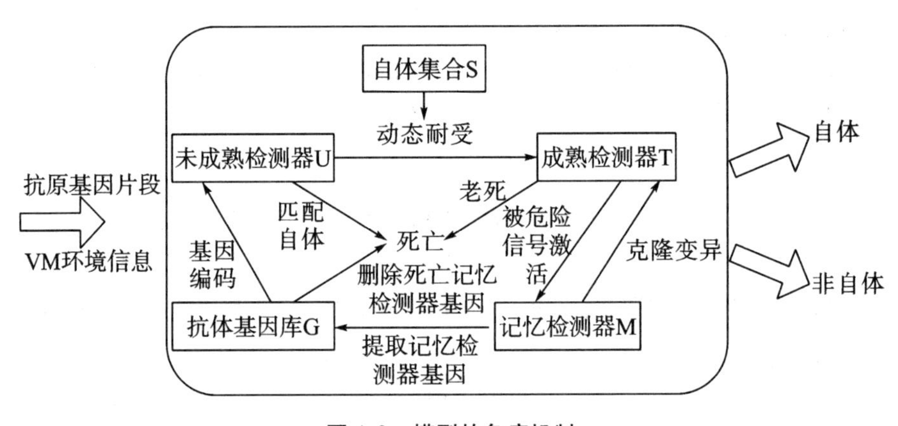

图 4.3　模型的免疫机制

4.2.3　危险信号的实现机制

危险理论强调以环境变动产生的危险信号来引导不同程度的免疫应答，危险信号周围的区域即为危险区域。将危险理论引入入侵检测系统中最重要的问题就是危险信号的定义，即如何判断危险。在虚拟机环境中，我们选择系统变量规律性文件的数量（N_{reg}）、进程使用的内存比例（Rss）、lsof 命令报告的文件总数（N_{files}）这三个环境值作为评估危险信号的环境信息，并把它们归一化为［0, 100］区间内的实数值。

对抗原 ag_i 来说，定义危险信号函数 $DS(ag_i)$ 如下。该函数以 N_{reg}、Rss、N_{files} 这三个程序运行的环境值作为输入，产生该抗原所处危险的信号值。

$$DS(ag_i) = (k_1 N_{reg} + k_2 Rss - k_3 N_{files})/(k_1 + k_2 + k_3) \tag{4.3}$$

可见，N_{reg}和 Rss 将对环境状态产生负影响，N_{reg}和 Rss 增大表明抗原所处环境受损或者正在受损的概率相应较大；而 N_{files}将对环境状态产生正影响，N_{files}增大表明环境正常的概率较大。

危险区域的大小限定了免疫应答的范围，在该区域内的免疫细胞将被活化并参与免疫响应。对抗原 ag_i来说，定义危险区域函数 DA（ag_i）如式（4.4）。该函数的返回值为离 ag_i的距离小于 r_danger 的全部检测器集合。

$$DA(ag_i)=\{x \mid 1/[\sum_{j=1}^{k} f(x.ab.x_j,ag_i)/k] \leqslant r\_danger \cap x \in T\} \tag{4.4}$$

其中，r_danger 为危险区域半径。

如何根据危险信号值来判断环境是否受损了呢？本书借助云的不确定性推理进行评估。本书通过对危险信号值建模，采用云规则发生器和逆向云发生器，来对客户虚拟机的环境状态进行定性分析。

首先对应用程序在安全状态下和被攻击状态下的危险信号 DS（ag_i）分别采样 m 次，根据获得的云滴，通过逆向云发生器算法构建前件云，得到前件云的数字特征 $\{Ex_{si}, En_{si}, He_{si}\}$ 和 $\{Ex_{di}, En_{di}, He_{di}\}$。如果安全状态云和危险状态云覆盖了整个状态空间，则我们可用这两个云来判定系统的危险情况。这是一个比较理想的情况。如果安全状态云和危险状态云不能覆盖整个状态空间，则需对状态空间的空白部分进行划分，可以将其划分为弱安全云和弱危险云。因此可得 En_{lsi}、En_{ldi}、He_{lsi}、He_{ldi}。根据云的“3En 规则”，可估算出弱安全云和弱危险云的期望值 Ex_{lsi}、Ex_{ldi}。计算公式如下：

$$Ex_{lsi}= Ex_{si}+ 3En_{lsi}= Ex_{si}+ 3*0.618En_{si} \tag{4.5}$$

$$Ex_{ldi}= Ex_{di}- 3En_{ldi}= Ex_{di}- 3*0.618En_{di} \tag{4.6}$$

设计下面几条规则构造规则发生器。然后可根据危险信号的实际值，通过规则发生器，得到环境及对该等级的隶属度。

规则 1：IF 危险信号指标低 THEN 系统安全，不引发免疫应答，可删除对应的抗体。

规则 2：IF 危险信号指标较低 THEN 系统较安全，不引发免疫应答。

规则 3：IF 危险信号指标较高 THEN 系统较危险，引发免疫应答。

规则 4：IF 危险信号指标高 THEN 系统危险，引发免疫应答，且对应的成熟抗体应加入记忆抗体集合。

当系统引发二次应答或危险信号引发初次应答时，抗体将依据免疫响应机制发生变异，产生新的与原有抗原亲和力更高的抗体以便更快识别危险抗原，同时也会产生一些与原有抗原亲和力较低的抗体加入未成熟抗体集合，以保证免疫系统多样性。

4.2.4 信息监控的实现机制

抗原提呈模块和信号数据采集模块部署在 DomU 中，由于 linux 系统的开源性，我们把这两个模块添加到 DomU 的 linux 系统内核中。信息监控模块部署在虚拟机管理器中，通过访问抗原提呈模块和信号数据采集模块所属的内存空间，并对此内存数据进行哈希运算来保证其安全性。该实现机制需要解决两个重要问题：一是如何找到抗原提呈模块和信号数据采集模块所属的内存空间，二是如何使用哈希运算来确保这两个模块未受攻击。

虚拟机管理器负责管理和分配各种硬件资源，并为上层运行的操作系统内核提供虚拟化的硬件资源，DomU 就是通过它来访问物理内存的。在 Linux 系统中，System. map 文件是一个特定内核的内核符号表，是内核所有符号名及其对应虚拟地址的一个列表。一个内核符号可能是一个变量名或是一个函数名。由于抗原提呈模块和信号数据采集模块都在 DomU 的内核空间中，因此它们包含的全部变量、函数都能在 System. map 文件中找到，即我们能找到这些变量、函数在 DomU 中的虚拟内存地址。在 Xen 系统中，包括三层内存结构，分别是虚拟内存、伪物理内存（Pseudo - physical memory）和机器内存(Machine memory)。虚拟内存指的是每个进程都有的单独的虚拟内存地址空间。伪物理内存位于机器内存和虚拟内存之间，每个 DomU 的操作系统认为，伪物理内存即为“物理内存”。实际机器内存才是真正的物理内存。在虚拟机管理器中维护了一张 M2P（Machine to physical）的全局转换表，在每个 DomU 中维护了一张 P2M（Physical to machine）的局部转换表。可见，我们可以通过 DomU 的页表找到虚拟地址对应的伪物理地址，再通过 DomU 的 P2M 表找到伪物理地址对应的机器地址。

通过上述方法，我们就可以找到抗原提呈模块和信号数据采集模块所属的内存空间。信息监控模块把属于这两个模块的全部初始化数据、只读数据及函数的内存空间的内容按照 System. map 文件中的顺序依次读出，作为哈希运算的输入。哈希运算能将任意长度的二进制值映射为较短的固定长度的二进制值，并且不可能找到映射为同一个值的两个不同的输入。因此，我们用哈希运算来保证抗原提呈模块和信号数据采集模块所属的内存空间的完整性。在 Hypervisor 中，定义两个变量 hd_{ag} 和 hd_{sig}，分别存储抗原提呈模块和信号数据采集模块的累积哈希值，计算公式如下：

$$hd_{ag}(i+1) = hash[hd_{ag}(i) \ \& \ r_{ag}(i+1)] \tag{4.7}$$

$$hd_{sig}(j+1) = hash[hd_{sig}(j) \& r_{sig}(j+1)] \tag{4.8}$$

在式（4.7）中，$hash$（x）为哈希运算函数，& 为二进制字符串连接符，r_{ag}（i）为抗原提呈模块包含的第 i 个内存段的内容，hd_{ag}（i）为抗原提呈模块经过 i 次哈希运算的累积值。式（4.8）的含义以此类推。我们把 Hypervisor 在安全状态下存储的抗原提呈模块和信号数据采集模块的最终累积哈希值记为标准值 hd_{ag}'和 hd_{sig}'。周期性执行的信息监控模块，通过比较程序运行过程中得到的哈希值 hd_{ag}和 hd_{sig}与标准值是否相同，就可以判断抗原提呈模块和信号数据采集模块的安全性。

4.2.5 免疫演化模型

4.2.5.1 自体演化模型

$$S(t) = \begin{cases} S_{first}, t = 0 \\ S(t-1), tmod\delta \neq 0 \\ S(t-1) \cup S_{new}(t) - S_{unload}(t) - S_{dead}(t), t > 0 \cap tmod\delta = 0 \end{cases} \tag{4.9}$$

$$S_{dead}(t) = \begin{cases} \varnothing,\ S(t-1) \cup S_{new}(t) - S_{unload}(t) < size_{max} \\ \{ag \mid ag \in S(t-1) \cap \text{根据一定规则淘汰} \mid S_{new}(t) - S_{unload}(t) \mid \text{个元素}\},\ \text{其他} \end{cases} \tag{4.10}$$

其中，$S(t)$、$S(t-1) \subset S$，分别表示 t 时刻与 $t-1$ 时刻的自体集合。S_{first}是初始时刻的自体集合。δ 为自体的演化周期。即在 δ 周期内，自体集合保持不变；在 δ 周期结束后，将补充新的自体元素 S_{new}，如加载新的程序，同时删除那些已被卸载掉的程序 $S_{unload}(t)$，并淘汰一部分自体 $S_{dead}(t)$，以避免自体集合无限制增大。

计算机软件系统是一个巨大的集合，一个完备的软件系统的自体集合对于现阶段计算机的计算能力来说过于庞大，同时在动态软件系统中很难得到一个绝对可靠的自体集合。进化的自体集合可以使模型仅需维持一个较小的自体集合，保证在现有计算能力下模型具有较高的时间效率。另外，由于自体不断演化，那些混入自体集合中的非自体元素最终将被清除，降低了由不完备自体集合造成的错误否定率。

4.2.5.2 抗体基因库演化模型

$$G(t) = \begin{cases} G_{first},\ t = 0 \\ G(t-1) - G_{dead}(t) \cup G_{new}(t),\ t > 0 \end{cases} \tag{4.11}$$

其中，$G(t)$、$G(t-1) \subset G$，分别表示 t 时刻与 $t-1$ 时刻的抗体基因库集合。G_{first} 是初始时刻的抗体基因库集合，为典型的恶意软件的基因片段。$G_{dead}(t)=\cup_{x\in M_{dead}(t)} \cup_{i=1}^{k}\{x.\ ag.\ x_i\}$ 是 t 时刻应该清除的发生变异的基因。$M_{dead}(t)$ 是发生错误肯定的记忆检测器。当成熟检测器进行克隆时，其基因 $G_{new}(t)=\cup_{x\in T_{cloned}(t)} \cup_{i=1}^{k}\{x.\ ag.\ x_i\}$ 被作为优势遗传基因加入抗体基因库。$T_{cloned}(t)$ 是被激活的成熟检测器。

抗体基因库主要用于提高未成熟检测器的生成效率。在生成新的未成熟检测器时，其抗体由抗体基因库通过基因编码等措施进化产生，使新生成的成熟检测器具备有效检测已知恶意软件及其变种的能力，且减少了耐受时间。采用基因编码会产生“baldwin effect”：进化和学习会使新生的个体获得一些相同的特性，降低了系统的多样性。为解决这个问题，在产生未成熟检测器时，加入一定比例的随机生成的未成熟检测器，可确保系统的多样性。

4.2.5.3　未成熟检测器演化模型

$$U(t)=\begin{cases}\varnothing, & t=0\\ f_{age}[U(t-1)]-[U_{untolerance}(t)\cup U_{matured}(t)]\cup U_{new}(t), & t>0\end{cases} \tag{4.12}$$

$$U_{untolerance}(t)=\{x \mid x\in f_{age}[U(t-1)]\cap \exists y\in S(t-1)[affinity(x.ab,y)=1]\} \tag{4.13}$$

$$U_{matured}(t)=\{x \mid x\in f_{age}[U(t-1)-U_{untolerance}(t)]\cap x.age>\gamma\} \tag{4.14}$$

其中，$U(t)$、$U(t-1)\subset U$，分别表示 t 时刻与 $t-1$ 时刻的未成熟检测器集合。$f_{age}(X)(X\subset B)$是对 X 中的每个检测器的年龄进行加 1 操作。$U_{untolerance}(t)$ 是未通过自体耐受的未成熟检测器，$U_{matured}(t)$ 是已经通过耐受的成熟检测器。$U_{new}(t)$ 是 t 时刻新生成的未成熟检测器，包括两部分：完全随机产生的检测器（确保多样性）和通过抗体基因库基因编码生成的检测器（确保有效性）。

4.2.5.4　成熟检测器演化模型

$$T(t)=\begin{cases}\varnothing, & t=0\\ (f_{age}(T(t-1))-(T_{dead}(t)\cup T_{cloned}(t)))\cup U_{matured}(t)\cup T_{permutation}(t), & t>0\end{cases} \tag{4.15}$$

$$T_{dead}(t)=\{x \mid x\in f_{age}[T(t-1)]\cap x.age=age_{max}\cap \exists y\in N(t-1)[x\in DA(y)]\} \tag{4.16}$$

$$T_{cloned}(t)=\{x \mid x\in (f_{age}(T(t-1))-T_{dead}(t))\cap \exists y\in N(t-1)(x\in DA(y))\} \tag{4.17}$$

$$T_{permutation}(t)=f_{clone\_mutation}[T_{cloned}(t)\cup M_{cloned}(t)] \tag{4.18}$$

其中，$T(t)$、$T(t-1)\subset T$，分别表示 t 时刻与 $t-1$ 时刻的成熟检测器集合。$T_{dead}(t)$ 是生命周期结束时未被激活的成熟检测器。$T_{cloned}(t)$ 是被危险信号激活的成熟检测器。$U_{matured}(t)$ 是新成熟的检测器。$T_{permutation}(t)$ 是被激活的检测器通过克隆变异产生的新的成熟检测器集合。$f_{clone\_mutation}(X)$ $(X\subset T)$ 为克隆变异方程，对 X 中的每个元素 x 执行克隆变异操作。

4.2.5.5 记忆检测器演化模型

$$M(t)=\begin{cases} M_{first},t=0 \\ [M(t-1)-M_{dead}(t)]\cup f_{age2}[M_{cloned}(t)],t>0 \end{cases} \tag{4.19}$$

$$M_{dead}(t)=\{x \mid x\in M(t-1)\cap \exists y\in S(t-1)[affinity(x.ab,y)=1]\} \tag{4.20}$$

$$M_{cloned}(t)=\{x \mid x\in M(t-1)\cap \exists y\in N(t-1)[x\in DA(y)]\} \tag{4.21}$$

其中，$M(t)$、$M(t-1)\subset M$，分别表示 t 时刻与 $t-1$ 时刻的记忆检测器集合。M_{first} 是最初的记忆检测器，这些记忆检测器可以从常见的恶意软件中获得。$M_{dead}(t)$ 是 t 时刻发生错误肯定的记忆检测器。$f_{age2}[M_{cloned}(t)]$ 是新生成的记忆检测器。$f_{age2}(X)$ $(X\subset B)$ 将 X 中每个检测器的年龄置为 age_{max}。$M_{cloned}(t)$ 是 t 时刻被激活的记忆检测器。

4.2.5.6 抗原检测

$$AG(t)=\begin{cases} AG_{first},t=0 \\ [AG(t-1)-AG_{self}(t)-AG_{nonself}(t)]\cup AG_{new}(t),t>0 \end{cases} \tag{4.22}$$

$$AG_{nonself}(t)=\{x \mid x\in AG_{checked}(t)\cap \exists y\in [T_{cloned}(t)\cup M_{cloned}(t)][affinity(y.ab,x)=1]\} \tag{4.23}$$

$$AG_{self}(t)=\{x \mid x\in AG_{checked}(t)\cap \forall y\in [T(t)\cup M(t)][affinity(y.ab,x)=0]\} \tag{4.24}$$

其中，$AG(t)$、$AG(t-1)\subset AG$，分别表示 t 时刻与 $t-1$ 时刻的抗原集合。AG_{first} 是最初的抗原集合，$AG_{checked}(t)\subset AG(t)$ 是 t 时刻的待检抗原。

4.3 模型性能分析

设一台计算机中的计算机程序数量为 N_p，一般情况下含有非自体的比例为 ρ。自体集合的大小为 $|S|$，成熟检测器集合大小为 $|T|$，记忆检测器集合

的大小为$|M|$。任意给定的检测器与任意给定的抗原之间的匹配概率为 P_m（该概率与具体的匹配规则有关）。$P(A)$ 为事件 A 发生的概率。

定理 4.1 对任意一个通过自体耐受的检测器，该检测器匹配那些未被描述的自体的概率 $P_n=(1-P_m)^{|S|}\cdot[1-(1-P_m)^{N_p\cdot(1-\rho)-|S|}]$。

证明 设 A 为事件“给定的检测器与自体集合中的所有自体都不匹配”，B 为事件“给定的检测器与未被描述的自体集合中的至少一个匹配”。显然，A 中的检测器是通过自体耐受的检测器，B 中的检测器未必通过自体耐受。$P_n=P(A)P(B)$。在事件 A 中，检测器与自体匹配发生的次数 X 满足二项分布，即 $X\sim b(n,p)$。其中 $n=|S|$，$p=P_m$。则 $P(A)=P(X=0)=(P_m)^0(1-P_m)^{|S|}=(1-P_m)^{|S|}$。同理，在事件 B 中，检测器与自体匹配的次数 $Y\sim b(n,p)$。其中，$n=N_p\cdot(1-\rho)-|S|$，$p=P_m$。则 $P(B)=1-P(Y=0)=1-(1-P_m)^{N_p\cdot(1-\rho)-|S|}$。因此，$P_n=P(A)P(B)=(1-P_m)^{|S|}\cdot[1-(1-P_m)^{N_p\cdot(1-\rho)-|S|}]$。

定理 4.2 对任意给定的非自体抗原 ag，该抗原被正确识别的概率 $P_r=1-(1-P_m)^{(|M|+|T|)(1-P_n)}\approx 1-e^{-P_m(|M|+|T|)(1-P_n)}$。

证明 设 A 为事件“ag 与某个记忆检测器或者与某个被危险信号激活的成熟检测器匹配”。$P_r=P(A)$。在事件 A 中，抗原和检测器发生匹配的次数 X 满足二项分布 $X\sim b(n,p)$。其中 $n=(|M|+|T|)(1-P_n)$，$p=P_m$。考虑记忆检测器和成熟检测器中识别自体的检测器不能识别非自体抗原，不计入统计。因此，$P_r=P(A)=1-P(X=0)=1-(1-P_m)^{(|M|+|T|)(1-P_n)}$。根据泊松定理（Poisson），当 P_m 很小，$(|M|+|T|)(1-P_n)$ 很大时，$P_r\approx 1-e^{-P_m(|M|+|T|)(1-P_n)}$。

定理 4.3 对任意给定的非自体抗原 ag，模型对该抗原发生错误否定的概率 $P_{neg}=(1-P_m)^{(|M|+|T|)(1-P_n)}\approx e^{-P_m(|M|+|T|)(1-P_n)}$；对任意给定的自体抗原 ag，模型对该抗原发生错误肯定的概率 $P_{pos}=1-(1-P_m)(|M|+|T|)P_n\approx 1-e-P_m(|M|+|T|)P_n$。

证明 由定理 2，有 $P_{neg}=1-P_r=(1-P_m)^{(|M|+|T|)(1-P_n)}\approx e^{-P_m(|M|+|T|)(1-P_n)}$。设事件 A 为“给定的自体抗原与记忆检测器或成熟检测器相匹配”，则 $P_{pos}=P(A)$。在事件 A 中，自体抗原与检测器匹配的次数满足二项分布 $X\sim b(n,p)$。其中，$n=(|M|+|T|)P_n$，$p=P_m$。则 $P_{pos}=P(A)=1-P(X=0)=(1-P_m)^{(|M|+|T|)P_n}$。根据泊松定理，当 P_m 很小，$(|M|+|T|)P_n$ 很大时，$P_{pos}\approx 1-e^{-P_m(|M|+|T|)P_n}$。

定理 4.4 模型自体描述中宏观上是完备的。动态耐受模型产生固定数目的成熟检测器的空间复杂度为一常数，时间复杂度与检测器的数目（不含未成熟检测器）呈线性关系。

证明　根据式（4.9）和式（4.10）可知，自体集合以固定长度的时间片进行演化，随着时间的推移，$\bigcup_{t=0}^{\infty} S(t)$ 将覆盖整个自体空间，即自体描述在宏观上是完备的。且，自体集合的大小限制在 $size_{max}$ 下。不失一般性，考虑极端情况，设系统中自体的数目 $|S(t)| = size_{max}$。D'haeseleer 指出，对任意的匹配规则，生成固定数目的成熟检测器的空间复杂性为 $O(l \cdot size_{max})$，l 为常数；时间复杂性为 $O[\frac{-\ln(P_{neg})}{P_m \cdot (1-P_m)\ size_{max}} \cdot size_{max}]$。对具体的匹配算法，$P_m$ 为常数。由定理 4.3，$P_{neg} \approx e^{-P_m(|M|+|T|)(1-P_n)}$。由定理 4.1，$P_n = (1-P_m)\ size_{max} \cdot [1-(1-P_m)^{N_p \cdot (1-\rho) - size_{max}}]$。因此，生成固定数目的成熟检测器的时间复杂性为 $O\left[\frac{-\ln(P_{neg})}{P_m \cdot (1-P_m)\ size_{max}} \cdot size_{max}\right] = O\left[\frac{(|M|+|T|)(1-P_n)}{(1-P_m)\ size_{max}} \cdot size_{max}\right] = O[(|M|+|T|)\frac{(1-P_n) \cdot size_{max}}{(1-P_m)\ size_{max}}]$。即，生成固定数目的成熟检测器的时间复杂性与记忆检测器和成熟检测器的数目之和呈线性关系。

对于具体的匹配规则，P_m 为常数。特别地，对于 r-连续位匹配，$P_m = 0.025\,625$。图 4.4 和图 4.5 是定理 4.1 的 matlab 仿真。从图中可以看出，当 $|S|$ 足够大时，N_p、ρ 对 P_n 影响很小。如当 $|S| = 200$，$N_p = 500$，$\rho = 0.01$ 时，$P_n < 1\%$，达到较为理想的值。

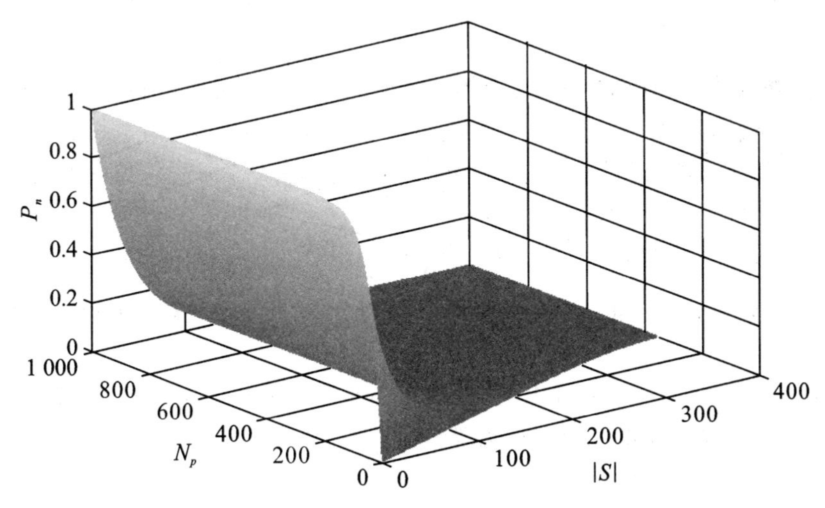

图 4.4　$|S|$和 N_p 对 P_n 的影响，其中 $P_m = 0.025\,625$，$\rho = 0.01$

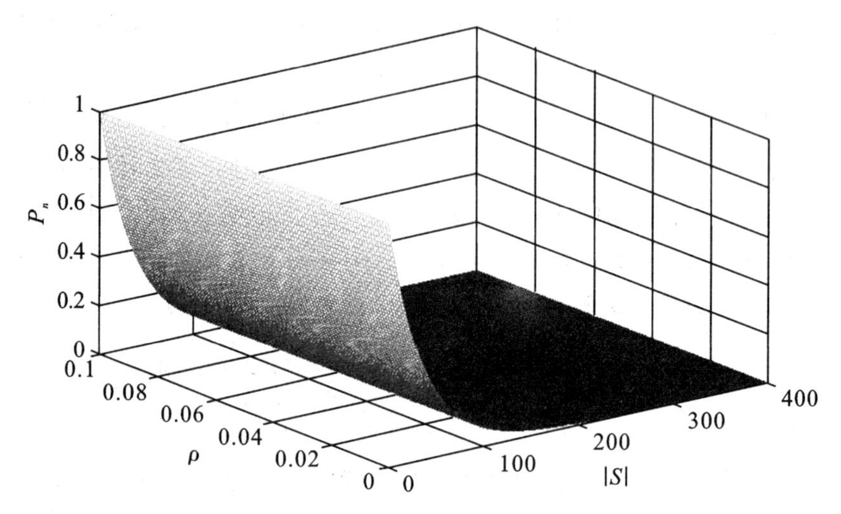

图 4.5　$|S|$和 ρ 对 P_n的影响，其中 $P_m = 0.025\ 625$，$N_p = 400$

图 4.6 是定理 4.2 的 matlab 仿真。从图中可以看出，随着$|M|$和$|T|$的增大，P_r将增大。

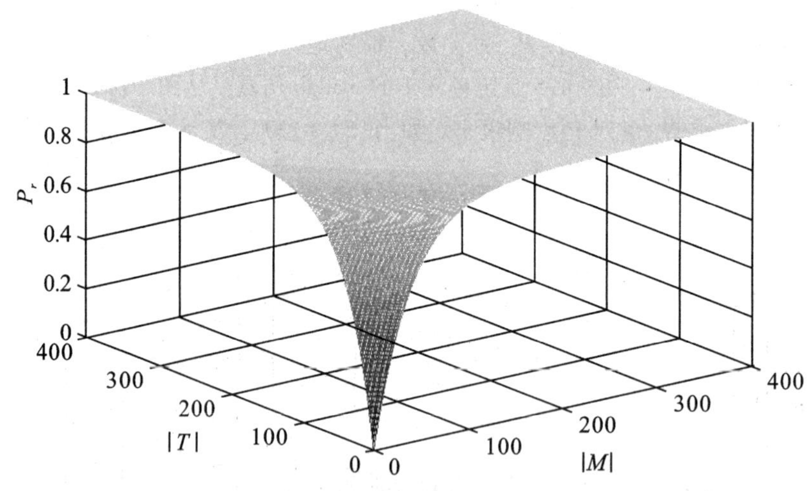

图 4.6　$|M|$和$|T|$对 P_r的影响，其中 $P_m = 0.025\ 625$，$P_n = 0.01$

图 4.7 和图 4.8 是定理 4.3 的 matlab 仿真。从图中可以看出，随着$|M|$和$|T|$的增大，P_{neg}将减小，而 P_{pos}将增大。

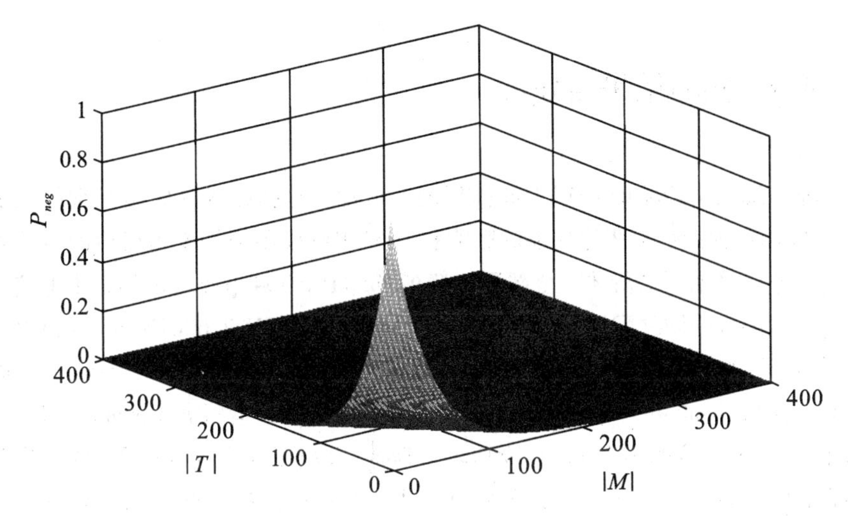

图 4.7　$|M|$和$|T|$对 P_{neg} 的影响，其中 $P_m = 0.025\,625$，$P_n = 0.01$

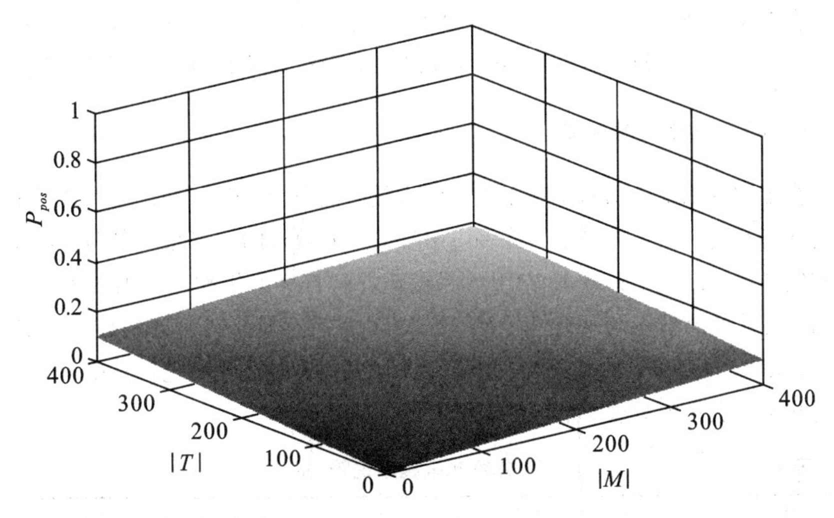

图 4.8　$|M|$和$|T|$对 P_{pos} 的影响，其中 $P_m = 0.025\,625$，$P_n = 0.01$

综合考虑对定理 4.1、定理 4.2 和定理 4.3 的仿真，当 $|S| = 200$，$N_p = 500$，$\rho = 0.01$，$|M| = 100$，$|T| = 100$ 时，$P_n < 1\%$，$P_r > 95\%$，$P_{neg} < 1\%$，$P_{pos} < 5\%$，达到较为理想的值。

4.4 实验结果与分析

本节通过实验验证 I-VMIDS 模型的有效性，包括在 Xen 虚拟机系统上加入 I-VMIDS 模型后对程序性能的影响和 I-VMIDS 模型应用于入侵检测时的效率。实验环境如下文所述。全部测试都在 ThinkPad T540p 型号的笔记本电脑上进行。该型号的硬件配置为：一个 Intel Core i5-4 300M 2.60GHz 的 4 核 CPU，8G 的物理内存。使用的 Xen 的版本号为 4.4.1，该 Xen 管理两个 Domain，即特权虚拟机 Dom0 和客户虚拟机 Dom1。两个虚拟机都运行着 Ubuntu 的 14.04 版本，Linux 内核都为 3.13.0.19 版本。Dom0 分配了 4 个 VCPU 和 4G 的物理内存，CPU 调度权重 weight 设置为 256；Dom1 分配了 4 个 VCPU 和 1G 的物理内存，CPU 调度权重 weight 设置为 256。

在 I-VMIDS 模型中，相关参数设置如下：危险信号参数 $k_1 = 1$，$k_2 = 0.5$，$k_3 = -1.5$，危险区域半径 $r\_danger = 0.5$。实验共运行 10 次，结果取均值。

4.4.1 模型性能评估

在虚拟机系统中引入了基于免疫的入侵检测系统 I-VMIDS，显然会带来一定的性能开销。在云计算中，许多应用都是并发执行的。因此，本小节首先通过相应的性能测试来评估 I-VMIDS 系统对并行程序的影响。在测试中，我们采用了经典的测试系统并行性能的 SPLASH-2 程序组。该程序组使用 C 语言编写，由 12 个基准程序组成，使用 PThread 并行方式。随机选择其中 5 个程序进行测试，表 4.1 对这 5 个程序做了简要介绍。

表 4.1 并行测试程序说明

程序名	含义	参数设置
FFT	计算快速傅里叶变换	m=22，p=2，n=65 536，l=4
LU	将一个稀疏矩阵拆分成一个下三角矩阵和一个上三角矩阵的积(非连续块分配方式)	p=2，n=2 048，b=16
Ocean	通过海洋的边缘的海流模拟整个海洋的运动(非连续块分配方式)	p=4，n=258，t=380，e=1e-09
Raytrace	模拟光线的路径	p=4，Envfile=ball4
Barnes	模拟一个三维多体系统（例如星系）	p=2，fleaves=2

图 4.9 显示了未加载 I-VMIDS 时和加载 I-VMIDS 时，以上 5 个基准程序的运行结果对比。从图中可以看出，Dom1 中的计算时间比原始系统要长一些，平均增加的计算是 7.33%，最长为 LU 程序的 10.86%。这表明虚拟机系统集成 I-VMIDS 带来的性能开销是很小的，在可接受的范围内，将 I-VMIDS 应用于云计算平台不会对并行应用的运行带来很大影响。

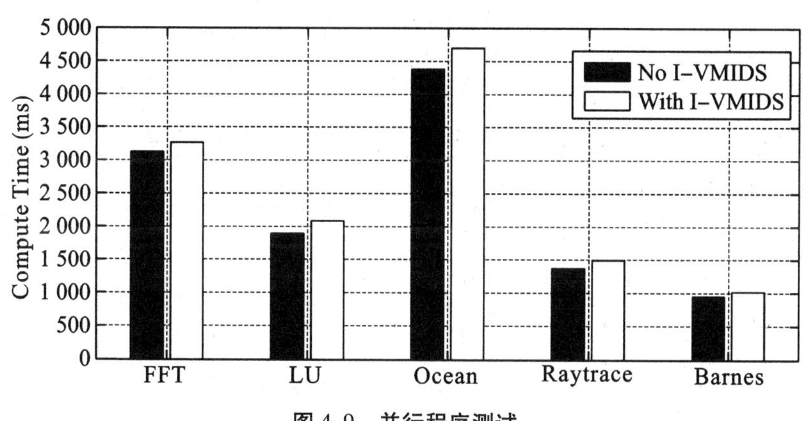

图 4.9　并行程序测试

在 I-VMIDS 模型中，对 DomU 来说，主要的性能开销来自于抗原提呈模块和信号数据采集模块，以及通过虚拟机间通信机制把数据传递给 Dom0 的操作。这些行为均是定期执行的，开销是有限的。如，抗原提呈模块是主动监视程序的系统调用序列，并不是每发生一次系统调用就被动触发抗原提呈，信号数据采集模块也是一样的。DomU 通过事件通道把抗原数据和环境状态数据放入环缓冲区中，只有环缓冲区为空时才会通知 Dom0，这将引起 DomU 和 Dom0 之间的上下文切换。如果环缓冲区中还有数据，Dom0 会一直读取，DomU 不需要发出通知。可见，上下文切换引起的开销也是有限的。除此之外，免疫应答模块、信号度量模块和信息监控模块的执行将会增加 Dom0 的性能开销，对 DomU 的影响可以忽略。

接下来，我们测试 I-VMIDS 系统对计算密集型程序的影响，采用 SPEC (Standard performance evaluation corporation) CPU2000 这组基准程序。其共包括两个部分，针对整型计算密集应用的 CINT2000 和针对浮点型计算密集应用的 CFP2000。我们选取 CINT2000 进行测试。CINT2000 共包括 12 个应用程序，我们随机选择其中 5 个程序进行测试，表 4.2 对它们进行了说明。

表 4.2　　　　　　　　　　**计算密集型程序说明**

程序名	含义
164. gzip	对一组文件进行压缩和解压缩的操作
175. vpr	根据特定算法对现场可编程门阵列（Field-Programmable Gate Array）电路进行放置和路由
186. crafty	国际象棋程序，针对棋盘布局来找出下一步移动
252. eon	用来创建三维物体图像的概率射线追踪器
254. gap	解决离散数学中的相关分析计算问题

图 4.10 显示了未加载 I-VMIDS 时和加载 I-VMIDS 时，以上 5 个基准程序的运行结果对比。从图中可以看出，Dom1 中的计算时间比原始系统要长一些，平均增加的计算是 9.12%，最长为程序 254. gap 的 11.48%。相比并行程序，I-VMIDS 对虚拟机的影响稍大一些，但仍然在可接受的范围内。因此，在计算密集程序的云计算场景下，I-VMIDS 是可以集成在内的。

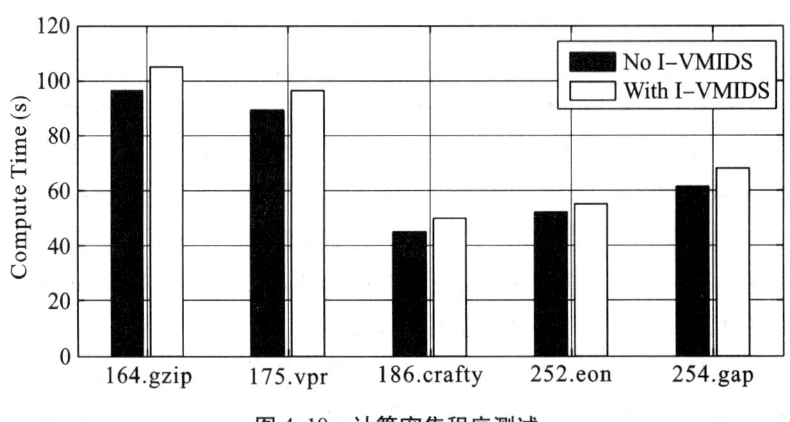

图 4.10　计算密集程序测试

最后，我们测试 I-VMIDS 系统对网络服务器的影响。在此测试中，DomU 运行网络服务器，由 apache http server 以及 php 组成。我们采用工具 httperf 来产生连续的网络请求，可以使服务器处于过载 overload 状态。采用 autobench 工具，可以多次运行 httperf，同时递增每秒请求的连接数，并提取 httperf 的输出结果。图 4.11 显示了未加载 I-VMIDS 时和加载 I-VMIDS 时，网络服务器的响应结果对比。可以看出，当 http 请求的频率增大时，I-VMIDS 的引入会增加网络服务器的响应时间。在 http 请求频率为 100 的时候，增加的时间小于 0.5s，是可以接受的。因此，在部署有网络服务器的云计算平台中，I-VMIDS 系统也是可以应用的。

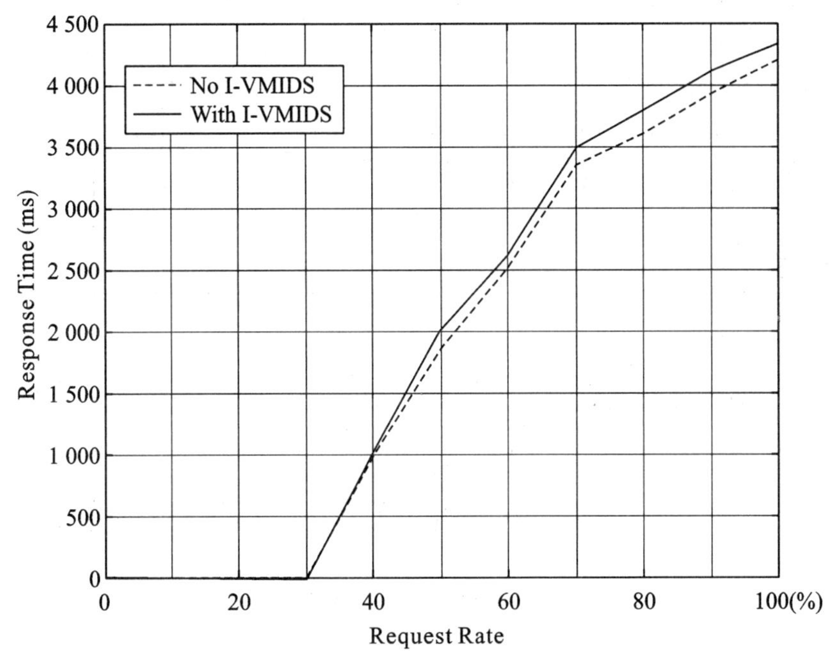

图 4. 11 网络服务器负载测试

4.4.2 检测率和误报率比较

本小节将测试 I-VMIDS 系统检测攻击的能力。实验采用检测率 *DR*、误报率 *FAR* 等指标对系统的有效性进行衡量，并与 Forrest 等人提出的 ARTIS 模型进行对比。ARTIS 是一个通用的计算机免疫系统，常用于入侵检测，病毒识别，模式识别等。

图 4. 12 和图 4. 13 显示了在模拟环境下，I-VMIDS 和 ARTIS 的检测率和误报率的结果对比。在图 4. 12 中，实验设定每 100 个抗原中夹杂 60 个非自体，其中非自体中有 30 个是刚刚确定的，即以前这种类型的抗原被认为是自体（正常的程序），现在被认为是非自体（异常的程序）。如：紧急卸载某些被攻击的程序，停止提供相关服务。图 4. 13 中，实验设定每 100 个抗原中夹杂 40 个自体，其中 20 个自体为新定义的，如加载一些新程序以提供新的服务。实验结果显示，I-VMIDS 具有较高的检测率和较低的误报率。

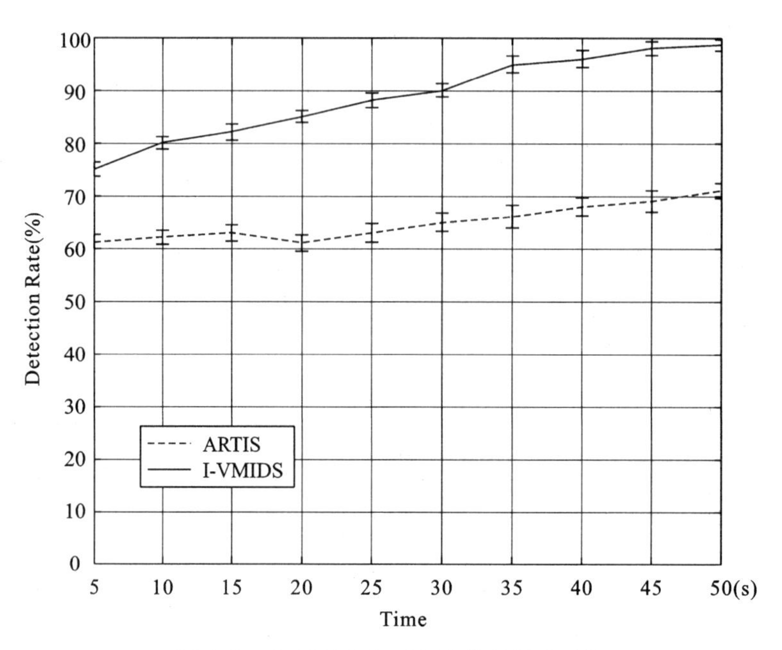

图 4.12 I-VMIDS 和 ARTIS 的检测率对比

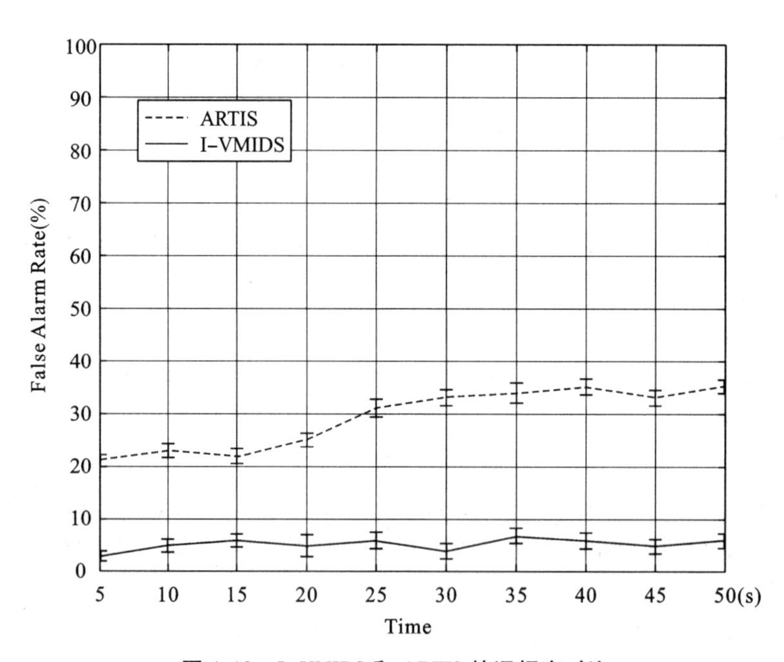

图 4.13 I-VMIDS 和 ARTIS 的误报率对比

接下来，我们采用 linux 系统中广泛部署的 wu-ftpd2. 6. 0 程序、sendmail8. 12. 0 程序和一些有代表性的 rootkit 进行异常检测。针对 wu-ftpd 程序的攻击有文件名匹配漏洞脚本攻击、限制访问绕过漏洞攻击、site exec 漏洞脚本攻击等。针对 sendmail 程序的攻击有 sccp 攻击、decode 攻击、远程缓冲区溢出攻击等。一些有代表性的 rootkit 包括简单钩子 rootkit、内联钩子 rootkit、内联钩子复杂 rootkit 等。表 4. 3 列出了 I-VMIDS 和 ARTIS 的检测率和误报率对比，其中括号内值为方差。从表中可以看出，I-VMIDS 在各种攻击下都具有较高的检测率和较低的误报率，在实际应用中是可行的。

表 4. 3　　**检测结果**

程序		ARTIS		I-VMIDS	
		DR(%)	*FAR*(%)	*DR*(%)	*FAR*(%)
wu-ftpd	文件名匹配漏洞	76. 12(5. 11)	10. 28(4. 17)	96. 55(1. 14)	7. 22(1. 22)
	site exec 漏洞	79. 87(2. 45)	9. 87(5. 32)	97. 31(1. 23)	6. 65(2. 01)
	限制访问绕过漏洞	77. 54(4. 77)	12. 75(3. 74)	97. 02(1. 08)	7. 43(1. 67)
sendmail	sccp 攻击	74. 52(3. 56)	14. 62(3. 41)	98. 11(1. 25)	5. 15(1. 63)
	decode 攻击	81. 21(4. 84)	15. 72(3. 87)	98. 35(1. 01)	5. 42(1. 69)
	远程缓冲区溢出攻击	82. 45(5. 46)	12. 84(5. 63)	98. 78(1. 14)	5. 80(1. 28)
rootkit	简单钩子 rootkit	85. 15(5. 16)	9. 41(4. 12)	99. 99(0)	0(0)
	内联钩子 rootkit	82. 45(6. 82)	10. 75(8. 20)	99. 99(0)	0(0)
	内联钩子复杂 rootkit	75. 14(5. 23)	9. 56(6. 77)	95. 84(2. 42)	3. 78(2. 89)

4.5　本章小结

虚拟化运行环境面临的安全问题是云安全研究的重要方面之一。现有的针对虚拟机中的用户程序安全性、虚拟化监控器中存在的安全漏洞的研究，还不能准确地判断出客户虚拟机中应用程序的实时状态，同时所提出的防御方法只针对特定的攻击及漏洞，不能有效地处理其他攻击对系统安全带来的威胁。受到生物免疫系统中免疫响应机制及危险理论的启发，本书提出了一种基于免疫机制的云计算环境中虚拟机入侵检测模型 I-VMIDS。模型能够检测应用程序受到的被静态篡改的攻击，而且能够检测应用程序动态运行时受到的攻击，具有较高的实时性；且模型以较少的代价对入侵检测程序进行监控，保证了检测数据的真实性，使模型具有更高的安全性。实验结果表明模型没有给虚拟机系统带来太大的性能开销，且具有良好的检测性能，因此将 I-VMIDS 应用于云计算平台是可行的。

参考文献

[1] HAEBERLEN A, ADITYA P, RODRIGUES R, et al. Accountable virtual machines [C] // 9th USENIX Symposium on Operating Systems Design and Implementation (OSDI'10). [S. l.: s. n.], 2010.

[2] PAYNE B D, CARBONE M, SHARIF M, et al. Lares: An architecture for secure active monitoring using virtualizations [C] // Proceedings of the IEEE Symposium on Security and Privacy. [S. l.: s. n.], 2008.

[3] SHARIF M, LEE W, CUI W, et al. Secure In-VM Monitoring Using Hardware Virtualization [C] // 16th ACM Conference on Computer and Communications Security. [S. l.: s. n.], 2009.

[4] WANG Z, JIANG X, CUI W, et al. Countering Kernel Rootkits with Lightweight Hook Protection [C] // 16th ACM Conference on Computer and Communications Security. [S. l.: s. n.], 2009.

[5] HOFMANN O S, DUNN A M, KIM S, et al. Ensuring Operating System Kernel Integrity with osck [C] // Proceedings of the 16th International Conference on Architectural Support for Programming Languages and Operating Systems. [S. l.: s. n.], 2011: 279-290.

[6] BALIGA A, GANAPATHY V, IFTODE L. Detecting Kernel-level Rootkits using Data Structure Invariants [C] // IEEE Transactions on Dependable and Secure Computing. [S. l.: s. n.], 2010.

[7] BHARADWAJA S, SUN W Q, NIAMAT M, et al. Collabra: A Xen Hypervisor based Collaborative Intrusion Detection System [C] // Proceedings of the 8th International Conference on Information Technology. Toledo, USA: [s. n.], 2011: 695-700.

[8] SRIVASTAVA A, LANZI A, GIFFIN J, et al. Operating System Interface Obfuscation and the Revealing of Hidden Operations [C] // Proceedings of the 8th

International Conference on Detection of Intrusions and Malware, and Vulnerability Assessment. Amsterdam, Netherlands: Springer, 2011: 214-233.

[9] SZEFER J, KELLER E, LEE R B, et al. Eliminating the Hypervisor Attack Surface for a More Secure Cloud [C] // Proceedings of the 18th ACM Conference on Computer and Communications Security. Chicago: [s. n.], 2011: 401-412.

[10] BENZINA H, GOUBAULT-LARRECQ J. Some Ideas on Virtualized System Security, and Monitors [C] // Proceedings of the 5th International Workshop on Data Privacy Management. Athens: Springer, 2010: 244-258.

[11] WANG L, GAO H, LIU W, et al. Detecting and Managing Hidden Process via Hypervisor [J]. Journal of Computer Research and Development, 2011, 48 (8): 1534-1541.

[12] BARHAM P, DRAGOVIC B, FRASER K, et al. Xen and the Art of Virtualization [C] // Proceedings of the 19th ACM Symposium on Operating Systems Principles. [S. l.: s. n.], 2003.

[13] CHISNALL D. The Definitive Guide to the Xen Hypervisor [M]. Englewood: Prentice Hall Press, 2007.

[14] FORREST S, PERRELASON A S, ALLEN L, et al. Self-Nonself Discrimination in a Computers [C] // RUSHBY J, MEADOWS C. Proceedings of the 1994 IEEE Symposium on Research in Security and Privacy. Oakland, USA: IEEE Computer Society Press, 1994: 202-212.

[15] TIAN X, GAO L, SUN C, et al. Anomaly Detection of Program Behaviors Based on System Calls and Homogeneous Markov Chain Models [J]. Journal of Computer Research & Development, 2007, 44 (9): 1538-1544.

[16] MATZINGER P. The Danger Model: a Renewed Sense of Self [J]. Science, 2002, 296: 301-305.

[17] WOO S C, OHARA M, TORRIE E, et al. The SPLASH-2 Programs: Characterization and Methodological Considerations [C] // Proceedings of the 22nd Annual International Symposium on Computer Architecture. [S. l.: s. n.], 1995: 24-36.

[18] LEE W, DONG X. Information-Theoretic Measures for Anomaly Detection [C] // NEEDHAM R, ABADI M. Proceedings of the 2001 IEEE Symposium on Security and Privacy. Oakland, CA: IEEE Computer Society Press, 2001: 130-143.

[19] LI D Y, LIU C Y, DU Y, et al. Artificial Intelligence with Uncertainty [J]. Journal of Software, 2004, 15: 1583–1594.

[20] SINGH J P, WEBER W D, GUPTA A. SPLASH: Stanford Parallel Applications for Shared-memory [J]. ACM Sigarch Computer Architecture News, 1992, 20 (1): 5–44.

[21] D'HAESELEER P, FORREST S. An Immunological Approach to Change Detection: Algorithm, Analysis and Implication [C] // NEEDHAM R, DAVID A. Proceedings of IEEE Symposium on Research in Security and Privacy. Oakland, CA: IEEE Computer Society Press, 1996: 110–119.

[22] GLICKMAN M, BALTHROP J, FORREST S. A Machine Learning Evaluation of an Artificial Immune System. Evolut comput [J]. 2005, 13 (2): 179–212.

[23] BALTHROP J, FORREST S, NEWMAN M E J, et al. Technological Networks and the Spread of Computer Viruses [J]. Science, 2004, 304: 527–529.

5 基于免疫网络的优化算法研究

5.1 优化问题的研究现状

5.1.1 最优化问题

最优化理论与方法是一门应用性很强的新兴学科，该理论与方法研究的是数学上定义的某些问题的最优解。即对于某一个实际工程问题，从众多的候选方案中选出最优方案。其应用领域非常广泛，如国防、交通运输、工农业生产、贸易、金融、科学研究、管理等。例如：公司在确定投资项目时，选择期望风险最小或收益最大的项目；专家在设计空间飞船时，要在有限的空间内尽可能多地放置设备；工程师开发项目时，在满足设计要求以后，应尽可能压缩建筑的费用；两个城市之间的光纤分布在满足要求的条件下，应尽可能短；汽车在满足需求及安全性的条件下尽可能减小消耗；等等。

虽然最优化问题的起源十分古老，但是它成为一门独立的学科是在20世纪40年代末。在研究最优化理论与方法的过程中，非线性规划、线性规划、多目标规划、几何规划、整数规划、随机规划、非光滑规划等各种最优化问题理论发展迅速，新方法、新手段不断出现，且在计算机的推动下，实际应用越来越广泛，在工程设计、经济计划、交通运输、生产管理、项目管理等方面都有广泛的应用。

最优化问题的一般形式为：

$$\min f(x) \qquad x \in X \tag{5.1}$$

其中 $x=(x_1, x_2, \cdots, x_n)^T \in R^n$ 是决策变量，R 为实数空间；$f(x): R^n \to R^1$ 为目标函数；$X \subset R^n$ 为约束集或可行域；min 表示求取函数 $f(x)$ 的极小值，实际问题中也可能是求取 $f(x)$ 的极大值 max。特别地，如果约束集 $X=R^n$，则最优化问题（5.1）成为无约束最优化问题：

$$\min_{x \in Rn} f(x) \tag{5.2}$$

约束最优化问题通常写为：

$$\begin{cases} \min f(x) \\ c_i(x) = 0,\ i = 1,\ 2,\ \cdots,\ m \\ c_i(x) \geqslant 0,\ i = m + 1,\ \cdots,\ p \end{cases} \tag{5.3}$$

这里 $c_i(x)$、i 是约束函数；$c_i(x) = 0, i = 1,2,\cdots,m$ 为等式约束；$c_i(x) \geqslant 0$，$i = m+1,\cdots,p$ 为不等式约束。

式（5.3）是最优化问题中，约束最优化问题的一般表现形式。只有等式约束时，

$$\begin{cases} \min f(x) \\ c_i(x) = 0,\ i = 1,\ 2,\ \cdots,\ m \end{cases} \tag{5.4}$$

称为等式约束最优化问题。

只有不等式约束时，

$$\begin{cases} \min f(x) \\ c_i(x) \geqslant 0,\ i = 1,\ 2,\ \cdots,\ m \end{cases} \tag{5.5}$$

称为不等式约束最优化问题。如果既有等式约束，又有不等式约束，则为混合约束问题。

由于式（5.1）中，不同函数具体性质不同，复杂程度也不同，因此最优化问题也分为许多不同的类型。根据决策变量 x 的取值是离散还是连续，最优化问题可以分为离散最优化即组合最优化，与连续最优化。组合优化包括资源配置、整数规划、生产安排、邮路问题等。相比连续最优化问题，离散最优化问题求解难度更大。而根据函数是否光滑，连续最优化问题又可分为光滑最优化，即函数无穷阶可导，和非光滑最优化。对于光滑最优化问题，根据函数是否是变量 $x = (x_1, x_2, \cdots, x_n)^T \in R^n$ 的线性函数，可分为线性规划和非线性规划。

我们使用最优化理论和方法，解决工程和科学中的具体问题时，一般分为两个步骤：

（1）建立数学模型。先分析研究要解决的具体问题，并加以简化，形成最优化问题。

（2）进行数学加工，并求解。该过程包括以下几个小步骤：

- 整理并变换最优化问题，使之变为容易求解的形式；
- 选择或提出合适的计算方法来解决问题；
- 写相关的程序或代码，利用计算机求解；
- 对所得结果进行分析，看是否与实际相符。

解决最优化问题时，关键是第二个步骤中的优化算法。优化算法，即为一种搜索解空间的过程，是基于某种思想的，通过一定的规则获得满足要求的解。

5.1.2 优化算法

工程中常用的优化算法可分为很多种。从优化机制及行为角度来划分的话，优化算法可分为经典算法、改进型算法、构造型算法、基于系统动态演化的算法和混合型算法等。

（1）经典算法。这类算法是最早出现的，包括一些传统算法，如整数规划、线性规划、分枝定界、动态规划等。这类算法的计算量都很大，在工程中往往不太实用，只能求解小规模的问题。

（2）构造型算法。这类算法是通过构造建立解，虽然求解速度较快，但优化质量比较差，不能满足大部分工程的需要。如 Palmer 法、Johnson 法、Gupta 法、Daunenbring 法、NEH 法、CDS 法等。

（3）改进型算法，也称为邻域搜索算法。这类算法的思想是从任意解出发，通过邻域搜索操作和替换当前最优解操作进行查找。根据搜索行为，又分为局部搜索法、指导性搜索法。

局部搜索法。它是指在当前的解邻域中以局部优化策略进行贪婪搜索，例如爬山法，是把优于当前的解状态作为下一个当前解；最陡下降法是把当前解的领域中的最优解当作下一个当前解等。

指导性搜索方法。它是指为了得到整个解空间中的较优解，应用一些相应的指导规则进行指导搜索，例如禁忌搜索（TS，Tabu search）、遗传规划（GP，Genetic programming）、DNA 算法、进化策略（ES，Evolution strategy）、进化规划（EP，Evolution programming）、遗传算法（GA，Genetic algorithms）、模拟退火（SA，Simulated annealing）等。

（4）基于系统的动态演化方法。它是把优化的过程转为系统的动态演化过程，通过系统的动态演化来完成优化，例如混沌搜索算法等。

（5）混合型算法。它是指以上各种算法在操作或者结构上相互混合从而生成的各种算法。

由于经典算法和构造型算法已经无法满足当前的工程需要，对这些算法的研究已经很少见，当前优化算法研究的焦点便主要集中在系统动态演化方法和指导性搜索方法以及其他混合算法，研究热点为以遗传算法为代表的进化计算方法。而在研究中新的优化算法也不断出现，如群智能、人工免疫算法、EDA

算法、DNA 算法等。

传统的基于梯度的算法对于有多个极值点、非凸、高维并在最优值的附近有许多次优解的多模态函数的优化上，往往求得的解都不理想，禁忌搜索方法和模拟退火算法等传统的搜索算法“爬山能力”比较弱，有时一次只能不确定地去搜索一个极值点，易于陷进局部最优。所以对于多模态函数的优化问题成为优化领域中的一个研究热点和难点。近几十年中，遗传算法在函数优化的研究及应用领域中得到了广泛的发展，它是一种崭新的、在模拟生物进化的过程中进行随机的搜索、优化的方法，在解决很多典型的问题上展示了优越的效果和性能。虽然遗传算法具有全局搜索和概率选择的特点，但是因为交叉算子在配对机制上是随机进行的，这可能会导致在各个峰值附近，个体进行交叉后，双方偏离自己的峰点。并且在搜索的过程中，将会不断地淘汰适应度小的极值点，所以要同时搜出多个峰值是很困难的，从而会收敛在一个模态中。对于优化过程中的各种问题，研究员一方面希望可以对现有的遗传算法进行不断改进，另一方面也希望开创新思路，尝试用新生物学来构建新的算法模型基础。在免疫计算智能的发展过程中，免疫系统具有分布式、自适应、自学习、多样性以及自动调节等特点，这使得基于免疫机制的算法在局部、整体搜索能力上都有很强的优势。所以这类算法在机器学习、数据挖掘、模式识别、组合优化及函数优化等方面的应用是非常之广泛的。

以遗传算法、模拟退火算法（SA）、蚁群算法（ACA）等为代表的智能优化算法也成为解决组合优化问题上的重要方法，并且广泛地应用到了工程应用的领域中。虽然智能优化的算法在鲁棒性、并行性上有很好的优势，但在当前仍然需要对一些问题进行进一步的研究：第一，这些算法虽然在研究方法、研究内容与结构上有极大相似之处，但是数学理论基础不够完善，很多都处于仿真阶段；第二，在算法框架结构上不够完备，在分析算法中操作算子作用机理和作用效果不够充分，设置算法参数时无确切的理论基础，往往根据经验来确定，并且因为研究的侧重点和机制不同，研究成果不集中。在优化流程中，智能优化算法具有极大相似性，因此采用算法间混合，在效率和性能上来弥补单一算子的不足。混合最优化算法的应用前景非常广阔，常见的有遗传算法与人工神经网络结合、模拟退火算法与遗传算法结合、遗传算法与免疫算法结合、蚁群算法与免疫算法结合等形式。工程应用也表明，相对单一算法，混合最优化算法更为有效。目前，混合算法面临的问题主要在于怎样将单一算法耦合，从而得到有效、合理的混合最优化算法。现在智能优化算法的理论根据来自于模拟某种现象，所以其相关的数学分析及数学基础都很薄弱。即使得出一些结论，由于过于粗略或者不能有效地解释算法行为，因而在结论上缺乏普遍性的指导意义。这类情况主要体现在对算法参数选择和分析收敛性方面。在有限的系统资源前提下，智能优化算法在优化问题上的应用需要解决的关键问题是怎样提升算法的收敛速度和全局优化的能力。

5.1.3 聚类问题

聚类可看作是一种特殊的优化。它在解空间中指导性地搜索特定的中心点和数据点，这些点满足这样的条件，使以这些中心点和数据点为划分依据而得到的类簇，最能反映数据集合的内在模式，即类簇中的各个点到聚类中心的距离之和最小。聚类也是一个重要的研究方向，可以识别抽取数据的内在结构。其应用范围包括：字符识别、语音识别、分割图像、信息检索、数据压缩等。Everitt 给出了聚类的定义：属于同一类簇内的实体是相似的，而属于不同类簇的实体是不相似的；一个类簇是问题空间中点的聚集，同一类簇的任意两个点间的距离小于不同类簇的任意两个点间的距离；类簇可以描述为一个连通区域，该连通区域包含的点集密度相对较高，通过周围密度相对较低的区域，与其他类簇相区别。实际上聚类是一种无监督分类，不像分类会有一些先验知识。聚类可描述如下：

令 $U=\{p_1,p_2,\cdots,p_n\}$ 表示一个实体集合，p_i为第 i 个模式，$i=\{1,2,\cdots,n\}$；$\cap$，$t=1, 2, \cdots, k$，C_t为某一类簇，可表示为，$C_t=\{p_{ij} \mid i=t, 1\leqslant j\leqslant w\}$；$pr(p_{mu}, p_{rv})$，其中 m、u、r、v 为任意整数，第 1 个下标（m，r）为模式所属的类，第 2 个下标（u，v）为类中任一模式，函数 pr 用来表示模式间的相似性距离。若各个 C_t为聚类结果，则这些 C_t应符合：

（1）$\bigcup_{t=1}^{k} C_t = U$

（2）对于 $\forall C_m$，$C_r \subseteq U$，$C_m \neq C_r$，有 $C_m \cap C_r = \varnothing$（仅限刚性聚类）

$MIN\forall P_{mu} \in C_m$，$\forall P_{rv} \in C_r$，$\forall C_m$，$C_r \subseteq U\&C_m \neq C_r[pr(P_{mu}, P_{rv})] > MAX\forall P_{mx}$，$P_{my} \in C_m$，$\forall C_m \subseteq U[pr(P_{mx}, P_{my})]$

第一个条件的含义为各个类簇 C_t的并集构成了整个模式的集合；第二个条件的含义为任意两个不同类簇 C_m、C_r中的模式 p_{mu}、p_{rv}，其距离大于同一类簇中的两个模式 p_{mx}、p_{my}的距离。

典型的聚类过程主要包括准备数据、选择特征和提取特征、计算相似性、聚类、评估聚类结果是否有效等步骤。

聚类过程：

（1）准备数据：包括把数据特征进行标准化等，高维数据可以降维。

(2) 选择特征：数据特征可能比较多，也可能有些特征不重要，属于冗余特征，因此需对特征进行选择并存储。

(3) 提取特征：对于选择的特征执行转换操作，以突出某些特征。

(4) 聚类：在聚类前，需选择或构造适当的距离函数，好度量相似程度；然后执行聚类。

(5) 评估聚类结果：判断聚类结果是否有效。

5.1.4 聚类算法

目前，没有任何一种聚类技术（聚类算法）可以普遍适用于揭示各种各样的多维的数据集展现出的多样性结构。聚类算法的分类方法有很多，大体可以分为基于密度和网格的聚类算法、划分式聚类算法、层次化的聚类算法和其他聚类算法，这些聚类算法是依据数据在聚类里面的积聚规则和应用规则方法来划分的。

层次化的聚类算法又称为树的聚类算法，它应用数据时间联接的规则，透过一种基于层次架构的方式，重复将数据进行聚合或分裂，从而形成一个基于层次序列聚类的问题解。如传统层次聚类算法、Gelbard 等人于 2007 年提出一种正二进制（Binary-positive）方法，这种方法是一种新的基于层次聚合的算法。同年，Kumar 等人提出一种基于不可分辨粗聚合的层次聚类算法 RCOSD，这种算法是面向连续数据的。

划分式聚类算法要求事先指定聚类中心或聚类数目，经过反复进行迭代运算，逐渐缩小目标函数误差值，在目标函数值达到收敛时，获得最终的聚类结果。如较著名的了 K 均值聚类算法（K-means 算法）及其改进算法。

模式聚类算法是通过基于块分布的信息来实现；基于网格的聚类算法，是使用网格结构，通过矩形块来划分值空间，围绕模式进行组织；在基于密度的聚类算法中发现任意形状类簇，是通过数据密度（单位范围内实例数）来实现的。基于网格的聚类算法经常和其他的方法结合，尤其是和基于密度的聚类方法结合。2001 年，Zhao 和 Song 给出网格密度等值线聚类算法 GDILC。2005 年，Pileva 等人提出一种用于大型、高维空间数据库的网格聚类算法 GCHL 等。

其他聚类算法为一些基于自然计算的聚类算法，如基于蚁群系统的数据聚类算法 ACODF、基于遗传算法的聚类方法、基于免疫进化的聚类算法、基于克隆选择的聚类算法、基于免疫网络的聚类算法、基于基因表达式编程的聚类算法及基于混合智能方法的聚类算法等。

Bhuyan 和 Jones 较早提出把遗传算法应用于聚类分析的领域，自此以后学术界取得的很大一部分成果都来自遗传算法与传统聚类算法相结合。传统的聚类算法，如 k-means 算法具有对初始值敏感且容易陷入局部最优的缺点，引入遗传算法后，在一定程度上克服了这两个问题。李洁等人利用遗传算法优化聚类的目标函数，处理具有混合特征的大数据集，实验表明该方法获得全局最优解的概率大大增加了。PSO 的主要应用领域是函数优化和组合优化等问题，在聚类领域的应用并不十分突出。与遗传算法类似，PSO 在聚类领域的应用也主要是与 k-means 或其变体算法结合，如刘靖明提出的 PSO 与 k-means 的混合算法。Chiu 等为了加强蚂蚁聚类算法的性能，引入了人工免疫系统，提出了基于免疫的蚂蚁聚类算法——IACA。该算法利用蚂蚁聚类算法形成最初的聚类结果，再用免疫的机制去微调所得到的簇，形成一个两阶段的聚类算法。Niknam 等把 PSO、蚁群优化算法与 k-means 结合用于聚类分析，取得了比单独用某些算法甚至是某些混合算法还好的效果。

5.2 免疫网络理论研究

5.2.1 Jerne 独特型免疫网络

通过对现代免疫学中的抗体分子的独特型的认识，以及对 Burnet 的克隆选择理论的理解，N. K. Jerne 提出了一个著名的假说，被称为“独特网络假说”，具有很大影响力，之后很多模型都是基于这个假说的。该假说认为生物免疫系统中，抗体和淋巴细胞，它们并不是互相独立的、不同种类的抗体，或淋巴细胞之间存在相互的作用，可以相互传递信息；且网络也不是一直固定不变的，而是在连续变化中。抗体能够识别抗原上的抗原决定基，同时抗体也能识别其他抗体的决定基，被称作 *idiotopes*，一类 *idiotopes* 被称作独特性（Idiotype，Id）。若抗原 Ag 被某抗体 Ab_1 识别，而 Ab_1 的独特性也被 Ab_2 上抗体的结合部位（Paratope）识别，Ab_2 便被称作抗独特性（Anti-idiotype）。Ab_2 又被 Ab_3 识别，依次类推，这样构成了抗体之间互相作用的免疫网络，记为独特性网络。

独特性网络的重要特征包括：在网络中，即使抗原不存在，抗体间的相互作用仍然存在。若网络中某一类类别的抗体太多，那么它会受到其他类型抗体的抑制，从而导致整个的免疫系统接近平衡，同时还可以抵御抗原的侵入。独特性免疫网络理论，从一个新的视角来解释自体识别、免疫应答、免疫调节、免疫记忆等现象。尽管该网络的机制还不十分清楚，但其已被实验证明的确存在；并且人们能够方便地使用数学工具，建立人工免疫系统模型。

Jerne 构建了如下简单网络模型。在模型中只考虑免疫细胞。假定网络中有 n 种类型的免疫细胞，它们之间相互作用。因此第 i 种细胞，其数量 C_i 随着时间的变化，满足如下微分方程：

$$\frac{dC_i}{dt}=C_i\sum_{j=1}^{n}f(E_j,\ K_j,\ t)-C_i\sum_{j=1}^{n}g(I_j,\ K_j,\ t)+k_1-k_2C_i \tag{5.6}$$

式（5.6）中，k_1 和 k_2 分别表示任意细胞出生率及死亡率。函数 f、g 分别表示第 j 种细胞与第 i 种细胞的激励作用和抑制作用。E_j 是被第 i 种细胞所识别的 *idiotopes*，而 I_j 是第 i 种细胞被第 j 种细胞所识别的 *idiotypes*。K_j 为关联参数。

表 5.1 描述了一个较通用的基于独特性网络的免疫算法的基本流程。

表 5.1　　独特性网络算法基本流程

```
初始化网络种群；
While 收敛准则不满足 do
Begin
  While not 全部抗原搜索结束 do
  Begin
    把抗原与网络中的细胞一一比较；
    在网络中的细胞之间进行比较；
    在网络中加入新细胞，并把无用细胞删除；
    计算网络中细胞受激程度；
    根据受激程度，更新网络的结构和参数；
  End；
End。
```

Varela 等发展了独特性网络理论，提出了 3 个重要的概念：结构（Structure）、动力学（Dynamics）和亚动力学（Metadynamics）。结构是指网络各个部分间相互的连接模式，比如用连接矩阵表达一种结构。动力学指的是免疫细胞的亲和力和浓度等随时间变化而动态改变。亚动力学指的是网络组成能够改变，有新元素进入网络又有旧元素离开网络。

Verala 模型的基本假定为：

（1）只考虑 B 细胞和其产生的自由抗体，同一类型细胞和抗体被称为一种克隆，或称独特性。抗体只能由成熟的 B 细胞产生。

（2）不同类型的克隆之间，其作用由一个连接矩阵 m 表达，矩阵中取值 0 和 1。

（3）有新的 B 细胞在不断产生，同时也有老的 B 细胞不断死亡，其成熟、繁殖的概率需依赖于各克隆类型的交互作用。

Verala 模型主要包括两个方程：

$$\frac{df_i}{dt} = - k_1 \sigma_i f_i - k_2 f_i + k_3 Mat(\sigma_i) b_i \tag{5.7}$$

$$\frac{db_i}{dt} = - k_4 b_4 + k_5 Prol(\sigma_i) b_i + k_6 \tag{5.8}$$

式（5.7）和式（5.8）中，f_i和b_i表示第i种克隆包含的自由抗体数量和B细胞数量，参数k_1表示由于抗体间的作用导致的死亡率，k_2表示抗体的自然死亡率，k_3表示成熟B细胞产生抗体的速率，k_4表示B细胞死亡率，k_5表示B细胞繁殖率，k_6表示骨髓中产生的新的B细胞。

σ_i 表示第i种克隆对抗体网络敏感度值，即

$$\sigma_i = \sum_{j=1}^{n} m_{j,i} f_j \tag{5.9}$$

式（5.9）中，$m_{j,i}$为第i种克隆及第j种克隆，两者亲和力的作用取布尔值，有则为1，没有则为0。函数Mat（）和$Prol$（）分别为成熟函数、繁殖函数，其形状均类似“长钟”。这说明，对不足或过量的敏感程度都会抑制B细胞的分化。

Verala 模型为连续的免疫网络模型。此外，还有离散的免疫网络模型，它们或者是基于微分方程的集合，或者是基于免疫细胞种群自适应的不断迭代。离散模型包括三个优点：

（1）不仅可以改变免疫细胞或免疫分子的数量，而且还可以在形态空间上改变其形状，以改进其亲和力。

（2）可以处理系统以及外部环境（抗原）之间的互相作用，而对一些连续的模型来说，它们没有考虑抗原的相互刺激。

（3）实现起来相对容易。

在离散模型中，最著名的为 Timmis 提出的资源受限人工免疫网络模型（RLAIS）和 Von Zuben 与 de Castro 提出的免疫网络学习算法（aiNet）。

5.2.2 aiNet 网络模型

2000 年，de Castro 和 Jon Timmis 提出了免疫网络学习算法，该算法简称为 aiNet。简单来说，aiNet 可以看作是一个图，该图是带权的且不完全连接的。其中包括一系列节点，即抗体；同时还包括很多节点对集合，表示节点间的相互作用（联系），每个联系都赋有一个权值（连接强度），表示节点间的亲和

力（相似程度）。

系统目的为：对于给定的抗原集合（训练数据集合）$X=\{x_1, x_2, \cdots, x_N\}$，$N$ 为抗原集合大小，x_i（$i=1, 2, \cdots, N$）为抗原个体长度为 L，找出这个集合中冗余的数据，实现数据压缩。其基本机制为人工免疫系统中的高频变异、克隆扩增、克隆选择和免疫网络理论。aiNet 现已成功应用于很多领域，如数据压缩、数据挖掘、数据聚类、数据分类、特征提取及模式识别等。

下面简要介绍一下 aiNet 的基本原理。

1. 问题域和亲和力表示

模型使用形态空间理论，则全部免疫事件都在这个形态空间里发生。在数学上，抗原 Ag 和抗体 Ab 都表示为一个长度为 L 的串或一个 L 维的向量，之间的联系表示为一个连通图。与免疫网络模型相同，该模型不区分免疫细胞、抗体。抗原和抗体，或抗体之间的相似度表示为其间的几何距离。抗原和抗体的亲和力与其相似度成反比。

2. 调节机制

在模型中，抗体通过相互竞争来获取生存权利，而竞争是通过亲和力来衡量的。当免疫细胞（抗体）与抗原的亲和力较高时，免疫细胞通过克隆选择原理发生克隆增殖和克隆分裂。同时，当免疫细胞与抗原的亲和力较低时，将会自然死亡。同时，系统中的抗体也会互相识别，从而产生网络抑制作用，也就是删除那些能够识别自我的抗体，也就是那些彼此太相似的抗体。当网络学习结束后，网络中存在的个体即为记忆抗体，这些个体即为训练数据群体的压缩形式。记忆抗体的数量与训练数据群体的特性和抑制阈值 σ_s 有关，σ_s 可以对记忆抗体集合大小进行控制。

该模型通过以下机制来学习抗原模式：

（1）随机产生网络种群，种群中的抗体都用固定长度的字符串表示。

（2）把训练数据集合中的全部数据，也就是抗原，一个一个提呈给网络进行学习。每次学习时，抗原需与网络中的全部抗体进行接触，并计算亲和力。

（3）选择一定数量的高亲和力的抗体，对其执行免疫克隆操作，克隆的数目与抗体的亲和力成正比。然后，克隆体发生变异，变异率与抗体的亲和力成反比。最后，在原抗体与克隆体集合组成的临时集合中，选择亲和力高的抗体，并把它作为记忆抗体加入网络。

（4）把记忆抗体加入网络时，还需要对网络做些调整，即删除距离小于一定阈值的抗体。同时，随机产生一定比例的新抗体加入网络，取代网络中亲和力较低的抗体。

3. 算法描述

表 5.2 描述了 aiNet 的算法流程。在 aiNet 中，每一个受刺激抗体进行克隆操作的数目 N_c 通过式（5.10）计算而来。

$$N_c = \sum_{i=1}^{n} round(N - D_{ij} \cdot N) \tag{5.10}$$

其中，N 是网络中的抗体数量，$round$（）是四舍五入函数，D_{ij} 是抗体 j 和抗原 i 间的距离。在 aiNet 的算法流程中使用参数如下：

Ab：抗体集合（$Ab \in SN \times L$，$Ab = Ab_{\{d\}} \cup Ab_{\{m\}}$）。

$Ab_{\{m\}}$：记忆抗体集合（$Ab_{\{m\}} \in Sm \times L$，$m \leqslant N$）。

$Ab_{\{d\}}$：加入网络的抗体集合（$Ab_{\{d\}} \in Sd \times L$）。

Ag：抗原集合（$Ag \in SM \times L$）。

f_j：表示抗原 Ag_j 与所有抗体 Ab_i（$i=1, \cdots, N$）亲和力向量，抗体与抗原的亲和力与它们之间的距离成反比。

S：存储记忆抗体相似性的矩阵。

C：抗体 Ab 的克隆体集合（$C \in S N_c \times L$）。

C^*：抗体 Ab 的克隆体变异后的集合。

d_j：C^* 中的全部抗体与抗原 Ag_j 亲和力向量。

ξ：选择成熟抗体进行克隆操作的比例。

M_j：抗原 Ag_j 的记忆抗体（即 C^* 中经过克隆抑制剩下的抗体）。

M_{j*}：最终剩下的 Ag_j 的记忆抗体。

σ_d：抗体自然死亡阈值，即网络更新比例。

σ_s：抗体抑制阈值，即距离小于该阈值的抗体将被删除。

表 5.2　　aiNet 算法流程

For（每一个学习周期）do
Begin
For（数据集合中的每一个 Ag_j）do
Begin
　计算 Ag_j 和网络中的全部抗体的亲和力 f_{ij}，$i=1, \cdots, N$；　/* $f_{ij} = 1/D_{ij}$，$D_{ij} = \| Ab_i - Ag_j \|$，$i=1, \cdots, N$ */
　亲和力高的 n 个抗体被选中，组成抗体子集 $Ab_{\{n\}}$；
　对这 n 个抗体进行克隆操作，产生一个克隆集合 C；
　对集合 C 进行变异操作，产生集合 C^*；/* $C_{k*} = C_k + \alpha_k (Ag_j - C^k)$，$\alpha_k$ 正比于 $1/f_{ij}$，$k = 1, \cdots, N_c$，$i = 1, \cdots, N$ */

表5.2(续)

For（集合 C^* 中全部抗体）do 　计算 Ag_j亲和力 $d_{kj}=1/D_{kj}$； 选择 C^* 中 $\xi\%$的高亲和力抗体，加入 M_j中； 消除 M_j中所有 $D_{kj}>\sigma_d$的克隆； 计算克隆矩阵中抗体之间的亲和力 s_{tk}，并消除所有太相似的 $s_{ik}<\sigma_s$的抗体； 将 M_j中最终剩下的克隆加入网络； End； 计算 $Ab_{\{m\}}$ 中所有的记忆抗体之间的亲和力，并消除过于相似的 $s_{ik}<\sigma_s$； 选取一定的新的随机抗体加入网络； End。

网络的输出可以看作是一个记忆抗体集合（$Ab_{\{m\}}$）和一个亲和力矩阵 S，其中抗体矩阵就是数据的压缩形式，而亲和力矩阵 S 决定了网络中各个抗体之间的联系。

5.2.3 RLAIS 网络模型

5.2.3.1 RLAIS 网络模型

Timmis 等人于 2000 年提出了 ALNE 网络模型的改进模型，称其为资源受限人工免疫网络 RLAIS，其基本结构与 ALNE 模型的结构相似，但更具通用性。

RLAIS 的免疫机制如下。

1. 数量控制

在生物免疫系统中，免疫细胞的数量是有限的，在免疫应答的时候，免疫细胞的数量会呈指数级增加，但是达到一定的峰值就会趋向平衡。一旦抗原被消除，免疫细胞就会减少到平常的水平。免疫细胞之间的相互竞争，最具有识别功能的免疫细胞被留下，而其他的被消除。RLAIS 设定系统的资源是有限的，里面的 B 细胞需要通过竞争来获得生存。

2. 动态调节

在生物免疫系统中，在进行初次应答时，系统采用了克隆选择原理和高频变异机制来进行学习识别，最后会留下一定数量的记忆细胞，用来进行二次应答。RLAIS 系统的网络同样使用克隆选择和高频变异机制。因为使用克隆和变异，网络中的节点数的变化会有较大的差异，当应答结束达到一个平稳阶段时，模型通过控制数量保证系统中的资源数目维持在一个稳定的水平。当然，每次应答结束后还是有一些参数不同，比如，识别球之间的互相连接、识别球的刺激水平等。

3. 识别球

识别球的概念来自形态空间理论。Perelson 认为有限的抗体可以识别无限多的抗原，也就是说，一个抗体可以识别一定范围内的抗原。RLAIS 根据这种理论发展出了人工识别球的概念。每一个网络中的识别球都可以代表一类 B 细胞，是一个 B 细胞集合，也就是说，系统中没有明确的 B 细胞概念。

RLAIS 的基本思想如下。

RLAIS 由一定量的识别球（ARB）和识别球之间的相互联系构成。每个 ARB 通过竞争可以获取不定数量的 B 细胞（B 细胞数目有上限值），系统中的 B 细胞数量是有限的，ARB 获得 B 细胞是通过刺激水平（由一定函数计算）来竞争的。如果 ARB 没有获得 B 细胞，那么这个 ARB 将会被消除。

系统持续不断地训练数据，最终获得数据代表（记忆 ARB），这相当于获得了数量的分类或压缩形式。

系统在学习时，为了获得数据压缩形式，并且保持数据的多样性，采用了克隆选择和高频变异。系统能够在某个特定条件下结束，也可以持续不断地进行学习。新数据进入网络，能够被系统记忆，而旧数据集合出现在当前系统中，不会影响当前压缩的数据形式。换句话说，系统一旦记住了一个强模式，那么这个模式就不会被遗忘。所以系统能够维持持续学习的能力，但是会导致压缩的数据过于庞大。

前面阐述了模型的整体结构和过程，表 5.3 为模型的算法描述。

表 5.3　　RLAIS 算法流程

```
初始化；        /* 从抗原集合中随机选取一个子集作为最初的 ARB 集合 */
载入一定的抗原，作为最长的训练集合；
For（训练集合里的每一个抗原）do
Begin
  For（网络中的每一个 ARB）do     /* 克隆选择和网络关系 */
  用刺激函数计算它的刺激水平；
  用资源分配机制把 ARB 中具有较低刺激水平的 ARB 消除；   /* 动态调节 */
  For（所有的 ARB）do
  Begin                                  /* 克隆扩张 */
      选取较高刺激水平的 ARB；
      依据 ARB 的刺激水平复制扩张；
  End;
  For（具有较高刺激水平的 ARB）do   /* 高频变异 */
    根据 ARB 的刺激水平对其进行成反比的变异复制；
  For（变异的 ARB）do
    选择和网络中 ARB 的亲和力低的识别球 ARB 进入网络；
End。
```

5.2.3.2 RLAIS 的改进模型

RLAIS 虽然在试验测试方面获得了良好的结果，但是仍然存在一些缺陷，如维持多样性方面、快速适应能力及抗干扰能力等方面，因此许多研究人员对该模型做了一些改进。

Nasraoui 提出了一个在调节性、鲁棒性和可计算性方面更好的改进模型(Scalable artificial immune system model-SAISM)。该模型在网络刺激和刺激水平和抑制中使用了时间因子，并且在每次学习过程中，都会更新识别范围和刺激。

Neal 针对 RLAIS 存在的缺陷，如资源控制方式是集中式而不是分布式的，每次学习都会对 ARB 的状态造成较大影响（过于敏感），多次循环后可能会导致系统衰败，没有在系统中考虑时间因子（即系统对时间的改变没有感觉，只对训练的数据集合有感觉），等等，对 RLAIS 做了些改进，提出了自稳定人工免疫系统（Self stabilizing artificial immune system-SSAIS）系统。SSAIS 比起 RLAIS 最大的不同就是改进了资源限制的方式，每个 ARB 通过一定机制限制自己的 B 细胞数量。同时在其他方面，比如资源分配的机制，刺激函数、数量控制的机制和克隆的机制，都做了些改进。Neal 在 *meta-stable memory in an artificial immune network* 中提出的算法实际上是 SSAIS 的简化版，用来说明网络的自我组织、自我限制的特性和形成的网络结构的稳定性，该算法删除了随机变异的操作。

P. Ross 和 E. Hart 提出的 SOSDM 系统，参照了 SDM（Sparse distributed memories）和免疫系统之间的相似性。该方法和其他方法不同之处在于：它在表示数据方面采用了二进制串，而其他一般的数据压缩算法在表示数据上采用的是实数。该方法有良好的可扩展性，具有线性复杂度，同时避免了诸多类似模型遇到“胜者为王”局面（即网络中最终只有较优的几种节点）的弊端。

5.2.4 opt-aiNet 优化算法

de Castro 和 Jon Timmis 于 2002 年提出了一个 aiNet 的优化版本，简记为 opt-aiNet。这个算法的特点是能够动态调整群体中个体的数目；每间隔一段时间，类似的个体互相抑制，只保存一个，从而保证仅有一个个体落在每个峰点上；采用克隆选择亲和力成熟的机制是其关键部分。算法中群体中的个体用网络细胞代表，用实数向量代表，适应度表示成等待优化的目标函数，亲和力表示成两个个体间的欧氏距离。这个算法可以用表 5.4 描述。

表 5.4　　　　　　　　　　opt-aiNet 算法流程

```
初始化，随机地在定义域内生成初始群体（群体的规模无足轻重）；
While（终止条件未达到）do
Begin
  While（种群平均适应度相对上一次的变化值大于指定值）Do
  Begin
    计算每一个个体 Ab_i 的适应度 f_i；
    对进行每个个体克隆相同的数目 N_c，称为克隆群 C；
    对 C 进行变异得到 C*；
    计算 C* 中每个变异克隆的适应度；
    对每个变异克隆群选择具有最高适应度的个体，组成一个新的种群；
    计算该种群个体的平均适应度；
  End；
  计算种群中任两个个体的距离 s_ik，对 s_ik<σ_s 的个体，只保留一个；
  随机产生新个体加入种群。
End。
```

opt-aiNet 算法包括两层循环。首先是第一层循环，在目标函数的可行域或定义域内，植入特定数量的抗体（即实值向量），构成人工免疫网络。之后进入第二层循环，为了获得局部的最优解，对网络中的每一个抗体执行克隆选择。具体过程是：第一步通过增殖复制算子去克隆特定数量的抗体；其次每一个克隆体使用变异算子执行变异，并且在克隆体的种群中保存一个没有发生变异的抗体；最后挑选具有最高适应度的克隆体，如果这个克隆体适应度高于原来抗体的适应度，那么这个抗体将取代原始抗体。该过程持续到前面一代抗体的平均适应度和当前抗体的平均适应度相近为止，这时网络趋于稳定。此时跳出第二层循环。当网络达到稳定时，使网络中的每个抗体相互作用，当经过否定选择后，若抗体的亲和力低于预先设定的抑制阈值，其余的抗体就记作记忆单元遗留下来。最终再随机性地引进新抗体，重复上述过程，一直到满足收敛条件时停止，算法结束后保留下来的记忆抗体就是我们搜索获得的局部最优解。

5.3 基于免疫网络的优化算法研究

基于免疫网络的优化算法采用了免疫学原理中的克隆选择原理和免疫网络原理。在优化算法中，将优化问题中待优化的问题对应免疫系统中的抗原，将问题的解对应免疫系统中的抗体（免疫细胞），解的质量对应抗体和抗原的亲和力，求优化问题的可行解即为免疫系统中免疫细胞识别抗原、进行免疫应答的过程。因此免疫系统中的进化链，抗体群→免疫选择→克隆→变异→抑制→产生新抗体→更新抗体群，可以抽象为数学上的寻优过程。设计的关键是保证算法对解空间的勘探（全局搜索）与开采（局部搜索）能力。

opt-aiNet 优化算法为 aiNet 算法的优化版本，该算法在克隆选择算法的基础上引入了免疫网络原理的抑制机制，采用距离阈值来抑制抗体的相似性，未引入浓度机制，因而不具有一般性；而且只有抗体繁殖的克隆群体经过突变后的平均适应度与原克隆群体的平均适应度差异不大时才进入下一操作，这使隐含的内循环计算量加大，增加了可行解的评价次数。该算法的收敛条件为记忆种群数量不变，可能会导致算法早熟，因此有待进一步考虑提出合理且有效的一般性免疫算法。

5.3.1 流程描述

本书融合克隆选择理论及免疫网络理论，提出了基于免疫网络的优化算法的一般流程，简要描述如表 5.5 所示，图表描述如图 5.1 所示。

表 5.5　　基于免疫网络的优化算法的一般流程

步骤 1：初始化，在定义域内随机产生初始种群。
步骤 2：计算种群中的每个抗体的亲和力、浓度及刺激水平。
步骤 3：如果满足终止条件，则程序结束。否则，根据刺激水平，选择种群中的优质个体进行克隆，使其活化。
步骤 4：对克隆副本进行变异，使其发生亲和力突变，亲和力越低，变异率越高。
步骤 5：执行克隆抑制，选择每个克隆群体中的优质个体组成网络。
步骤 6：执行网络抑制，更新种群。
步骤 7：随机生成新抗体加入网络，跳转到步骤 2。

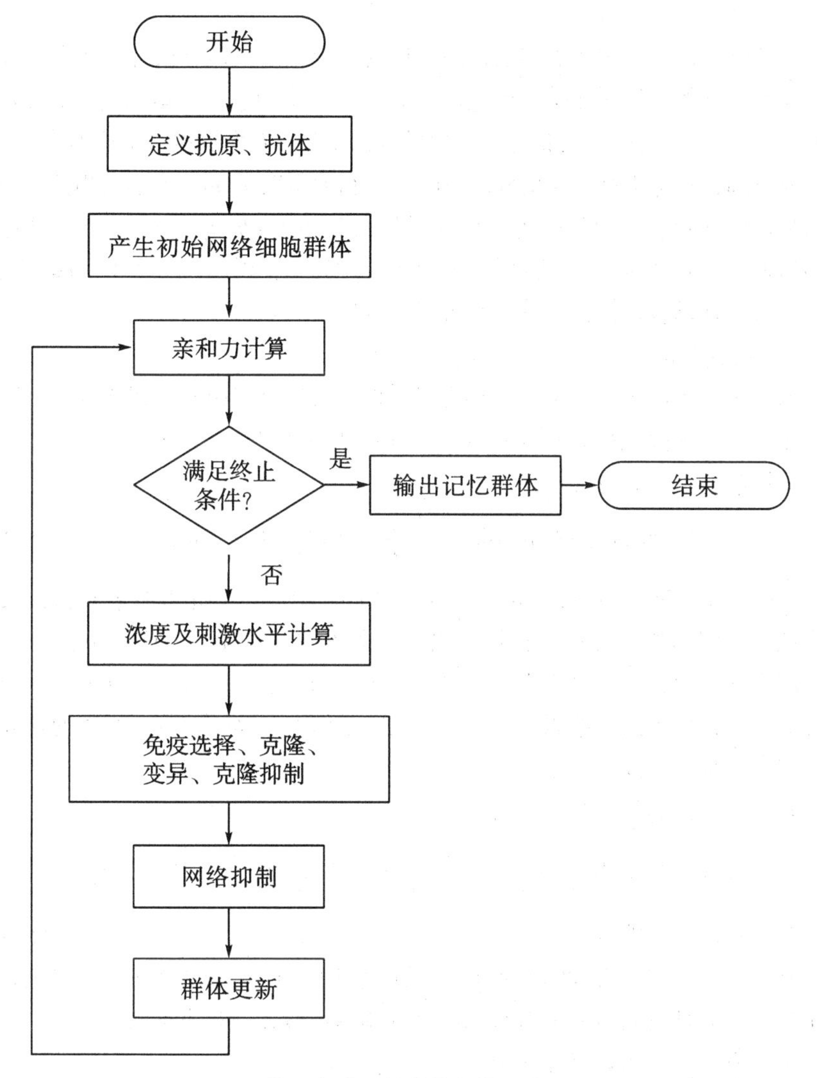

图 5.1　基于免疫网络的优化算法的一般流程

5.3.2　算子描述

由基于免疫网络的优化算法的基本流程可以看出，其算法也是靠操作算子来实现的。基于免疫网络的优化算法的算子包括：亲和力评价算子、浓度评价算子、刺激水平计算算子、免疫选择算子、克隆算子、变异算子、克隆抑制算子、网络抑制算子、种群更新算子。由于算法的编码方式可能为二进制编码、实数编码、离散编码等，不同编码方式下的操作算子也会有所不同。

1. 亲和力评价算子

在免疫机理中，亲和力指抗体与抗原的结合强度，即解相对于问题的适应度，匹配度越大，抗体评价值就越高，通常用一个确定性映射来表示，*affinity* (Ab_i): $S^L \to R$。其中，S 为抗体、抗原的编码空间，L 为抗体、抗原的维度，R 为实数空间，S^L 为所有抗体构成的空间。亲和力函数 *affinity* 的输入为抗体 Ab_i，输出为该抗体的亲和力评价值。根据具体的问题，*affinity*（Ab_i）可以设置成不同的形式。对于函数优化问题，*affinity*（Ab_i）可以设置成具体的函数值；对于组合优化或多目标优化等，它可以设置成更复杂的形式。

2. 浓度评价算子

该算子的作用是为了保持群体的多样性，对群体中相同的解的数目加以限制，通常用一个确定性映射来表示，*concentration*（Ab_i）: $S^L \to R$。

抗体浓度可以表示为：

$$concentration(Ab_i) = \frac{1}{N}\sum_j affinity(Ab_i, Ab_j) \tag{5.11}$$

其中，N 为种群规模，*affinity*（Ab_i, Ab_j）为抗体与抗体的亲和力，表示两个抗体之间的相似程度。根据算法的编码方式，*affinity*（Ab_i, Ab_j）可以使用不同的计算函数。如对于实数编码方式，可采用基于欧氏（*Euclidean*）距离的计算方法；对于离散编码方式，可采用基于海明（*Hamming*）距离的计算方法、基于信息熵的计算方法。

基于欧式距离的计算方法为：

$$affinity(Ab_i, Ab_j) = \frac{1}{dis(Ab_i, Ab_j)} = 1/\sqrt{\sum_{k=0}^{L-1}(Ab_{ik} - Ab_{jk})^2} \tag{5.12}$$

其中，Ab_{ik}、Ab_{jk} 为抗体 i 和抗体 j 的第 k 维的值，L 为抗体维度。可见，当两个抗体在 L 维空间中距离越小，两个抗体越相似，亲和力越大。

基于海明距离的计算方法为：

$$affinity(Ab_i, Ab_j) = dis(Ab_i, Ab_j) = \sum_{k=0}^{L-1} s_k, \quad s_k = \begin{cases} 1 & Ab_{ik} = Ab_{jk} \\ 0 & Ab_{ik} \neq Ab_{jk} \end{cases} \tag{5.13}$$

其中，Ab_{ik}、Ab_{jk} 为抗体 i 和抗体 j 的第 k 位的值，L 为抗体编码总长度。可见，当两个抗体在相同位置的相同编码值越多，两个抗体越相似，亲和力越大。

基于信息熵的计算方法为：

$$affinity(Ab_i, Ab_j) = \frac{1}{1 + H_{ij}(2)} \tag{5.14}$$

其中 H_{ij}（2）为抗体 i 和抗体 j 组成的抗体群的平均信息熵，为：

$$H_{ij}(2) = \frac{1}{L}\sum_{k=0}^{L-1} H_{ijk}(2) \tag{5.15}$$

L 为抗体编码总长度，H_{ijk}（2）为抗体 i 和抗体 j 组成的抗体群第 k 个基因座上信息熵，为：

$$H_{ijk}(2) = \sum_{n=0}^{S-1} - p_{nk} log\, p_{nk} \tag{5.16}$$

S 为离散编码中每一维可能取值的等位基因数目，如二进制编码，则 $S=2$，p_{nk}为抗体 i 和抗体 j 组成的抗体群中第 k 维为第 n 个等位基因的概率。

3. 刺激水平计算算子

抗体的刺激水平是对该抗体的质量的最终评价结果，与抗体和抗原的亲和力、抗体间的相互刺激作用、抗体间的相互抑制作用有关，可用确定性映射来表示，$stimulation$（Ab_i）：$S^L \to R$。抗体与抗原的亲和力越大，抗体的刺激水平就越高；抗体之间的相互刺激作用是一种记忆维持机制，刺激作用越大，抗体的刺激水平就越高；抗体之间存在相互抑制作用是为了保持种群多样性，用浓度来表示，抗体浓度越大，则抗体的刺激水平就越低。

抗体的刺激水平可用下式计算：

$$\begin{aligned} stimulation(Ab_i) = a \times affinity(Ab_i) + b \times [-concentration(Ab_i)] \\ -c \times concentration(Ab_i) \end{aligned} \tag{5.17}$$

其中 a、b、c 为抗体和抗原的亲和力、抗体间的相互刺激作用、抗体间的相互抑制作用的系数。

4. 免疫选择算子

免疫选择算子为根据抗体的刺激水平，在抗体群中选择部分抗体的确定性映射 T_s：$S^{LN} \to S^L$。S^{LN} 为所有抗体群构成的空间，N 为种群大小。选择刺激水平高的一定数目的抗体进行后面的克隆等操作，以便在更有价值的空间进行搜索；对于多峰函数，有可能不同峰值亲和力较低，致使抗体的刺激水平也比较低，这时也可以选择全部抗体，如 opt-aiNet 算法即为种群中的全部抗体进入下一步克隆操作。设 Ab_0 为抗体群 Ab 中亲和力较高的抗体构成的群体 $Ab_{\{n\}}$，按如下概率选择抗体：

$$P[T_s(Ab) = A\,b_i] = \begin{cases} 1 & Ab_i \in Ab_0 \\ 0 & Ab_i \notin Ab_0 \end{cases} \tag{5.18}$$

5. 克隆算子

对抗体子集 $Ab_{\{n\}}$ 进行克隆，可用一个确定性映射来表示，T_c：$S^{nL} \to$

$S^{(Nc*n)L}$。克隆算子模拟了免疫应答中的克隆扩增机制，即当抗体检测到外来抗原时，会发生克隆扩增。可用式（5.19）来表示：

$$T_c(Ab_{\{n\}}) = Ab_{\{Nc*n\}} \tag{5.19}$$

对每个抗体进行克隆操作，克隆的数目 Nc 可以为固定值，也可以动态自适应计算，如

$$Nc=\alpha \text{ 或 } Nc=\alpha\times stimulation(Ab_i) \text{ 或 } Nc=\alpha\times concentration(Ab_i) \tag{5.20}$$

其中 α 为克隆数目参数。

对于固定数目克隆来说，这种策略虽然对增加种群多样性有利，但克隆数的确定是盲目的，存在搜索过程中评估时间增加和收敛困难等缺点。

对于动态自适应克隆来说，减少了搜索过程中个体增加的盲目性，能有效减少个体评估时间，加快收敛速度。

6. 变异算子

对克隆群体 $Ab_{\{Nc*n\}}$ 进行变异，为抗体空间到自身的随机映射，表示为 T_m：$S^L \to S^L$。该算子的作用是使抗体随机改变自身基因，亲和力越小，变异率越大，以产生具有更高亲和力的抗体，增强抗体种群的多样性，实现在邻域内局部搜索。不同的编码方式可采用不同的变异操作。

对于实数编码方式来说，变异操作是在原抗体的 L 维空间位置上加入一个小扰动，使其稍偏离原来的位置，落入原抗体邻域内的另一个位置，实现对原抗体邻域的搜索。实数编码算法变异算子可以描述为：

$$T_m(Ab_{ik}) = Ab_{ik}+rand()\times f[affinity(Ab_i)] \tag{5.21}$$

其中，Ab_{ik}为抗体 Ab_i的第 k 维的值，$f[affinity(Ab_i)]$ 为抗体 Ab_i的亲和力的函数，$rand()$ 为一个随机值发生器，可以采用均匀分布、高斯分布、柯西分布或混沌映射来产生随机序列，如：

$rand()=U(0,1)$

$rand()=N(0,1)$

$rand()=C(0,1)$

$rand()=Ab_{ik}\times\mu\times(1-Ab_{ik})$

其中柯西分布步长较大，取值范围为（$-\infty$，$+\infty$），比较适合大范围搜索和脱离极小区域。它能以较大的概率产生大的变异值，有利于全局搜索，可保证算法在整个解空间内搜索，这对解空间较大的函数特别有利。但当算法到了迭代后期，柯西变异过大的步长很容易逃逸出峰值点的区域。高斯分布步长较小，更适合局部搜索。柯西分布和高斯分布的密度函数如图 5.2 所示。

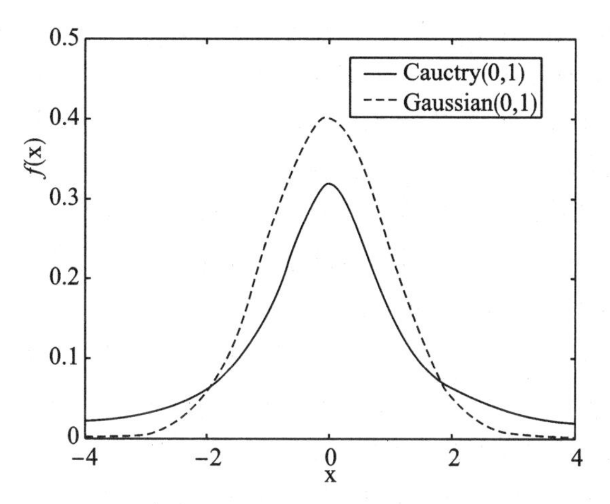

图 5.2　柯西、高斯密度函数分布图

均匀分布能均匀产生［0，1］之间的值。

混沌映射具有遍历性、随机性、规律性的特点。μ 是控制参量，当 μ 值确定以后，由任意初值的 $Ab_{ik} \in [0, 1]$，可迭代出一个确定的时间序列。该序列是没有任何随机扰动的确定性系统，如图 5.3 所示。

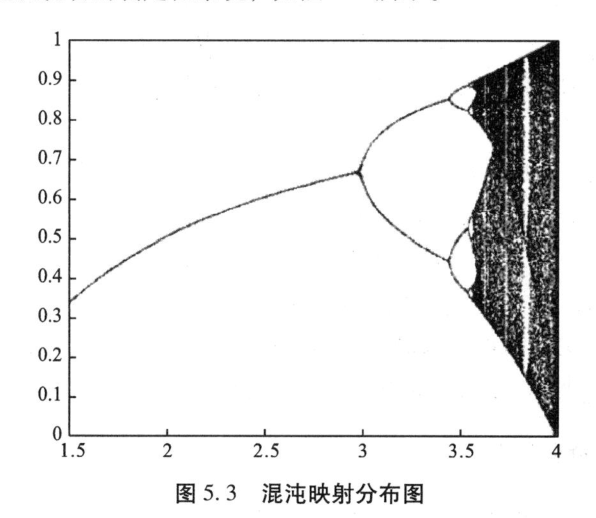

图 5.3　混沌映射分布图

对于离散编码方式来说，变异操作类似于遗传算法的变异操作，是针对抗体编码串的 L 位的一位或几位进行变异，如采用二进制编码，变异操作为位取反，变异算子可以描述为：

$$T_m(Ab_{ik}) = \begin{cases} !\ Ab_{ik} & rand() < P_m \\ Ab_{ik} & else \end{cases} \tag{5.22}$$

其中 P_m 为变异概率，可为抗体亲和力的函数，$rand$（）通常为均匀分布产生的序列，则抗体 Ab_i 通过抗体变异算子转化为抗体 Ab_j 的概率为：

$$P[T_m(Ab_i)=Ab_j]=P_m \times dis(Ab_i,Ab_j)\times(1-P_m)[L-dis(Ab_i,Ab_j)] \tag{5.23}$$

7. 克隆抑制算子

该算子的作用是为了保持群体多样性，在抗体的克隆群体和原抗体组成的集合中，选择亲和力较高的抗体进入网络，该操作为确定性映射 T_{cs}：$S^{Nc*L}\to S^L$。抗体 Ab_i 进入网络的概率可表示为：

$$P[T_{cs}(Ab_{\{Nc\}})=Ab_i]=\begin{cases}1 & Aff(Ab_i)=\max[Aff(Ab_j)] \\ 0 & else\end{cases} \tag{5.24}$$

由于克隆、变异算子操作的原抗体是种群中的优质抗体，而克隆抑制算子操作的临时抗体集合中又包含了原抗体，因此在基于免疫网络的优化算法中隐含了最优个体保留机制。

8. 网络抑制算子

该算子的作用也是为了保持群体多样性，减少冗余抗体，消除相似解，反映了免疫系统中的抗体促进与抑制原理，真实地模拟了免疫网络调节原理。表示为确定性映射 T_{ns}：$S^{NL}\to S^{xL}$。网络抑制算子可描述为：

$$T_{ns}(Ab)=Ab-\{Ab_i \mid NS(Ab_i)<\beta\} \tag{5.25}$$

其中 NS 为抗体 Ab_i 的浓度的函数，β 为网络抑制参数。

9. 种群更新算子

该算子反映了免疫系统的动态平衡机制，在网络中加入随机生成的一些抗体，可扩大搜索空间，是算法在解空间中进行勘探的重要操作。表示为随机映射 T_u：$S^{xL}\to S^{yL}$。种群更新算子可描述为：

$$T_u(Ab)=Ab_{\{x\}}\cup Ab_{\{u\}} \tag{5.26}$$

其中 $Ab_{\{x\}}$ 为经历网络抑制后的抗体网络，$Ab_{\{u\}}$ 为算法随机生成的种群，种群的大小 u 或为固定值，或为动态自适应值。

5.3.3 特点分析

根据以上算子描述，我们得知，与标准遗传算法和标准粒子群算法相比，基于免疫网络的优化算法具有以下特点。

（1）免疫优化算法与编码无关，可以是字符串编码，也可以是实数编码。各种优化问题的解必须先转换成相应的编码，然后对编码值进行处理。

（2）免疫优化算法是一种并行优化算法，其操作的对象是一个种群。生物的免疫系统务必要分布在生物机体的每个部位，这是由外界的抗原分布特性决定的，并且在免疫应答的过程中也没有进行集中的控制，所以该系统是具有自适应和分布式的特性。相似地，人工免疫算法能够实现并行处理，而不需要集中控制，在寻求最优解时，能够得到问题的许多次优解。也就是说在寻找问题的最优解同时，还能够获得很多较优的备选方法，特别在多模态优化问题上尤为适用。

（3）多样性的保持是免疫优化算法的重要特征。生物免疫系统需要以有限的资源来识别和匹配远远多于内部蛋白质种类的外部抗原，有效的多样性个体产生机制是实现这种强大识别能力的关键。人工免疫算法借鉴了生物免疫系统的免疫网络调节原理，利用克隆算子和抑制算子对抗体浓度进行动态调节，把抗体亲和力和抗体浓度同时作为评价抗体个体优劣的一个重要因素，使亲和力高的抗体克隆扩增，而浓度高的抗体被抑制，保证抗体种群具有很好的多样性。

（4）全局搜索与局部搜索的有效结合也是免疫优化算法的重要特征。生物免疫系统运用多种免疫调节机制产生多样性抗体以识别、匹配并最终消灭外界抗原。免疫应答中的抗体更新过程是一个全局搜索的进化过程，而识别、匹配并消灭抗原的变种，则是一个局部搜索的进化过程。人工免疫算法借鉴了生物免疫系统的搜索机制，算法利用变异算子和种群更新算子不断产生新个体，探索可行解区间的新区域，保证算法在完整的可行解区间进行搜索，具有全局收敛性能；同时可调整变异幅度，对优质抗体邻域进行局部搜索，提高抗体亲和力精度。

5.3.4 收敛性分析

目前，在遗传算法的收敛性分析方面涌现了许多重要成果，这为研究类似算法的收敛性问题（如 GEP 算法、人工免疫算法）提供了重要的突破方向。学术界通常采用马尔可夫链进行收敛性分析，使用 Markov 链模型描述人工免疫算法具有直接、精确的优点。

考虑随机地进行一个有限个或可数个取值的过程 $\{A_n,\ n=0,\ 1,\ 2\cdots\}$，该值域（即取值范围）$\Omega$ 记作状态空间，使用自然数集合 $\{0,\ 1,\ 2,\ \cdots\}$ 来表示值域。当 Ω 中的状态数是有限时，Ω 记作有限状态空间。如果 $\forall\ m,\ n \geqslant 1$，那么当处于任意状态 $i_0,\ i_1,\ i_2,\ \cdots,\ i_{m-1},\ i,\ j$，有以下关系：

$$P\{A_{m+n}=j \mid A_m=i,\ A_{m-1}=i_{m-1},\ \cdots,\ A_0=i_0\} = P\{A_{m+n}=j \mid A_m=i\} \quad (5.27)$$

则称 A_n 为马尔可夫链，简记为马氏链。在 Ω 处于有限状态数时，称 A_n 为有限状态的马尔可夫链；不然，记作可列状态的马尔可夫链。

从式（5.27）能够看出，在处于时刻 $n+m$ 时，马尔可夫链只和 m 时刻状态相关，和 m 时刻之前的状态没有关系，这种性质称为马尔可夫性。马尔可夫性大大简化了条件转移概率的计算，可以将式的条件转移概率简记为 $p_{ij}(m, m+n)$。

在马尔可夫链的状态转移概率 $p_{ij}(m, m+n)$ 和时刻 m 没有关系，只和状态 i、j 与时刻的间距 n 相关时，把马尔可夫链称作齐次马尔可夫链，其转移概率简记成 $p_{ij}(n)$；否则，若 $p_{ij}(m, m+n)$ 和时刻 m 有关，则把马尔可夫链称作非齐次马尔可夫链。对于齐次马尔可夫链，有下面的引理。

引理 切普曼-柯尔莫哥洛夫（*Chapman-Kolmogorov*）方程。

设 $\{X_n, n=0, 1, 2, \cdots\}$ 是一个马尔可夫链，在任意的时刻 u，v 有：

$$p_{ij}(u+v)=\sum_{k=1}^{\infty} p_{ik}(u)\, p_{kj}(v) \tag{5.28}$$

上式记为 *Chapman-Kolmogorov* 方程，即 $C-K$ 方程。对有限状态的马尔可夫链，$C-K$ 方程能够表示成矩阵形式：

$$P(u+v)=P(u)P(v) \tag{5.29}$$

利用上式容易推出：

$$P(n)=P^{n} \tag{5.30}$$

对于齐次马尔可夫链，可以把一步状态的转移矩阵的 n 次方看作 n 步状态的转移矩阵。

5.3.4.1 收敛性定义

以下给出随机序列收敛性的定义，以及定理 5.1。其中，M^* 表示 $f(x)$ 在 S 上取最小值 $f*$ 的解构成的群体。

定义 5.1 如果随机序列 $\{A_n, n\geqslant 0\}$ 满足 $\lim\limits_{n\to\infty}P(A_n\cap M^*=\varnothing)=1$ 则此序列的收敛性为概率弱收敛。

定义 5.2 如果随机序列 $\{A_n, n\geqslant 0\}$ 满足 $P[\lim\limits_{n\to\infty}(A_n\cap M^*=\varnothing)]=1$ 则此序列几乎处处弱收敛。

定义 5.3 如果随机序列 $\{A_n, n\geqslant 0\}$ 满足 $\lim\limits_{n\to\infty}P(A_n\subset M^*)=1$ 则此序列的收敛性为概率强收敛。

定义 5.4 如果随机序列 $\{A_n, n\geqslant 0\}$ 满足 $P[\lim\limits_{n\to\infty}(A_n\subset M^*)]=1$ 则此序列几乎处处强收敛。

定义 5.5 如果序列 $\{z[n], n\geqslant 0\}$ 满足 $\lim\limits_{n\to\infty}E(|z[n]-M^*|)=0$ 则此序列的收敛性为按期望收敛。

定义 5.6 对于任意给定的 $\delta>0$，如果对 $\forall\ \varepsilon>0$，$\exists\ N(\varepsilon)>0$，当 $n>$

$N(\varepsilon)$时，若序列$\{z[n], n\geqslant 0\}$满足$P(|z[n]-M^*|\leqslant\delta)\geqslant 1-\varepsilon$，则称此序列的收敛性为依概率收敛。

因此，随机序列$\{A_n, n\geqslant 0\}$具有如下收敛关系：

（1）几乎处处弱收敛→几乎处处弱收敛→概率弱收敛；

（2）几乎处处强收敛→概率强收敛→概率弱收敛；

定理5.1 如果随机序列$\{A_n, n\geqslant 0\}$满足：

$a_{n+1}=P(A_{n+1}\cap M^*\neq\varnothing \mid A_n\cap M^*=\varnothing)\geqslant\delta,\ 0<\delta<1$

$b_{n+1}=P(A_{n+1}\cap M^*=\varnothing \mid A_n\cap M^*\neq\varnothing)\leqslant\beta_n$

其中$\sum_{n=0}^{\infty}\beta_n<\infty$，则序列$\{A_n, n\geqslant 0\}$的收敛性是概率弱收敛。

证明：由全概率公式可知：

$P(A_{n+1}\cap M^*=\varnothing)=(1-a_n)P(A_n\cap M^*=\varnothing)+b_nP(A_n\cap M^*\neq\varnothing)$

$\leqslant(1-\delta)P(A_n\cap M^*=\varnothing)+\beta_n$

通过归纳得到

$P(A_{n+1}\cap M^*=\varnothing)\leqslant(1-\delta)n+1\ a_0+\sum_{k=0}^{n}\beta_{n-k}(1-\delta)k$

$\leqslant b(1-\delta)n$

其中$a_0=(1-\frac{|M^*|}{|s|})N$，$b=(1-\delta)a_0+\sum_{k=0}^{\infty}\frac{\beta_k}{(1-\delta)k}$

由假设$b<\infty$，从而$\lim_{n\to\infty}P(A_n\cap M^*=\varnothing)=0$。证毕。

5.3.4.2 收敛性分析

在基于免疫网络的优化算法中，以免疫响应代数（迭代次数）k，$k\in Z^+$作为时刻坐标，序列$\{A(k)\}$构成了一个有限状态的齐次马尔可夫链。

假设算法采用二进制方式编码，L为编码长度，则抗体空间中个体数量最多为2^L。设种群$|A(k)|<=N$，因此种群状态规模$<=2^{LN}$，即状态空间Ω。

每代$A(k)$中的部分个体通过免疫选择算子T_s、克隆算子T_c、变异算子T_m、克隆抑制算子T_{cs}、网络抑制算子T_{ns}、种群刷新算子T_u进行改变，本代中的个体分布决定了下一代个体的分布概率，与本代以前的分布无关。

更新过程中的各种操作都是与免疫进化的代数无关的，故状态之间的转移只与构成状态的抗体群个体有关，与免疫响应代数无关。

因此，序列$\{A(k)\}$构成了一个有限状态的齐次马尔可夫链。用$P_T(i, j)$表示状态i经算子T转移为状态j的概率。

对于基于免疫网络的优化算法，其种群演化过程表示为如下：

$$A_N(k)\xrightarrow{T_s}A_{N'}(k)\xrightarrow{T_c}A_{N''}(k)\xrightarrow{T_m}A_{N''}(k)\xrightarrow{T_{cs}}A_{N'}(k)\xrightarrow{T_u}A_{N'''}(k)\xrightarrow{T_{ns}}A_{N*}(k+1)$$

定理5.2 对 $\forall A^i, A^j \in \Omega, P_{T_m}(i, j) > 0.$

证明 设$Ai=(A_1i, A_2i, \cdots, A_ni)$，$Aj=(A_1j, A_2j, \cdots, A_nj)$。设$P_m$为变异概率，由变异算子的定义可知，$P[T_m(A_ti)=A_tj]=P_m\times dis(A_ti, A_tj)\times(1-P_m)[L-dis(A_tj, A_ti)]>0$，$dis$为海明距离，$t=1, 2, \cdots, n$。则存在常数$\alpha>0$，使$P_{T_m}(i, j)=\prod_{t=1}^{n}P(T_m(A_ti)=A_tj)>\alpha$。

因此，定理成立。证毕。

定理5.3 对 $\forall A^i, A^j \in \Omega, P_{T_{s,c,m}}(i, j) > 0$。

证明 由于T_s算子为确定性映射，必存在$A^*\in A^i$，使$P[T_s(A^i)=A^*]=1$。

因此，存在$A^k\in\Omega$，根据克隆算子的定义，$P\{T_c[T_s(A^i)]=A^k\}=1$。

由定理及C-K方程知，

$P(T_m(T_c(T_s(A^i)))=A^j)=$

$\sum P\{T_c[T_s(Ai)]=Ak\}P[T_m(Ak)=Aj]$

$=\sum P[T_m(Ak)=Aj]>0$

即：$P_{T_{s,c,m}}(i, j)>0$。证毕。

定理5.4 对 $\forall A^i, A^j \in \Omega, P_{T_{s,c,m,cs}}(i,j) > 0$。

证明 由于T_{cs}算子是在克隆群体及原克隆体组成的临时集合中选取的亲和力最大的抗体，为确定性映射，必存在$A^*\in A^k$，A^*为临时集合中亲和力最大的抗体，使$P[T_{cs}(A^k)=A^*]=1$。由定理及C-K方程知，

$P(T_{cs}(T_m(T_c(T_s(A^i))))=A^j)=$

$=\sum P(T_m(T_c(T_s(Ak)))=Aj)>0$

即：$P_{T_{s,c,m,cs}}(i, j)>0$。证毕。

定理5.5 对 $\forall A^i, A^j \in \Omega, P_{T_{s,c,m,cs,ns}}(i, j)\begin{cases}>0 & A^j\in A^\beta\\ =0 & A^j\notin A^\beta\end{cases}$。其中，$A^\beta$为浓度低于$\beta$的抗体组成的集合，或刺激水平高于$\beta$的抗体组成的集合，要根据具体抑制策略决定。

证明 由网络抑制算子定义可知，经过种群更新操作后，要消除相似解，删除浓度或刺激水平不符合要求的抗体。

因此，若$A^j\notin A^\beta$，则$P[T_{ns}(A^k)=A^j]=0$，由C-K方程，

$P(T_{ns}(T_{cs}(T_m(T_c(T_s(A^i)))))=A^j)=$

$$\sum P(T_{cs}(T_m(T_c(T_s(Ak)))) = Ak)\, P[T_{ns}(Ak) = Aj] = 0$$

若 $Aj \in A\beta$，则 $P[T_{ns}(A^k)=A^j]>0$，由 $C-K$ 方程及定理

$$P(T_{ns}(T_{cs}(T_m(T_c(T_s(A^i)))))=A^j)=$$

$$\sum P(T_{cs}(T_m(T_c(T_s(Ai)))) = Ak)\, P[T_{ns}(Ak) = Aj] > 0$$

因此，定理成立。证毕。

定理 5.6 对于任意初始分布，基于免疫网络的优化算法是概率弱收敛。

证明 要证明基于免疫网络的优化算法是概率弱收敛，即证明

$$P[A(k+1) \cap M^* \neq \varnothing \mid A(k) \cap M^* = \varnothing] \geqslant \delta,\ 0 < \delta < 1$$

$$P[A(k+1) \cap M^* = \varnothing \mid A(k) \cap M^* \neq \varnothing] \leqslant \beta_k$$

设 k 时刻抗体群 A（k）所处状态为 A^i，$k+1$ 时刻抗体群为 A（$k+1$），其所处状态 A^j，A_t^i为抗体群 A（k）中亲和力最大的抗体，则有

$P[A(k+1)=A^j \mid A(k)=A^i]=P(T_{ns}(T_{cs}(T_m(T_c(T_s(A^i)))))=A^k)P[(T_u(A^k)=A^j]$。

当 $A_t^i \notin Aj$，$P(T_{ns}(T_{cs}(T_m(T_c(T_s(A^i)))))=A^j)=0$。

以下分两种情况来分析状态转移概率。

当 $A(k+1) \cap M^* =\varnothing, A(k) \cap M^* \neq \varnothing$，则 $P[A(k+1)=A^j \mid A(k)=A^i]=0$。

即 $P[A(k+1) \cap M^* =\varnothing \mid A(k) \cap M^* \neq \varnothing] = 0$。

当 $A(k+1) \cap M^* \neq \varnothing, A(k) \cap M^* =\varnothing$，则

$P[A(k+1)=A^j \mid A(k)=A^i]=P(T_{ns}(T_{cs}(T_m(T_c(T_s(A^i)))))=A^k)P[T_u(A^k)=A^j]>0$

即 $P[A(k+1) \cap M^* \neq \varnothing \mid A(k) \cap M^* =\varnothing] \geqslant \delta$。证毕。

5.3.5 进化机制分析

20 世纪 60 年代，J. Holland 提出了遗传算法（Genetic algorithms，GA）。它将生物进化过程“物竞天择，适者生存”的自然选择思想引入数值优化问题的求解中，取得开创性成果。Holland 的模式定理揭示了模式在各代之间变化的规律以及对全局最优解的搜索过程，从而从理论上保证了遗传算法是一类模拟自然进化的优化算法。模式定理定性地分析了遗传算法的运行机理，是遗传算法的理论基础，也可用于其他智能算法分析进化策略。Neubauer、Spears 等提出了遗传算法二进制编码的模式定理。游雪肖等推导出十进制编码遗传算法的模式理论，避免了二进制遗传算法模式理论中把交叉点的选取看作是相互独立的，和忽视交叉对染色体生成作用这两点不足。仁庆道尔吉等提出了在遗传

算法中有限字符集的编码方法并证明了有限字符集编码下的模式定理。明亮等提出了一种新的模式表示法——三进制表示法。利用这种新的表示法，很容易区分模式的存活和新建。他分别估计了在均匀杂交算子作用下模式的存活概率和新建概率。徐淑坦等从组成种群的单个模式出发，通过对群体的平均适应度值采用更准确的表达方式，推导出了模式定理的另一种等价形式。王悦等将模式定理引入 GEP 编程，从 GEP 模式定义出发，提出并证明了 GEP 模式定理。

目前，模式定理较多运用在遗传算法的分析上，用于人工免疫算法的分析较少。我们引入了 Holland 模式定理，从人工免疫系统的模式出发，对人工免疫算法的进化机制进行分析，详细阐述了各进化算子对模式生存的作用，根据分析结果推导出了人工免疫优化算法的模式定理，为人工免疫算法的发展提供理论依据。

5.3.5.1 人工免疫模式

优化函数表示为 $P = \min f(x)$，其中 $x = (x_1, x_2, \cdots, x_n) \in Rn$ 是决策变量，n 为变量维度，min 表示求取函数 $f(x)$ 的极小值，也可求取函数 $f(x)$ 的极大值 $\max f(x)$。算法采用二进制编码，则抗体、抗原均为二进制字符串。抗体规模为 2^L 的种群空间，L 为抗体的长度。引入通配符#，其取值为 0 或 1。将 0，1 以及#所组成的线性串称为序列。

定义 5.7 人工免疫模式。如果序列满足下列条件：①其各位编码的取值范围是 {0，1，#}；②序列的长度上限为抗体长度。则称该序列是一个人工免疫模式，记为 S。模式即为一个相同的构型，描述了一个线性串的子集。这个集合中的串在某些位上相同。

例 5.1 根据模式的定义，可以有如下模式：

$S_1 = 01010101\#111$，$S_2 = 1011100011\#1\#0001100$，$S_3 = 00011101$。

命题 5.1 给定抗体 Ab，设 Ab 的长度为 L，则 Ab 的不同模式组合数目为 2^L。

证明：一个长度为 L 的序列 S 可能包含通配符“#”的数目为 0, 1, 2, ⋯, L。则在 S 的 L 位中选择 n 位，令其为#，则产生 Cn_L 种模式。因此，总的模式个数为：

$C_L^0 + C_L^1 + C_L^2 + \cdots + C_L^L = 2^L$。

定义 5.8 模式的实例。设 S 为一个人工免疫模式，Ab 是一个抗体，如果存在一个映射，f：$S \to Ab$，使 $\exists s \in S$，$f(s) = Ab$，则称 S 代表了 Ab，或者 Ab 是 S 的实例。

例 5.2 人工免疫模式 S = 011##，可以代表如下 4 个抗体：01100，01101，01110，01111。即，一个模式 S 代表了一组与它结构匹配的抗体。

定义 5.9 设 S 为一个人工免疫模式。

模式的阶定义为 S 中所有非#位的数目，记为 $\Delta(S)$，即为所有确定位的数目。

S 中全部符号的位数称为模式的长度，记为 $L(S)$。

S 中第一个确定位和最后一个确定位之间的距离称为模式的跨距，记为 $D(S)$。

对于给定的代数 t，一个特定的模式 S 在群体 $A(t)$ 中包含了 m 个实例，则称 m 为 t 代时的人工免疫模式实例数，即为 $m = M(S, t)$。

如果在父代中含有模式 S 的个体，经过进化算子作用后，子代中仍含有模式 S 的个体，则称为模式 S 的存活。

例 5.3 人工免疫模式 S=01010101#111，$\Delta(S)=11$，$L(S) = 12$，$D(S) = 12-1 = 11$。又如，人工免疫模式 S = 011##，$\Delta(S) = 3$，$L(S) = 5$，$D(S)= 3-1 = 2$。设在抗体进化过程中，第 3 代种群中属于模式 S 的个体数目为 10，则 $m = M(S, 3) = 10$。

命题 5.2 给定一个人工免疫模式 S，S 能代表的抗体数目最多为 $2^{L(S)-\Delta(S)}$。

证明：根据模式的长度和阶的定义，模式 S 中所有非确定位的数目为 $L(S) - \Delta(S)$，则 S 能代表的抗体数目最多为 $2^{L(S)-\Delta(S)}$。

5.3.5.2 人工免疫模式定理

人工免疫模式定理将揭示模式中各代之间变化的规律。根据人工免疫优化算法的一般流程可以看出，在人工免疫优化算法中，基本的进化算子包括免疫选择算子、克隆算子、变异算子、克隆抑制算子、网络抑制算子、种群更新算子。本书通过研究各算子对模式生存的影响，推导出人工免疫模式定理。

1. 免疫选择算子

免疫选择算子为根据抗体的刺激水平，在抗体群中选择部分抗体的确定性映射 T_s：$S^{LN} \to S^L$。

设在第 t 代，抗体 ab 的刺激水平表示为 $Sti(ab, t)$。则一个匹配了模式 S 的抗体 $ab = S_i$ 被选择的概率为：$p_i = \dfrac{Sti(S_i, t)}{\sum_{j=1}^{N} Sti(ab_j, t)}$。在 t+1 代，模式 S 的生存数量为：

$$M(S,t+1)=N\cdot\sum_{i=1}^{M(S,t)}p_i=N\cdot\sum_{i=1}^{M(S,t)}\frac{Sti(S_i,t)}{\sum_{j=1}^{N}Sti(ab_j,t)}=\frac{\sum_{i=1}^{M(S,t)}Sti(S_i,t)}{\sum_{j=1}^{N}Sti(ab_j,t)/N}\tag{5.31}$$

设模式 S 的平均刺激水平为 $Sti(S,\ t)=\sum_{i=1}^{M(S,\ t)}Sti(S_i,\ t)/M(S,\ t)$，种群的平均刺激水平为 $Sti(t)=\sum_{j=1}^{N}Sti(ab_j,\ t)/N$。则：

$$M(S,t+1)=[Sti(S,t)/Sti(t)]\cdot M(S,t)\tag{5.32}$$

命题5.3 在模式刺激水平和群体平均刺激水平的比值为定值时，在进化计算过程中只采用选择算子的进化算法，平均刺激水平之上的模式会保留到下一代，其数量将按指数增长。

证明：设 $R=Sti(S,\ t)/Sti(t)$，则 $M(S,\ t+1)=R\cdot M(S,\ t)=Rt+1\cdot M(S,\ 0)$。因此，当R大于1时，模式的数量将按指数增长；当R小于1时，模式的数量将按指数衰减。

在进化初期，一个较好的模式，其刺激度比值开始将是个大于1的正数，随着进化的进行，刺激度比值会渐渐减小，到常数 R。这种情况，我们可近似认为该模式 S 的选择方式是呈指数形式的。其中 R 的变化可分为三种情况：①当刺激度很高的模式 S 在进化初期出现时，R 值大于1；②如果此模式可以实例全局最优解，随着进化过程，R 值将逐渐趋于1；③如果此模式不能实例全局最优解，那么种群平均刺激度将慢慢大于 S 的刺激度，R 值将逐渐趋于小于1。

由以上结果可看出，选择算子会增加较好模式的数量，减少较差模式的数量，因此，选择算子减少了群体多样性。在进化计算过程中只采用选择算子的进化算法，群体最终只包含能够实例全局最优解的模式。

2. 克隆算子

对抗体子集 $Ab_{\{n\}}$ 进行克隆，可用一个确定性映射来表示 T_c：$S^{nL}\to S^{(Nc*n)L}$。

对每个抗体 ab 进行克隆操作，克隆的数目根据下式动态自适应计算：

$$Nc=\alpha\cdot\frac{Sti(ab,t)}{\sum_{j=1}^{N}Sti(ab_j,t)}\tag{5.33}$$

Nc 为抗体克隆的个数，α 为克隆算子的调节参数。

则在 t+1代，只有克隆算子的作用下，群体中模式 S 的生存数量为

$$M(S,t+1)=\sum_{i=1}^{M(S,t)} Nc_i=\alpha\cdot\sum_{i=1}^{M(S,t)}\frac{Sti(S_i,t)}{\sum_{j=1}^{N}Sti(ab_j,t)}=\alpha\cdot\frac{\sum_{i=1}^{M(S,t)}Sti(S_i,t)}{\sum_{j=1}^{N}Sti(ab_j,t)} \tag{5.34}$$

与选择算子类似，设模式 S 的平均刺激水平为 $Sti(S,\ t)=\sum_{i=1}^{M(S,\ t)}Sti(S_i,\ t)/M(S,\ t)$，种群的平均刺激水平为 $Sti(t)=\sum_{j=1}^{N}Sti(ab_j,\ t)/N$。则：

$$M(S,\ t+1)=\frac{\alpha}{N}\cdot Sti(S,\ t)/Sti(t)\cdot M(S,\ t) \tag{5.35}$$

命题 5.4 在模式刺激水平和群体平均刺激水平的比值为定值且群体规模不变时，在进化计算过程中只采用克隆算子的进化算法，平均刺激水平之上的模式会保留到下一代，其数量将按指数增长。

证明：设 $C=\frac{\alpha}{N}\cdot Sti(S,\ t)/Sti(t)$，则 C 为模式被平均克隆的数量。则 $M(S,\ t+1)=C\cdot M(S,\ t)=Ct+1\cdot M(S,\ 0)$。因此，当 C 大于 1 时，模式的数量将按指数增长；当 C 小于 1 时，模式的数量将按指数衰减。

在只有选择算子和克隆算子的作用下，群体中模式 S 的生存数量为：

$$M(S,\ t+1)=C\cdot R\cdot M(S,\ t) \tag{5.36}$$

因此，在只有选择算子和克隆算子的作用下，随着算法的进化，群体中个体的相似程度将逐渐增加，最终达到个体完全相同。

3. 变异算子

对克隆群体 $Ab_{\{Nc*n\}}$ 进行变异，为抗体空间到自身的随机映射，表示为 T_m：$S^L\to S^L$。对二进制编码来说，可对抗体编码串的 L 位的一位或几位进行变异，抗体 Ab_i 通过变异算子转化为抗体 Ab_j 的概率为：

$$P[T_m(Ab_i)=Ab_j]=P_m*dis(Ab_i,Ab_j)*(1-P_m)[L-dis(Ab_i,Ab_j)] \tag{5.37}$$

其中 P_m 为变异概率，可以是抗体亲和力的函数，dis（x，y）为抗体 x 和 y 之间的距离。

为了使模式 S 在变异操作中生存下来，模式的各确定位不变的概率为 $1-P_m$，模式不被破坏的概率为（$1-P_m$）·（S）。即在只有变异算子的作用下，模式 S 在 $t+1$ 代的生存数量为：

$$M(S,t+1)=\sum_{i=1}^{M(S,t)}S_i=(1-P_m)^{\Delta(S)}\cdot M(S,t) \tag{5.38}$$

命题 5.5 在变异概率不变时，在进化计算过程中只采用变异算子的进化算法，模式 S 不被破坏的概率随着阶的增大而变小，且低阶模式在进化过程中存活的时间更长。

证明：由以上分析可得，$M(S,\ t+1)=(1-P_m)^{\Delta(S)(t+1)}\cdot M(S,\ 0)$。因此，当 P_m 为定值时，$\Delta(S)$ 越小，模式被保留的数量越多，存活时间越长。

变异算子的目的是为了产生具有更高亲和力的抗体，增强了种群的多样性。

4. 克隆抑制算子

该算子的作用是为了保持群体多样性，在抗体的克隆群体和原抗体组成的集合中，选择亲和力较高的抗体进入网络，该操作为确定性映射 T_{cs}：$S^{Nc*L}\to S^L$。

在克隆抑制算子的作用下，模式 S 的生存概率应与模式的亲和力成正比。一个匹配了模式 S 的个体生存概率为：

$$p_i = \frac{Aff(S_i,t)}{\sum_{j=1}^{N} Aff(ab_j,t)} \tag{5.39}$$

则在 $t+1$ 代，只有克隆抑制算子的作用下，群体中模式 S 的生存数量为：

$$M(S,t+1) = N\cdot\sum_{i=1}^{M(S,t)} p_i = N\cdot\sum_{i=1}^{M(S,t)}\frac{Aff(S_i,t)}{\sum_{j=1}^{N} Aff(ab_j,t)} = \frac{\sum_{i=1}^{M(S,t)} Aff(S_i,t)}{\sum_{j=1}^{N} Aff(ab_j,t)/N} \tag{5.40}$$

设模式 S 的平均亲和力为 $Aff(S,\ t)=\sum_{i=1}^{M(S,\ t)} Aff(S_i,\ t)/M(S,\ t)$，种群的平均亲和力为 $Aff(t)=\sum_{j=1}^{N} Aff(ab_j,\ t)/N$。则：

$$M(S,t+1) = [Aff(S,t)/Aff(t)]\cdot M(S,t) \tag{5.41}$$

设 $S_{cs}=Aff(S,\ t)/Aff(t)$，为克隆抑制概率，$M(S,\ t+1)=S_{cs}\cdot M(S,\ t)$。因此当 S_{cs} 值大于 1 时，模式数量将越来越多；反之，当 S_{cs} 值小于 1 时，模式数量将越来越少。可见，在克隆抑制算子的作用下，群体有减少个体多样性的趋势。随着算法的进化，群体中个体的亲和力逐渐增加，种群平均亲和力逐渐增加，该算子会增加亲和力高的模式的数量，减少亲和力低的模式的数量。因此，克隆抑制算子减少了群体多样性。

5. 网络抑制算子

该算子反映了免疫系统中的抗体促进与抑制原理，表示为确定性映射 T_{ns}：$S^{NL}\to S^{xL}$。

一个匹配了模式 S 的抗体的生存概率与其浓度成反比，表示为：

$$p_i = 1 - Con(S_i,\ t)/\sum_{j=1}^{N} Con(Ab_j,\ t) \tag{5.42}$$

则在 $t+1$ 代，在网络抑制算子的作用下，群体中模式 S 的生存数量为：

$$M(S,t+1) = N \cdot \sum_{i=1}^{M(S,t)} p_i$$

$$= N \cdot \sum_{i=1}^{M(S,t)} \left[1 - Con(S_i,t) / \sum_{j=1}^{N} Con(Ab_j,t) \right]$$

$$= N\left[M(S,t) - \frac{\sum_{i=1}^{M(S,t)} Con(S_i,t)}{\sum_{j=1}^{N} Con(Ab_j,t)} \right] \tag{5.43}$$

设模式 S 的平均浓度为 $Con(S,\ t) = \sum_{i=1}^{M(S,\ t)} Con(S_i,t)/M(S,t)$，种群的平均浓度为 $Con(t) = \sum_{j=1}^{N} Con(ab_j,\ t)/N$。则：

$$M(S,t+1) = M(S,t)[N - Con(S,t)/Con(t)] \tag{5.44}$$

命题 5.6 在模式浓度和群体浓度的比值为定值且群体规模不变时，只采用网络抑制算子的进化算法在进化计算过程中，浓度较低的模式数量将按指数增长。

证明：设 $S_{ns} = Con(S,\ t)/Con(t)$ ，$M(S,\ t+1) = (N - S_{ns}) \cdot M(S,\ t) = (N - S_{ns})^{t+1} \cdot M(S,\ 0)$。当模式的浓度较高时，模式的生存数量将减少；相反，当模式的浓度较低时，模式的生存数量将增加。

显然，通过抑制算子减少个体的相似度，有利于提高个体间的多样性，可加快算法的收敛速度。

6. 种群更新算子

该算子反映了免疫系统的动态平衡机制，表示为随机映射 T_u：$S^{xL} \rightarrow S^{yL}$。

该算子可能产生包含模式 S 的抗体，也可能产生不包含模式 S 的抗体。因此在该算子作用下：

$$M(S,t+1) \geqslant M(S,t) \tag{5.45}$$

7. 人工免疫模式定理

定理 5.7 人工免疫优化算法中，在 t 代经过选择 T_s、克隆 T_c、变异 T_m、克隆抑制 T_{cs}、网络抑制 T_{ns}、种群更新算子 T_u 的共同作用，在 $t+1$ 代，模式 S 的抗体数量满足：

$$M(S,t+1)$$
$$\geqslant M(S,t) \cdot \frac{\alpha}{N} \cdot \left[\frac{Sti(S,t)}{Sti(t)}\right]^2 \cdot (1 - P_m)\Delta(S) \cdot \frac{Aff(S,t)}{Aff(t)} \cdot \left[N - \frac{Con(S,t)}{Con(t)}\right]$$

证明：$M(S,\ t+1) = M(S,\ t) \cdot P_{ai}$，$P_{ai}$ 为模式 S 在整个抗体种群单步进化后不被破坏的概率。由人工免疫优化算法的一般过程可知，$P_{ai} = P_{T_s} \cdot P_{T_c} \cdot P_{T_m} \cdot$

$P_{T_\alpha} \cdot P_{T_m} \cdot P_{T_u}$。$M(S, t+1) \geqslant M(S, t) \cdot R \cdot C \cdot (1-P_m)\Delta(S) \cdot S_{cs}(N-S_{ns})$。将 R、C、S_{cs}、S_{ns}各值代入得证。

从上式可看出，在人工免疫优化算法中，刺激水平高、亲和力高、浓度低且低阶的抗体在进化过程中将呈指数增长；而刺激水平低、亲和力低、浓度高且高阶的抗体在进化过程中将呈指数衰减。

5.3.5.3　实验分析

本节通过分析函数优化的过程来验证人工免疫模式定理。实验采用两个函数进行考察，一个较简单的函数和一个较复杂的函数。

设置算法的参数如下：种群规模为 $N=30$，克隆参数为 $\alpha=100$，变异率 $P_m=0.1$，抑制阈值为 $\beta=0.05$，种群更新比例 $u\%=0.3$。

1. 实验1

本节首先以一个简单的优化实例说明人工免疫优化算法的进化过程。采用的函数为：

$$f(x)=1-x^2$$

很显然，此函数在 $x=0$ 处有最大值为1，但实际上由于自变量的取值范围为一个闭区间［-1，2］，函数在 $x=-1$ 处有另外一个峰值0，因此 $f(x)$ 为一个简单的多峰函数。

本书利用人工免疫优化算法仿真程序以随机生成的初始种群对 $f(x)$ 进行寻优运算，寻优过程如图5.4所示。图中的曲线为待优化函数曲线，共有两个峰值，x 代表抗体所处位置。

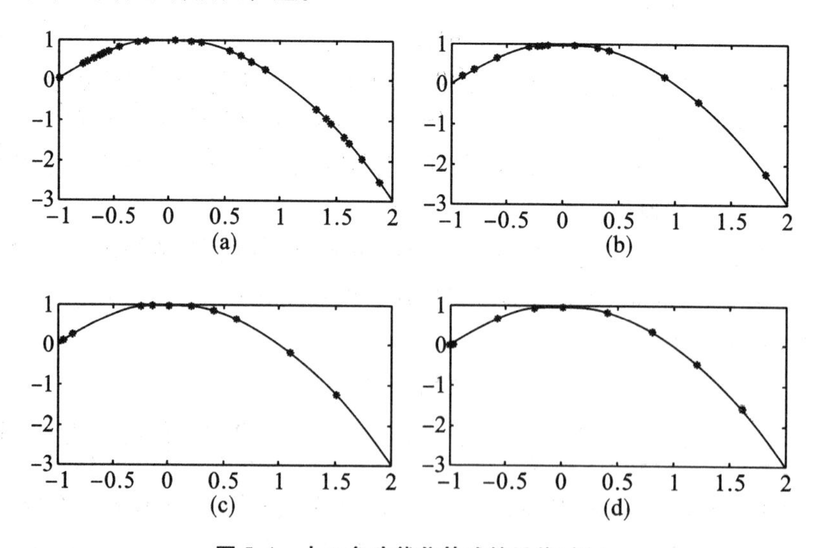

图5.4　人工免疫优化算法的寻优过程

搜索的初始状态如图 5.4（a）所示，30 个抗体随机地分布于问题的求解空间；经过 5 次迭代后，如图 5.4（b）所示，对应函数值较小（抗体亲和度较低）的区域中存在的抗体明显减少，抗体向搜索空间中两个峰值所在的区域靠拢，而且向全局最优解所在区域靠拢的抗体数目明显多于向另一个峰值靠拢的抗体数目；经过 10 次迭代后，如图 5.4（c）所示，抗体向搜索空间中两个峰值所在的区域进一步靠拢，对应函数值较小（抗体亲和度较低）的区域中存在的抗体继续减少，但仍然有一部分抗体存在，表现出人工免疫算法可以保持很好的抗体多样性；经过 20 次迭代，寻优计算停止，得到的搜索结果如图 5.4（d）所示，大部分抗体聚集在全局最优解周围，而函数的另一个峰值也有一些抗体存在，体现出人工免疫算法的多模态函数寻优能力。同时，在两个峰值所在区域之外，对应函数值较小的区域中仍然有部分抗体存在，算法仍然保持着很好的个体多样性。

抗体采用二进制位串编码方式，其最优模式为 000000000000，考虑某一较优模式 S_1 = 00000000####，则 $\Delta(S_1)=8, D(S_1)=7$。独立运行算法 10 次，图 5.5 为模式 S_1所含个体数随进化代数的变化情况。可见，在随机生成初始种群时，模式 S_1的数量随机；随着进化代数的增加，在选择、克隆、变异算子的作用下，算法具有较好的多样性，并产生了新抗体，模式 S_1的数量有不断上升的趋势，在抑制算子的作用下，浓度高的模式数量将减少；在进化后期，算法找到了最优解，模式的变化趋于稳定。

考虑另一模式 S_2 = 000###010001，则 $\Delta(S_2)=9, D(S_2)=11$。可以看出，$Aff(S_1) > Aff(S_2)$。独立运行算法 10 次，图 5.6 为模式 S_2所含个体数随进化代数的变化情况。可见，在随机生成初始种群时，模式 S_2的数量随机；随着进化代数的增加，由于 S_2不包含最优抗体，虽然算法具有较好的多样性，模式 S_2的数量总体在不断减少；在进化后期，算法找到了最优解，但由于种群更新操作，模式 S_2的数量不一定会减为 0。

这两个模式在进化过程中的存活情况表明，在人工免疫优化算法中，抗体的进化过程遵循模式定理。

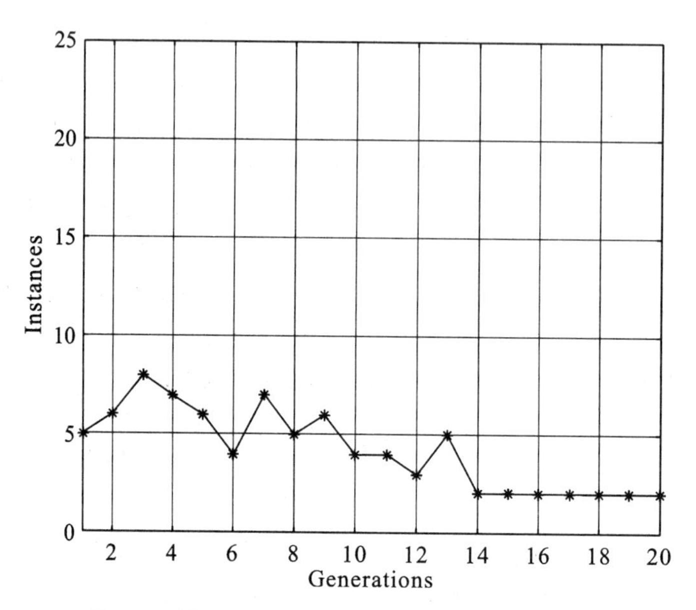

图 5.5　模式 S_1 所含个体数随进化代数的变化情况

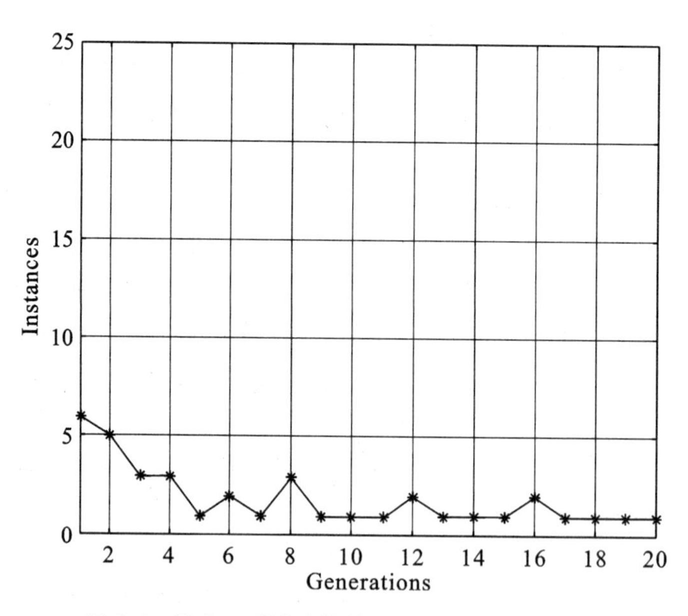

图 5.6　模式 S_2 所含个体数随进化代数的变化情况

2. 实验 2

本小节采用一个复杂函数来验证基于人工免疫的模式定理。此函数较为复杂，包括大量的局部最优解及一个全局最优解，这些解分布相对均匀，且在全局最优解的附近有较多的局部最优解，广泛用于智能算法优化问题的测试及评价。函数如下：

$$F_4(x)=\left[\sum_{i=1}^{D}\left(\sum_{j=1}^{i}z_j\right)^2\right]\cdot[1+0.4|N(0,1)|]+f_{bias\,4}$$

$$z=x-o, x=[x_1,x_2,\cdots,x_D]$$

$$x\in[-100,100]D, F_4(o)=f_{bias\,4}=-450$$

该函数的最小值为-450，抗体采用二进制位串编码方式，其最优模式为100000011100001000000000，考虑某一较优模式 S = 1000000111 ######00000000，则 $\Delta(S)$ = 18，D (S) = 23。独立运行算法20次，图5.7为模式 S 所含个体数随进化代数的变化情况。与实验1类似，在随机生成初始种群以后，进化初期没有出现模式 S；随着进化代数的增加，模式 S 的数量总体呈不断上升的趋势；在进化后期，模式的数量基本稳定。

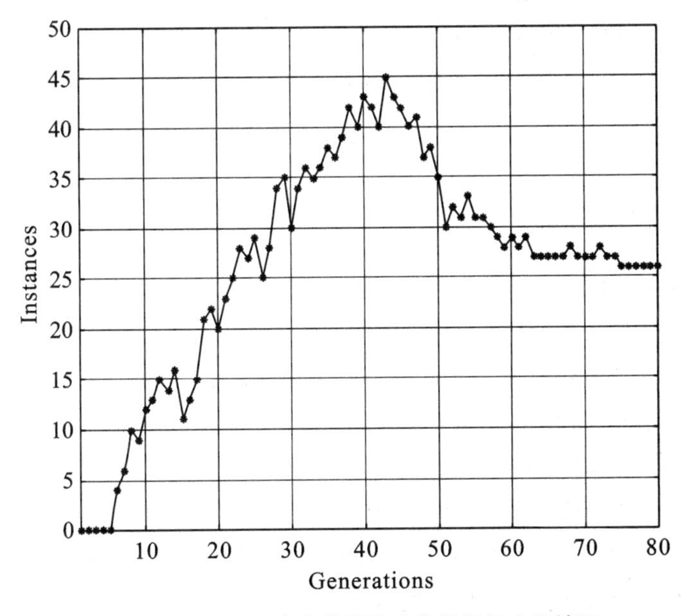

图5.7　模式S所含个体数随进化代数的变化情况

下面我们对比不同模式结构对其传播代数的影响。选择3个同源模式 S_1 = 100##0011100001000000000，S_2 = 100##001##00001000000000，S_3 = 100##001##0##01000000000，则 $\Delta(S_1)$ = 22，$\Delta(S_2)$ = 20，$\Delta(S_3)$ = 18。同样，独立运行算法20次，图5.8为模式 S_1、S_2、S_3 所含个体数随进化代数的变化情况。从图中可看出，随着进化代数的增加，阶低的模式，其实例的次数较多。前期实例数呈上升趋势，后期由于抑制算子的作用，实例数将有所减少。

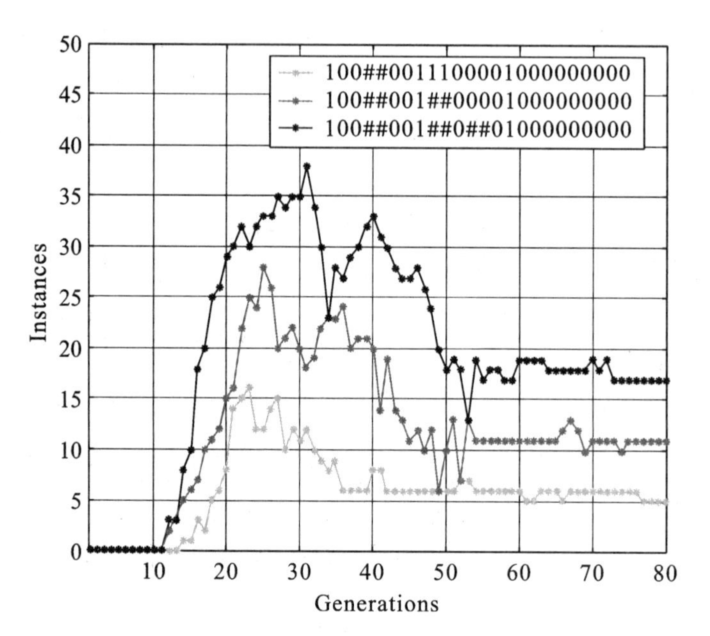

图 5.8　不同模式结构对其传播代数的影响

5.3.6　性能测试

5.3.6.1　性能评价指标

智能搜索算法的性能评估，普遍归纳为算法的求解效率和求解质量。算法的求解效率是比较获得同样的可行解所需的计算时间；算法的求解质量是在规定时间内所获得可行解的优劣。主要的性能评价指标有下面几个。

1. 适应值函数计算次数 *FES*

该指标是指发现同样适应性的个体，或同样质量的可行解，即规定精度的解，所需要的关于个体评价的适应值函数的计算次数（Function evaluations）。显然，该值越小说明相应的算法搜索效率越高。

一次成功的寻优指的是，算法运行期间，当评价次数不大于最大适应值函数计算次数时，找到了满足规定精度的解，此为一次成功的寻优。如果在规定最大评价次数内，没有找到满足规定精度的解，则为失败的寻优。

2. 寻优成功率

寻优成功率表示寻优成功的次数与总运行次数的比值。该指标反映了算法寻优的总体性能，是一个最基本的指标。定义如下：

$$Success\ Rate = successful\ runs\ /\ total\ runs \tag{5.46}$$

3. 寻优成功性能

寻优成功的平均 *FES* 乘以总运行次数与寻优成功次数的比值，表示寻优成功性能。该指标反映了寻优成功的 *FES* 值的变化，显然该值越小越好。定义如下：

$$Success\ Performance$$
$$= mean(FES\ for\ successful\ runs) * (total\ runs) / (successful\ runs) \quad (5.47)$$

4. 收敛图

该图显示了算法总运行次数的平均性能。该图横坐标为 *FES*，纵坐标为 $\log10[f(x)-f(x*)]$，即误差的对数值。

5. 多样性动态评估指标

多样性是智能搜索算法重要指标，多样性动态评估指标是用来评估算法在搜索过程中的多样性变化指标，Neal 的研究引入了表现型多样性（Phenotypical diversity，PDM）和基因型多样性（Genotypical diversity，GDM）测量指标，定义如下：

$$PDM = f(A_{m,n})_{avg} / f(A_{m,n})_{max} \quad (5.48)$$

$$GDM = (d-d_{min}) / (d_{max}-d_{min}) \quad (5.49)$$

其中，$f(A_{m,n})_{avg}$ 和 $f(A_{m,n})_{max}$ 分别为当代系统中个体的平均适应度值和最大适应度值，$PDM \in [0, l]$，当算法收敛时，其值趋于 1；d、d_{max}、d_{min} 分别为当代系统中所有个体与最佳个体间的平均欧氏距离、最大和最小欧氏距离。$GDM \in [0, l]$，当 *GDM* 趋于 0 时，表明个体趋于一致，算法呈收敛状态；而当 *GDM* 较大时，则个体差异较大。通常，如果 $PDM>0.9$ 且 $GDM<0.1$，认为算法已趋收敛；如果 $0<PDM<0.9$ 且 $GDM \geqslant 0.1$，则算法处搜索阶段。

6. 在线性能评估准则

在环境 e 下算法 s 的在线性能 $X_e(s)$ 如式（5.50）所示。

$$X_e(s) = \frac{1}{T}\sum_{t=1}^{T} f_e(t) \quad (5.50)$$

其中，$f_e(t)$ 是在环境 e 下第 t 时刻或第 t 代种群中，个体的平均目标函数值或平均适应度。由定义可知，算法的在线性能指标反映了算法的动态性能。若在线性能使用平均适应度来计算，即 $f_e(t)$ 表示种群各代的平均适应度，那么通过计算第一代开始到当前代的各代的平均适应度值与代数相比的平均值，就可求得算法的在线性能。

7. 离线性能评估准则

在环境 e 下算法 s 的离线性能 $X_e^*(s)$ 如式（5.51）所示。

$$X_e^{\ *}(s)=\frac{1}{T}\sum_{t=1}^{T}f_e^{\ *}(t) \tag{5.51}$$

其中，$f_e^{\ *}(t)=best\{f_e(1),f_e(2),\cdots,f_e(t)\}$是在环境 e 下，在［0，$t$］时间段内，出现的最大的适应度或最好的目标函数值。由定义可知，算法的离线性能指标反映了算法的收敛性能，它表示的是运行过程中种群从第一代到当前代的最佳适应度值，是算法最佳适应度的累积均值。

5.3.6.2　优化过程

本节以一个简单的优化实例说明人工免疫算法的优化过程。本书采用的实例为函数优化，待优化的函数为：

$$f(x)=x^2 \quad x\in[-1,2]$$

很显然，此函数在 $x=0$ 处有最小值 0，实际上由于自变量的取值范围为一个闭区间［−1，2］，函数在 $x=-1$ 和 $x=2$ 处有最大值 1 和 4，因此f（x）为一个简单的多峰函数。

本书利用 opt−aiNet 算法仿真程序，以随机生成的初始种群对f（x）进行寻优运算，寻优过程如图 5.9 所示。图中的曲线为待优化函数曲线，共有两个峰值，x 代表抗体所处位置。

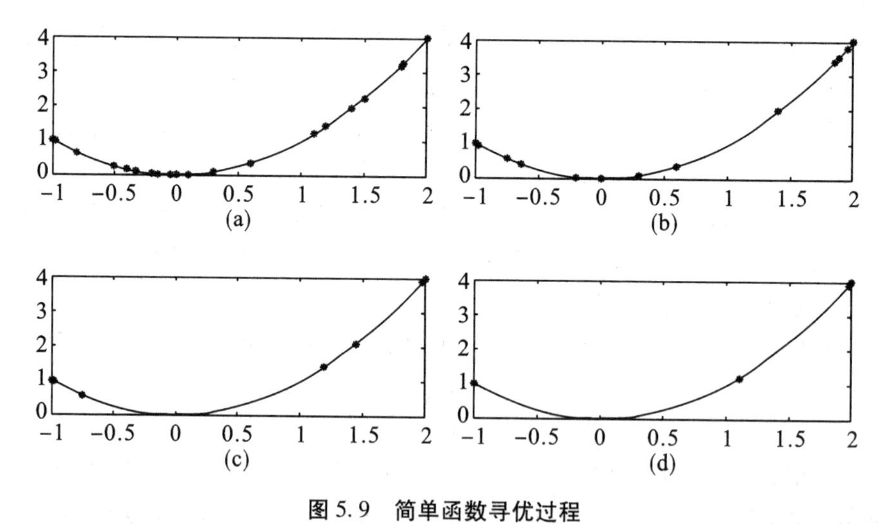

图 5.9　简单函数寻优过程

搜索的初始状态如图 5.9（a）所示，20 个抗体随机地分布于问题的求解空间；经过 5 次迭代后，如图 5.9（b）所示，对应函数值较小（抗体亲和度较低）的区域中存在的抗体明显减少，抗体向搜索空间中两个峰值所在的区域靠拢，而且向全局最优解所在区域靠拢的抗体数目明显多于向另一个峰值靠拢的抗体数目；经过 10 次迭代后，如图 5.9（c）所示，抗体向搜索空间中两个峰值所在的区域进一步靠拢，对应函数值较小（抗体亲和度较低）的区域中存在的抗体继续减少，但仍然有一部分抗体存在，表现出人工免疫算法可以保持很好的抗体多样性；经过 20 次迭代，寻优计算停止，得到的搜索结果如图 5.9（d）所示，大部分抗体聚集在全局最优解周围，而函数的另一个峰值也有一些抗体个体存在，体现出人工免疫算法的多模态函数寻优能力，同时，在两个峰值所在区域之外，对应函数值较小的区域中仍然有部分抗体存在，算法仍然保持着很好的个体多样性，这是算法能够进行全局搜索，不会轻易陷入局部极值的保证。

5.3.6.3 优化性能

本节通过将 opt-aiNet 与遗传算法 GA、粒子群优化算法 PSO、克隆选择算法 CLONALG 比较，来说明基于免疫网络的优化算法 opt-aiNet 的性能。

1. 测试函数及参数说明

采用的测试函数来自优化算法中常用的 benchmark 函数，为：

$$g(x,y) = x.sin(4\pi x) - y.sin(4\pi y+\pi) + 1,\ x,y \in [-2,2]$$

该函数为一个简单的 2 维多峰函数，变量取值范围是［-2，2］，该函数包含一个最优解和若干个非均匀分布的局部极值点，如图 5.10 所示。通过考察各个算法在该函数的执行过程，来说明 opt-aiNet 的优化性能。

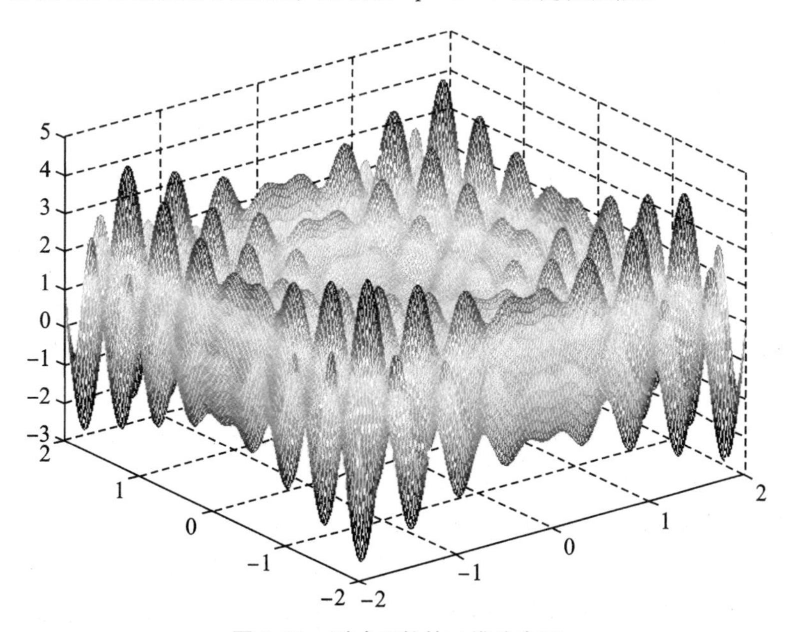

图 5.10 测试函数的二维分布图

针对该函数搜索最优解的停止条件为：达到最大函数评价次数 10 000 次，

或最优解误差为 10^{-5}。

算法参数共有以下几个。

种群规模：种群规模即抗体种群中抗体个体的数目，往往要根据问题的复杂程度来设置。设置较大的种群规模将有助于算法对问题可行解区间的搜索，但会增加算法的运算量，通常设置范围为 15~100。GA 的种群规模 100，PSO 的种群规模为 100，CLONALG 的种群规模为 100，opt-aiNet 的种群规模为 20。

克隆数目：抗体克隆操作所产生的副本数目。此参数设置过低会降低算法局部搜索性能，设置过高则会加大算法运算量，通常设置范围为 5~30。本书在 CLONALG 和 opt-aiNet 中将其设置为 10。

变异率：克隆体产生变异时的变异概率。GA 的变异率为 0.01，交叉率为 0.7；CLONALG 的变异率为 0.01；opt-aiNet 的变异率为 0.01。

下面三个参数为 PSO 的参数。

惯性权重：该参数反映了微粒先前行为的惯性，通常设置范围为 0.5~1。此时设置为 0.8。

加速常数 $c1$ 和 $c2$：这两个参数反映了微粒本身的飞行经验和同伴的飞行经验对它的影响，此时设置为 $c1 = c2 = 2$。

下面的两个参数为 opt-aiNet 的参数。

更新比例：更新种群中劣质抗体的比例。设置过高会使算法搜索的盲目性增加，通常设置范围为 0.1~0.5。本书设置为 0.4。

抑制阈值：删除相似抗体时的距离阈值。设置过高会使不同峰值的解被舍弃，设置过低会使同一峰值保留多个解。本书设置为 0.2。

2. 算法寻优效果对比

独立运行四种算法各 25 次，GA、PSO、CLONALG 及 opt-aiNet 对测试函数的平均寻优效果如图 5.11 所示。该图为算法的收敛图，图中横坐标表示算法运行时的函数评价次数 FES，纵坐标为搜索过程中最小误差的对数值 $\log10[f(x^*)-f(x)]$。

从 25 次的平均运行结果来看，GA 前期的进化速度比较快，但后期陷入了局部最优。对 GA 来说，全局操作以交叉算子为主，局部操作以变异算子为主。GA 只在变异算子中提供了多样性。

PSO 同样存在这样的问题，前期收敛速度比较快，但运行一段时间后，速度开始减慢，易陷入局部最优。PSO 算法依靠的是群体之间的合作与竞争，通过跟随当前最优解来增加种群多样性，因而单个粒子一旦受某个局部极值约束后本身很难跳出局部极值，需借助其他粒子的发现。

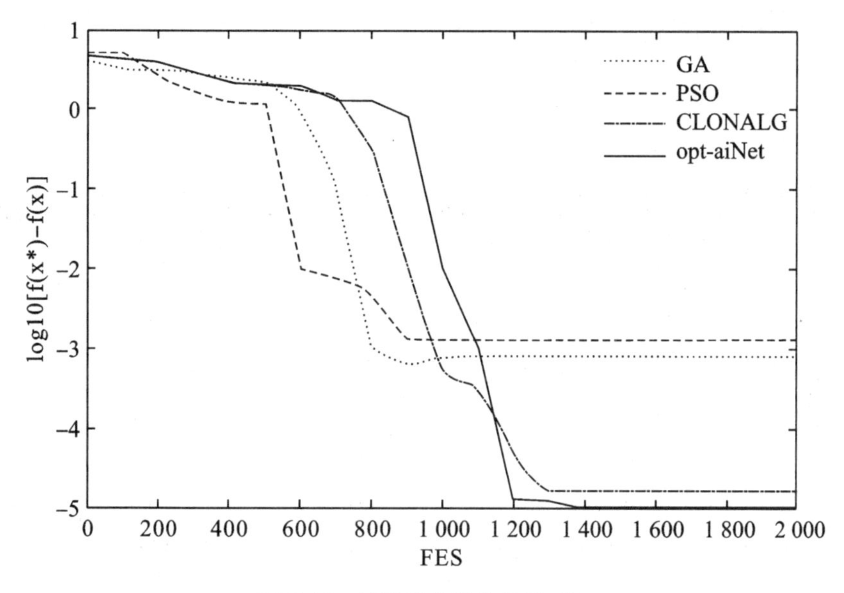

图 5.11　四种算法的收敛图对比

CLONALG 的前期进化速度略逊于 GA 和 PSO，但后期进化效果比 GA 和 PSO 效果好，能使适应度较高的个体得到扩张，且免疫基因操作如：选择、克隆、变异，能产生新个体，保持了抗体的多样性，但搜索精度有待提高。

opt-aiNet 虽然前期的进化速度比较慢，但能最终找到全局最优，主要是因为操作算子中的克隆、变异、种群更新及局部操作算子中的抗体抑制具有很好的多样性保持能力，且能较好地平衡全局与局部搜索，收敛于全局最优解。

3. 算法的种群多样性对比

独立运行四种算法各 25 次，GA、PSO、CLONALG 及 opt-aiNet 对测试函数的种群多样性对比效果如图 5.12 所示。使用 *PDM* 来考察种群多样性，图中横坐标表示算法的迭代次数，纵坐标为 *PDM* 值，即当代系统中个体的平均适应度值和最大适应度值的比值，*PDM* 值越大，表示种群的多样性越小。在种群进化过程中，全部个体向较优解靠拢，会使种群多样性减少。如果在算法执行前期，种群多样性减少过快，使种群中的个体大多比较相似，种群不能再进化出更优的个体了，这时种群陷入了局部极值。因此，群体有更多的多样性表示群体有更多的进化机会，而多样性丧失的直接结果就是产生早熟。保持种群多样性可以使算法能够不断地搜索到未知区域，从而保证算法的全局搜索能力和搜索到最优解的可能性。典型的进化优化算法的执行过程总是在大范围搜索之后又在一个个局部区域细致搜索。

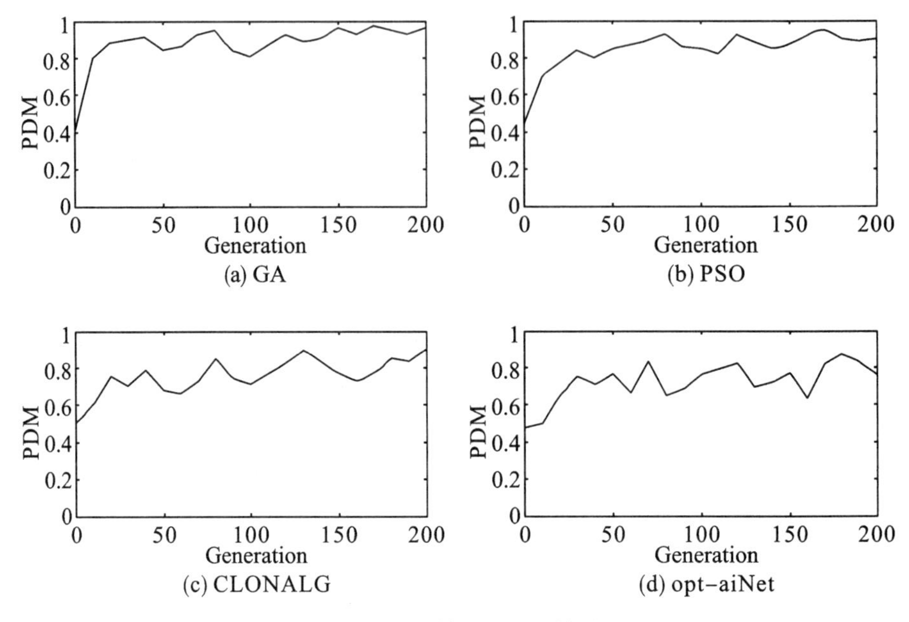

图 5.12　四种算法的多样性对比

从图 5.12 容易看出，GA 和 PSO 的多样性保持能力比 CLONALG 和 opt-aiNet 差，而 opt-aiNet 的全局寻优能力又优于 CLONALG。这可从四种算法的 *PDM* 多样性运行曲线反映出来。在进化前期阶段，*PDM* 值随解的适应值的增加，呈上升趋势，即多样性呈下降趋势，这是必经阶段，因为如果多样性一直很高的话，说明种群一直在大范围内进行全局搜索，这样算法很难达到收敛；在进化后期阶段，个体的适应值变化很小，因此多样性变化也较小，说明种群在进行小范围局部搜索了，种群已达到或接近最优解。

从 GA 和 PSO 的运行结果看，在进化前期阶段，多样性曲线 *PDM* 上升较快，达到一定代数时，*PDM* 保持在一个较高的水平，说明种群已呈收敛状态，已收敛于最优解或局部次优解；在整个进化过程中，曲线整体震动频率和振幅变化不大，说明种群多样性变化较小。

从 CLONALG 和 opt-aiNet 的运行结果来看，它们的多样性曲线的振幅和震动频率相对大些，这说明在进化过程中，种群个体在空间中分布较开，随着进化过程，种群有时具有相对较大的多样性，有时具有相对较小的多样性。这说明，种群可以在全局搜索和局部搜索之间变换。

可见，效果较好的算法的种群多样性曲线有两个重要特征：保持缓慢下降，充分开发种群空间；保持较大的震动频率和振幅，保持种群多样性，尤其是前期进化的震动频率和振幅。

5.4 本章小结

本章首先讨论了免疫网络理论的基本原理，Jerne 的独特型免疫网络理论的主要内容、微分方程表示及一般框架；然后介绍了著名的免疫网络模型，aiNet 网络模型和 RLAIS 网络模型，对两个模型的基本原理及学习过程做了详细讨论；最后介绍了 aiNet 网络模型的优化版本 opt-aiNet 算法，分析了此算法的进化流程。通过对免疫网络的研究，本章提出了基于免疫网络的优化算法的基本流程，构建了基于免疫网络的优化算法的一般框架，分析了流程特点。该流程利用人工免疫系统中的自学习、自组织和自适应等免疫特性对优化问题进行建模、执行免疫应答和免疫记忆，并在 Markov 链的基础上，证明了基于免疫网络的优化算法的收敛性；同时在模式定理的基础上，分析了基于免疫网络的优化算法的进化机制，给出了基于免疫网络的优化算法的模式定理。本章利用仿真实验对基于免疫网络的优化算法的优化过程和优化性能进行了验证，并与遗传算法 GA、粒子群优化算法 PSO、克隆选择算法 CSA 等其他智能优化算法进行比较，结果表明基于免疫网络的优化算法是一种很有优势的智能优化算法，对于解决实际优化问题有着广泛的应用前景。

参考文献

[1] 蒋加伏，蒋丽峰，唐贤瑛. 基于免疫遗传算法的多约束 QoS 路由选择算法 [J]. 计算机仿真，2004，2 (13)：51-54.

[2] 曹恒智，余先川. 单亲遗传模拟退火及在组合优化问题中的应用 [J]. 北京邮电大学学报，2008，3 (31)：11-14.

[3] 郇嘉嘉，黄少先. 基于免疫原理的蚁群算法在配电网恢复中的应用 [J]. 电力系统保护与控制，2008，17 (36)：28-31.

[4] 王焱滨，虞厥邦. 遗传算法在多用户检测中的应用研究 [J]. 电路与系统学报，2008，2 (13)：39-43.

[5] JAIN A K, DUBES R C. Algorithms for Clustering Data [J]. Prentice-Hall Advanced Reference Series, 1988 (1): 334.

[6] JAIN A K, MURTY M N, FLYNN PJ. Data clustering: A review [J].

ACM Computing Surveys, 1999, 31 (3): 264-323.

[7] JAIN A K, DUIN R P W, MAO J C. Statistical pattern recognition: A review [J]. IEEE Trans. on Pattern Analysis and Machine Intelligence, 2000, 22 (1): 4-37.

[8] SAMBASIVAM S, THEODOSOPOULOS N. Advanced data clustering methods of mining Web documents [J]. Issues in Informing Science and Information Technology, 2006, (3): 563-579.

[9] MARQUES J P. Pattern Recognition Concepts, Methods and Applications [M]. 2nd ed. Beijing: Tsinghua University Press, 2002: 51-74.

[10] FRED A L N, LEITÃO J M N. Partitional vs hierarchical clustering using a minimum grammar complexity approach [C] // Proc. of the SSPR&SPR 2000. LNCS 1876, 2000. 193-202. http://www.sigmod.org/dblp/db/conf/sspr/sspr2000.html.

[11] GELBARD R, GOLDMAN O, SPIEGLER I. Investigating diversity of clustering methods: An empirical comparison [J]. Data & Knowledge Engineering, 2007, 63 (1): 155-166.

[12] KUMAR P, KRISHNA P R, BAPI R S, et al. Rough clustering of sequential data [J]. Data & Knowledge Engineering, 2007, 3 (2): 183-199.

[13] GELBARD R, GOLDMAN O, SPIEGLER I. Investigating diversity of clustering methods: An empirical comparison [J]. Data & Knowledge Engineering, 2007, 63 (1): 155-166.

[14] KUMAR P, KRISHNA P R, BAPI R S, et al. Rough clustering of sequential data [J]. Data & Knowledge Engineering, 2007, 3 (2): 183-199.

[15] HUANG Z, NG M A. Fuzzy k-modes algorithm for clustering categorical data [J]. IEEE Trans. on Fuzzy Systems, 1999, 7 (4): 446-452.

[16] CHATURVEDI A D, GREEN P E, CARROLL J D. K-modes clustering [J]. Journal of Classification, 2001, 18 (1): 35-56.

[17] ZHAO Y C, SONG J. GDILC: A grid-based density isoline clustering algorithm [M] // ZHONG YX, CUI S, YANG Y. Proc. of the Internet Conf. on Info-Net. Beijing: IEEE Press, 2001: 140-145. http://ieeexplore.ieee.org/iel5/7719/21161/00982709.pdf.

[18] PILEVAR A H, SUKUMAR M. GCHL: A grid-clustering algorithm for high-dimensional very large spatial data bases [J]. Pattern Recognition Letters, 2005, 26 (7): 999-1010.

[19] TSAI C F, TSAI C W, WU H C, et al. ACODF: A novel data clustering approach for data mining in large databases [J]. Journal of Systems and Software, 2004, 73 (1): 133-145.

[20] BHUYAN J N, RAGHAVAN V V, VENKATESH K E. Genetic algorithm for clustering with an ordered representation [C] // Proceedings of the 4th International Conference on Genetic Algorithms. San Francisco: Morgan Kaufmann, 1991: 408-415.

[21] JONES D, BELTRAMO M A. Solving partitioning problems with genetic algorithms [M] // Proceedings of 4th International Conference on Genetic Algorithms. San Francisco: Morgan Kaufmann, 1991: 442-429.

[22] 李洁，高新波，焦李成一种基于GA的混合属性特征大数据集聚类算法 [J]. 电子与信息学报，2004，26 (8): 1203-1209.

[23] 刘靖明，韩丽川，候立文. 一种新的聚类算法——粒子群聚类算法 [J]. 计算机工程与应用，2005，41 (20): 183-185.

[24] CHIU C Y, LIN C H. Cluster analysis based on artificial immune system and ant algorithm [C] // Proceedings of the 3rd International Conference on Natural Computation. Washington D C: IEEE Computer Society, 2007: 647-650.

[25] NIKNAM T, AMIN B. An efficient hybrid approach based on PSO, ACO and k-means for cluster anaysis [J]. Applied Soft Computing, 2009, article in press.

[26] JERNE N K. Towards a network theory of the immune system [J]. Annals of Immunology (Paris), 1974, 125C: 373-389.

[27] VARELA F J, STEWART J. Dynamics of a Class of Immune Network Global Stability of Idiotype Interactions [J]. Theoretical Biology, 1990 (144): 93-101.

[28] TIMMIS J, NEAL M, HUNT J. An artificial immune system for data analysis [J]. Biosystems, 2002, 55 (1/3): 143-150.

[29] TIMMIS J, NEAL M. A resource limited artificial immune system for data analysis [J]. Knowledge Based Systems, 2001, 14 (3-4): 121-130.

[30] CASTRO, ZUBEN. aiNet: Artificial Immune Network for Data Analysis [M]. [S. l.]: Idea Group Publishing, 2001.

[31] NASRAOUI O, GONZALEZ F, CARDONA C, et al. A scalable artificial immune system model for dynamic unsupervised learning [C] // Proceedings of International Conference on Genetic and Evolutionary Computation. San Francisco: Mor-

gan Kaufmann, 2003: 219-230.

[32] NEAL M. An artificial immune system for continuous analysis of time-varying data [C] // Proceedings of the First International Conference on Artificial Immune Systems. Berlin: Springer, 2002: 76-85.

[33] NEAL M. Meta-stable memory in an artificial immune network [C] // Proceedings of the Second International Conference on Artificial Immune Systems. Berlin: Springer, 2003: 168-181.

[34] HART E, ROSS P. Exploiting the analogy between the immune system and sparse distributed memories [J]. Genetic Programming and Evolvable Machines, 2003, 4 (4): 333-358.

[35] DE CASTRO L N, TIMMIS J. An Artificial Immune Network for Multimodal Function Optimisation [J]. Proc. Of IEEE World Congress on Evolutionary Computation, 2002 (1): 669-674.

[36] 张文修，梁怡. 遗传算法的数学基础 [M]. 西安：西安交通大学出版社，2001.

[37] HOLLAND J H. Adaptation in Natural and Artificial Systems [M]. Ann Arbor: University of Michigan Press, 1992.

[38] NEUBAUER A. The Circular Schema Theorem for Genetic Algorithms and Two2point Crossover. Genetic Algorithms in Engineering Systems: Innovations and Applications [C]. London: IEE Press, 1997: 209-214.

[39] SPEARS W M, DE JONG K A. A Formal Analysis of the Role of Multi2Point Crossover in Genetic Algorithms [J]. Annals of Mathematics and Artificial Intelligence, 1992, 5 (1): 1-26.

[40] 游雪肖，钟守楠. 十进制编码遗传算法的模式理论分析 [J]. 武汉大学学报（理学版），2005, 51 (5): 542-546.

[41] 仁庆道尔吉，王宇平. 有限字符集编码下的模式定理及其证明 [J]. 西安电子科技大学学报（自然科学版），2012, 39 (6): 118-123.

[42] 明亮，王宇平. 基于三进制表示的新模式定理 [J]. 控制理论与应用，2005, 22 (2): 266-268.

[43] 徐淑坦，孙亮，孙延风. 关于遗传算法模式定理的进一步探讨 [J]. 吉林大学学报，2009, 27 (6): 295-601.

[44] 王悦，唐常杰. 基于基因表达式编程的进化模式定理 [J]. 四川大学学报（工程科学版），2009 (2): 167-172.

6 基于免疫网络的优化算法的改进研究

6.1 引言

在第5章的研究中，人工免疫算法在优化计算方面表现出了若干优势，如多样性保持机制、多峰函数优化能力、全局搜索与局部搜索相统一等。人工免疫算法通过促进或抑制抗体的产生，体现了免疫反应的自我调节功能，保证了个体的多样性，而遗传算法和粒子群算法只是根据适应度选择父代个体，并没有对个体多样性进行调节。人工免疫算法在记忆单元基础上运行，确保了其快速收敛于最优解；而遗传算法和粒子群算法则是基于父代群体，标准遗传算法并不能保证概率1收敛。

同时，在仿真结果中，人工免疫算法在优化计算方面也反映出了一些不足，如存在早熟收敛、局部搜索能力不强等，因此需要对算法进行改进研究，以弥补算法不足，增强算法的优化能力。

6.2 一种基于危险理论的免疫网络优化算法

从生物免疫机理中的体液免疫应答来看，克隆选择的主要思想是当免疫细胞受到抗原刺激后，会发生克隆增殖，产生大量克隆体，然后通过高频变异分化为效应细胞和记忆细胞。在增殖过程中，效应细胞会生成大量抗体，之后抗体会发生增殖复制和高频变异，使亲和力逐步提高，而最终达到亲和力成熟。

免疫网络的主要思想是在抗体识别侵入抗原时，各种抗体通过它们之间的相互作用构成一个动态网络，根据免疫调节机制保持平衡，当抗体相似度较高时会产生抑制作用，当抗体相似度较低时会产生刺激作用。因此其可以维持群体多样性，并保持抗体总数平衡，最终形成一个由各种记忆细胞构成的稳定网络。

生物免疫学家 Matzinger 提出的免疫危险理论认为免疫系统之所以能分辨异己抗原，其关键是异己抗原使机体产生不同于自然规则的生化反应，这种生化反应将会产生不同程度的危险信号，因此，生物机体以环境变动为依据产生危险信号进而引导免疫应答。从本质上来讲，危险信号在其周围建立了一个危险区域，在该区域内的免疫细胞将被活化参与免疫响应。与传统的 CLONALG 和免疫网络理论相比，危险理论引入了机体的环境因素，通过此环境因素描述了生物免疫系统的部分重要特征，并解释了传统的免疫理论不能解释的免疫现象，如自身免疫疾病等。因此，危险理论可与 CLONALG 及免疫网络理论相结合，更为完整准确地模拟生物免疫机理。

本书把危险理论引入优化算法中，融合克隆选择理论及免疫网络理论，提出了一种基于危险理论的免疫网络优化算法，简记为 dt-aiNet。

6.2.1 流程描述

dt-aiNet 算法主要由危险信号计算、克隆选择、变异机制和克隆抑制、网络抑制、种群更新等要素组成。算法首先通过定义危险区域来计算每个抗体的危险信号值，并通过危险信号来调整抗体浓度，利用克隆增殖对一定数量的随机抗体进行复制生成克隆群；然后通过变异机制产生子抗体，对每个克隆群中的子抗体与父抗体进行比较后，保留危险区域内亲和度最高的抗体及不在父抗体危险区域内的高亲和力子抗体；最后补充随机产生的新抗体以调节种群规模，此时重新计算危险信号，并删除浓度为 0 的抗体。种群中的个体组成了免疫网络，网络在不断进化中提高抗体群的亲和度，并在危险信号的作用下使低亲和力低浓度抗体死亡，存活的抗体则作为记忆单元保留下来，直到记忆单元的抗体数目不再发生变化，最后记忆单元中的抗体即为多峰函数的优化解。

1. 算法步骤

算法的停止条件为达到最大 FES，或者找到误差小于指定值的最优解。

该算法中用到的参数说明如下。表 6.1 对算法步骤做了简要描述。

N：初始种群大小。

con_0：抗体的初始浓度。

Nc_{min}：抗体克隆数目最小值。

Nc_{max}：抗体克隆数目最大值。

r_danger：危险区域半径。

k：变异调节参数。

t_0：变异幅度的分界点。

β_0：变异初始范围。

$d\%$：种群更新的个体数量比例。

PDM_{max}、PDM_{min}、GDM_{max}、GDM_{min}：种群多样性调整参数。

表 6.1　　dt-aiNet 算法的流程

初始化，在定义域内随机产生初始网络细胞群体； While（停止条件不满足）do Begin 　设置种群中每个抗体的初始浓度，并计算每个抗体的亲和力、危险信号； 　选择种群中的优质个体进行克隆，使其活化，个体克隆数量与浓度有关； 　对克隆副本进行变异，使其发生亲和力突变，变异率与亲和力有关，且能自适应调整； 　执行克隆抑制，选择每个克隆群体中的优质个体组成网络； 　更新种群适应度、危险信号及浓度，执行网络抑制； 　定时执行局部搜索，定时判断是否需调整危险区域半径； 　随机生成一定数量的新抗体并使其加入网络。 End； 执行局部搜索； 执行网络抑制。

2. 算法流程图

算法流程图如图 6.1 所示。

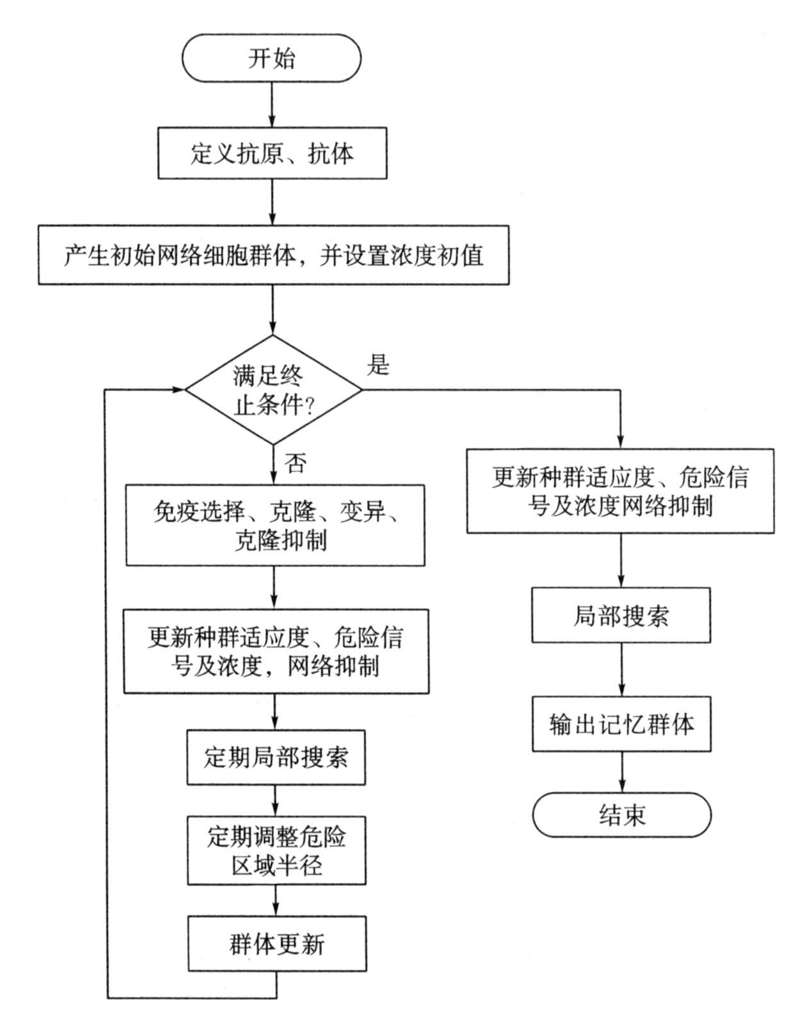

图 6.1　dt-aiNet 算法流程图

6.2.2　优化策略

6.2.2.1　抗体抗原及亲和力

优化函数表示为 $P = \min f(x)$，其中 $x=(x_1,x_2,\cdots,x_n)\in R^n$ 是决策变量，n 为变量维度，min 表示求取函数 $f(x)$ 的极小值，也可求取函数 $f(x)$ 的极大值 $\max f(x)$。算法采用实数编码，则抗体、抗原均为 n 维实数向量。抗体规模为 R^n 的种群空间。于是优化问题 P 可转化为：$\min\{f(Ab_i), Ab_i\in R^n\}$ 或 $\max\{f(Ab_i), Ab_i\in R^n\}$。

抗体、抗原亲和力为抗体与抗原的结合强度，即解相对于问题的适应度，表示为 *affinity*（Ab_i），为抗体函数值 f（Ab_i）的归一化表示，计算公式如下。如 $P = \max f(x)$，则

$$affinity(Ab_i) = \frac{f(Ab_i) - f_{min}}{f_{max} - f_{min}} \tag{6.1}$$

$f(Ab_i)$ 为抗体 Ab_i 的函数值，f_{min} 为当前群体中的最小函数值，f_{max} 为当前群体中的最大函数值，如 $P = \min f(x)$，则

$$affinity(Ab_i) = 1 - \frac{f(Ab_i) - f_{min}}{f_{max} - f_{min}} \tag{6.2}$$

抗体与抗体的亲和力，表示两个抗体之间的相似程度。对于实数编码来说，通常与两个抗体之间的距离有关。计算公式如下：

$$affinity(Ab_i, Ab_j) = \frac{1}{dis(Ab_i, Ab_j)} \tag{6.3}$$

其中 *dis* 为两个抗体之间的欧式距离，为：

$$dis(Ab_i,\ Ab_j) = \sqrt{\sum_{k=1}^{n} (Ab_{ik} - Ab_{jk})^2} \tag{6.4}$$

6.2.2.2　危险区域及危险信号

危险理论强调以环境变动产生的危险信号来引导不同程度的免疫应答，危险信号周围的区域即为危险区域。我们用亲近度量来模拟危险区域，由于危险信号与环境相关，对于优化问题而言，危险区域内的抗体种群浓度体现了环境状态。

根据危险理论，如果某抗原 Ag_i 直接坏死，则以 Ag_i 为中心的附近区域将成为危险区域 D（Ag_i）。对于优化问题，因为抗原是隐形的，我们假设每个抗体都是峰值点，以峰值点的附近区域作为危险区域。定义如下：

$$D(Ab_i) = \{Ab_j \mid dis(Ab_i, Ab_j) < r\_danger\} \tag{6.5}$$

其中 *r_danger* 为危险区域半径，该值应是峰值点的半径，与峰值点的密集程度有关。

对每个抗体 Ab_i 来说，危险区域内抗体的相互作用，即为 Ab_i 的周围环境状态。则危险信号函数 *DS*（danger signal function）定义如下，该函数以危险区域内，与抗原亲和力大于 *affinity*（Ab_i）的抗体 Ab_j 的抗体浓度 *con*（Ab_j）和距离 *dis*（Ab_i, Ab_j）为输入，产生该抗体所处危险信号值。

$$DS(Ab_i) = \sum_{Ab_j \in D(Ab_i) \ \cap affinity(Ab_j) \ > affinity(Ab_i)} con(Ab_j)\left[r_{danger} - dis(Ab_i,\ Ab_j)\right] \tag{6.6}$$

con 为抗体的浓度。可见，在种群中，个体 Ab_j 只有在抗体 Ab_i 的危险区域内，并且与抗原亲和力大于 Ab_i 的抗原亲和力，才会对 Ab_i 的环境产生影响；Ab_j 数量越多，对抗体环境产生的影响越大；Ab_j 与 Ab_i 的距离越近，对抗体环境产生的影响越大。抗体所处环境受损或者正在受损的概率相应较大，在此环境中抗体所处危险信号就相应较大。

定义危险信号提取算子 T_d 为根据抗体的环境信息，计算抗体的危险信号，以便引导免疫应答，确定性映射 T_d：$R^n \to R$。

$$T_d(Ab_i) = DS(Ab_i) \tag{6.7}$$

6.2.2.3 浓度计算

抗体的浓度是动态变化的，与该抗体的危险信号及与抗原亲和力有关。这两个因素为抗体浓度变化的主要原因。

当抗体周围环境改变时，抗体浓度将会发生变化。当危险信号存在时，说明在该抗体周围存在更好的解，因此该抗体浓度将随着进化代数而衰减。危险信号越大，表明周围环境改变对该抗体的影响越大，这会对抗体产生一个抑制的作用，抗体浓度减少。而且当抗体周围环境没有改变时，说明该抗体处在一个相对稳定的环境中，即该抗体周围不存在更好的解，该抗体为候选峰值点，因此抗体浓度将随着进化代数而增益。

而抗体与抗原的亲和力也将对抗体浓度产生影响，与抗原的亲和力越大，表明该抗体作为解的适应度越大。当抗体为候选峰值点时，将使抗体的增益与抗原的亲和力成正比。当抗体存在危险信号时，将使抗体的衰减与抗原的亲和力成反比。

抗体 Ab_i 的浓度 $con(Ab_i)$ 的计算公式如下：

$$con(Ab_i)_{t+1} = \begin{cases} con(Ab_i)_t\{1 + \exp[affinity(Ab_i)\ 0.25]\}\ DS(Ab_i) = 0 \\ con(Ab_i)_t\{1 - \ln[1 + affinity(Ab_i)]/affinity(Ab_i)\} - DS(Ab_i)\ DS(Ab_i) > 0 \end{cases} \tag{6.8}$$

对于初始群体，每个抗体设置一个初始浓度 con_0。随着群体的进化，当抗体周围存在危险信号时，抗体浓度将逐渐衰减，最终至0；当抗体周围不存在危险信号时，抗体浓度将逐渐增加，最大至1。因此，$con(Ab_i)\ \frac{dC_i}{dt} = C_i\sum_{j=1}^{n} f(E_j, K_j, t) - C_i\sum_{j=1}^{n} g(I_j, K_j, t) + k_1 - k_2C_i\,[0, 1]$。危险信号为抗体浓度的变化提供了基准，保持了群体的多样性。

6.2.2.4 克隆操作

克隆算子模拟了免疫应答中的克隆扩增机制，当抗体检测到外来抗原时，会发生克隆扩增。该算子是对群体中的抗体执行克隆操作。此时，并不是选择亲和力较高的抗体执行克隆操作，而是对群体中的每个抗体执行克隆操作，扩大搜索空间。对每个抗体的克隆个数进行限制，当抗体浓度较大时，克隆个数较多；当抗体浓度较小时，克隆个数较少。设置抗体最大允许克隆数目 Nc_{max} 和最小允许克隆数目 Nc_{min}，则抗体 Ab_i 的克隆个数 $Nc(Ab_i)$ 计算公式如下：

$$Nc(Ab_i)=Nc_{min}+con(Ab_i)(Nc_{max}-Nc_{min}) \tag{6.9}$$

$con(Ab_i)\in[0,1]$，因此 $Nc(Ab_i)\in[Nc_{min},Nc_{max}]$。该公式显示了抗体浓度与克隆规模的关系，体现了不同危险信号刺激下各抗体的克隆扩增规模。当抗体的危险信号较高时，该抗体浓度会逐渐衰减，抗体复制水平较低，此时给了抗体一定时间来逃离危险区域；当抗体的危险信号较低时，该抗体浓度会逐渐增加，抗体复制水平较高，给抗体更多机会来搜索更优值。该方法减少了搜索过程中的盲目性，加快了收敛速度。

6.2.2.5 变异操作

变异算子模拟了免疫应答中的高频变异机制，通过变异产生具有更高亲和力的抗体，增强抗体种群的多样性。通常变异算子应该既可以产生小范围的扰动也可以产生大范围的扰动。这样可以使变异算子在重点进行局部搜索的同时也具有一定的全局搜索能力，进而使算法具有更强的优化搜索性能。

在 opt-aiNet 中采用了高斯变异，变异公式如下：

$c' = c + \alpha N(0,1)$

$\alpha = (1/\beta)exp(-f^*)$

其中 $N(0,1)$ 为高斯随机变量，均值为 0，偏差为 1。β 为控制参数，调节变异幅度，在 opt-aiNet 中为用户指定固定值，f^* 为抗体函数值。

此种方式存在一定的缺点。对于不同的函数，β 的确定比较困难。而且在搜索过程中，如果 β 值较大，则个体以较大的概率进行搜寻，更利于全局搜索，但会导致算法收敛速度缓慢；如果 β 值较小，则个体以较小的概率进行搜索，更利于局部搜索，但会使算法在局部极值点附近搜索而跳不出局部区域，导致早熟。

因此，本书采用动态自适应的 β 值，变异机制如下所示：

$$Ab_i(t+1) = Ab_i(t) + \alpha N(0,1) \tag{6.10}$$

$$\alpha = \beta(t)\ exp[-affinity(Ab_i)] \tag{6.11}$$

$$\beta(t)=\frac{\beta_0}{1+exp\left(\frac{t-t_0}{k}\right)} \tag{6.12}$$

可见，在算法初始阶段，β 值较大，算法以较大的概率向群体的峰值点靠近，加快算法收敛速度；当算法迭代一定次数后，β 值较小，算法可在峰值点的邻域内进行搜索，提高算法精度。

因为 $affinity\ (Ab_i) \in [0, 1]$，则 $exp\ [-affinity\ (Ab_i)\ ] \in [0.367\ 9, 1]$。

β_0为控制参数，决定了 β 值的范围，则 $\beta \in [0, \beta_0]$。

k 为调节参数，调整 $exp\ (t-t_0)$ 的变化速率。k 值越大，则 $exp\ (t-t_0)$ 随着 t 的增加，变化率越大；k 值越小，则 $exp\ (t-t_0)$ 随着 t 的增加，变化率越小。

t_0为 β 值变化的分界点，即为算法进行大概率全局搜索与小概率局部搜索的分界点。当 $t<t_0$时，$\beta \in [\beta_0/2, \beta_0]$，算法应搜索到各个峰值点的临近点；当 $t>t_0$时，$\beta \in [0, \beta_0/2]$，算法开始在各个峰值临近点进行小范围搜索。图 6.2 为 β 在不同的初始 k 值和 β_0值下的变化曲线。

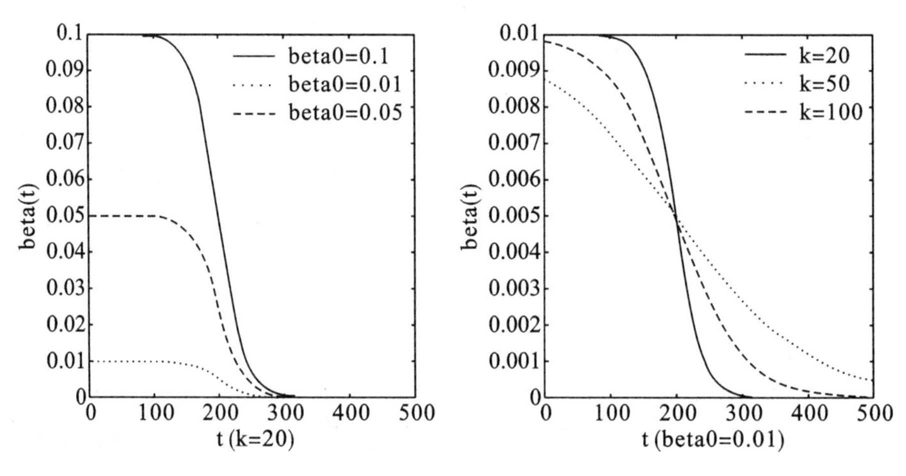

图 6.2　β (t) 的变化曲线

6.2.2.6　抑制操作

在人工免疫优化算法中，抑制操作分为两种：克隆抑制和网络抑制。

克隆抑制是指，在克隆群体和原抗体组成的临时集合中，选择亲和力最大的抗体加入网络。在 dt-aiNet 中，依然采取这种抗体加入网络的方式，同时把亲和力较大且不在原抗体危险区域内的抗体也加入网络。因此，克隆抑制 T_{cs} 操作表示如下：

$$T_{cs}\ (Ab_{\{i\}}) = Ab_{\{i\}0} + Ab_{\{i\}1} \tag{6.13}$$

其中 $Ab_{\{i\}}$ 为抗体 Ab_i和 Ab_i的克隆集合。$Ab_{\{i\}0}$为 Ab_i的危险区域内亲和力最高的抗体集合，$Ab_{\{i\}1}$为不在 Ab_i的危险区域内且其亲和力高于 Ab_i 的亲和力的抗体集合。表示如下：

$$Ab_{\{i\}0}=\{Ab_{ik} \mid affinity(Ab_{ik})=max(Ab_{\{i\}}) \cap Ab_{ik}\in D(Ab_i)\} \quad (6.14)$$

$$Ab_{\{i\}1}=\{Ab_{ik} \mid affinity(Ab_{ik})>affinity(Ab_i) \cap Ab_{ik}\notin D(Ab_i)\} \quad (6.15)$$

因此，$|T_{cs}(Ab_{\{i\}})|\geq 1$，$Ab_{\{i\}0}$集合中的个体为$Ab_i$的危险区域内的最佳个体；$Ab_{\{i\}1}$集合中的个体为$Ab_i$的危险区域外的优质个体，有可能为另一峰值点的临近点。可见，新的克隆抑制操作增加了种群多样性。

网络抑制模拟了免疫网络调节原理，即减少冗余抗体，消除相似解。在 dt-aiNet 中，网络抑制操作为删除浓度为 0 的抗体。抗体浓度为 0 表明该抗体的危险信号一直存在，在该抗体周围存在更好的优质个体，该抗体为冗余个体。网络抑制 T_{ns}操作表示如下：

$$T_{ns}(Ab)=Ab-\{Ab_i \mid con(Ab_i)=0\} \quad (6.16)$$

6.2.2.7 局部搜索

变异算子可以保证算法不断寻求更优的结果，但由于搜索过程中以随机变异为唯一的抗体调整机制，搜索精度不高，搜索手段过于简单化。局部搜索算子 T_{ls} 在记忆抗体的邻域内进行单维搜索，即依次对抗体的一个维度进行变异，其他维度保持不变，变异范围限制在该抗体的危险区域内。T_{ls}表示如下：

$$T_{ls}[Ab_{ik}(t)]=Ab_{ik}(t)+\gamma \qquad con(Ab_i)=1 \quad (6.17)$$

γ 为扰动值，$\gamma\in[0, D(Ab_i)]$。初值为$\beta(t)$，当变异后的亲和力降低时，则衰减 γ 变为 0.7γ 并继续进行扰动变异，直到 γ 变为一个很小的值；当变异后的亲和力提高时，则继续沿同一方向变异，直到到达危险区域边界。可见，局部搜索是在抗体的危险区域内进行更精细的搜索，该搜索会增加个体评价次数，因此限制局部搜索使其仅对浓度为 1 的个体进行操作，且定期执行。

6.2.2.8 危险区域的动态更新

危险区域的大小限制了抗体的环境范围。若危险区域太小，则一些相似抗体之间的相互作用未计算在内，使得危险信号不强，造成个别个体的浓度过高，有大量冗余抗体存在；若危险区域太大，则使得危险信号被强化，造成个别个体的浓度过低，最后被清除。因此，危险区域半径的设置很重要，它将影响算法的收敛能力。本书利用种群多样性来调整危险区域半径。种群多样性因子 *PDM* 和 *GDM* 计算公式如下：

$$PDM = affinity(Ab)_{avg} / affinity(Ab)_{max} \quad (6.18)$$

$$GDM = (d-d_{min}) / (d_{max}-d_{min}) \quad (6.19)$$

其中 $affinity(Ab)_{avg}$为种群 *Ab* 的亲和力的平均值，$affinity(Ab)_{max}$为种群 *Ab* 的亲和力的最大值。

$$affinity\ (Ab)_{avg} = \frac{1}{|Ab|}\sum_{i=1}^{|Ab|} affinity(Ab_i) \tag{6.20}$$

d、d_{max}、d_{min}分别为当代系统中所有个体与最佳个体间的平均欧氏距离、最大欧氏距离和最小欧氏距离。

通常，如果 $PDM>0.9$ 且 $GDM<0.1$，可认为算法已趋收敛，为了避免早熟，则应增加种群多样性，减少危险区域半径，降低环境影响；如果 $0<PDM<0.9$ 且 $GDM \geqslant 0.1$，则算法处于搜索阶段，为了减少计算量，避免算法重复搜索，需增大危险区域半径，强化危险信号。

因此，设阈值 $PDM_{max}=0.8$ 和 $PDM_{min}=0.001$、$GDM_{max}=0.2$ 和 $GDM_{min}=0.8$。当 $PDM>PDM_{max}$ 且 $GDM<GDM_{min}$，即种群趋于收敛时，r_danger 设为 $r\_dangerdis(Ab_i, Ab_j)=\sum_{k=0}^{L-1} s_k 0.7$；当 $PDM<PDM_{min}$ 且 $GDM>GDM_{max}$，即种群搜索时，r_danger 设为 $r\_danger / 0.7$。

6.2.2.9 种群更新

种群更新操作是指在网络中加入随机生成的一些抗体，可扩大搜索空间。设置新加入的个体数量为种群大小的 $d\%$。在把这些抗体加入网络时，需判断个体是否在某些抗体的危险区域内。如果个体在某个抗体的危险区域内，则说明该个体的搜索空间已经勘探过了，舍弃该个体；如果个体没有在任何抗体的危险区域内，则说明这些区域为新的搜索空间，把该个体加入网络。种群更新算子 T_u 表示如下：

$$T_u(Ab) = Ab \cup Ab_{\{u\}} \tag{6.21}$$

$$Ab_{\{u\}} = \{Ab_j \mid Ab_j \notin \sum_{i \in |D|} D(Ab_i)\} \tag{6.22}$$

6.2.3 算法特点

本算法由以上免疫算子构成，特点有如下几个方面。

（1）算法采用危险信号来表示抗体周围的环境信息，根据危险信号来调整抗体浓度，影响了抗体种群对抗原的免疫应答，进而间接引导了抗体种群的进化。

（2）算法采用浓度来表示抗体的综合评价，不仅给浓度高的抗体提供更多选择机会，而且也给浓度低的抗体提供生存机会，使得存活的抗体种群具有多样性。

（3）算法的变异操作能更好地平衡开采与勘探的度量，局部搜索可增强算法的局部搜索能力，使算法尽快收敛。

（4）算法的搜索过程处于开采、探测、抑制、自我调节的协调合作过程，并可随时加入新个体，增强群体多样性，体现了免疫应答中抗体学习抗原的行为特征。

6.2.4 算法收敛性分析

从本算法的运行机理看，每一代种群由两部分组成，一部分是上一代的记忆抗体，另一部分是随机加入的新抗体。由克隆变异操作可知，变异算子产生的更高亲和力的抗体多在原抗体的附近。而经过克隆抑制后，种群的亲和力要比上一代的亲和力高。更高亲和力的抗体的出现将使周围环境改变，从而使危险区域内低亲和力的抗体的危险信号加强，降低它们的浓度。随着代数的增加，低亲和力抗体的浓度在加强危险信号的作用下，若不能逃出危险区域，则浓度最终衰减为0而死亡。高亲和力抗体由于周围环境不变，而被保留在记忆种群中。在这种机制下，记忆种群中保留的基本为高亲和力抗体，即为峰值点。每一代随机加入的新抗体，需要确保它们不在记忆抗体的危险区域内，因此它们将开发新的搜索空间，这样随着进化代数的增加，最终将找到全部峰值点。

由于种群 $Ab(t+1)$ 所处的状态仅与前一代种群 $Ab(t)$ 有关，与过去的种群状态无关，所以整个种群序列构成的随机过程 $\{Ab(t)\}$ 为马氏链。即：

$$Ab_N(t) \xrightarrow{T_c} Ab_{N \cdot Nc}(t) \xrightarrow{T_m} Ab_{N \cdot Nc}(t) \xrightarrow{T_s} Ab_{N''}(t) \xrightarrow{T_{ls}} Ab_{N'''}(t) \xrightarrow{T_u} Ab_{N*}(t+1)$$

由于变异参数的设置是随进化代数变化的，因此 $\{Ab(t)\}$ 为非齐次马氏链。

定理 6.1 对于任意初始分布，dt－aiNet 为概率弱收敛，即：$\lim_{t \to \infty} P[Ab(t) \cap Ab* \neq \emptyset] = 1$，其中 Ab^* 为包含最优解的集合。

证明：由全概率公式可知，

$P[Ab(t+1) \cap Ab* = \emptyset]$

$= P[Ab(t) \cap Ab* = \emptyset]\{1-P[Ab(t+1) \cap Ab* \neq \emptyset] \mid Ab(t) \cap Ab* = \emptyset\} + P[Ab(t) \cap Ab* \neq \emptyset]\{P[Ab(t+1) \cap Ab* = \emptyset] \mid Ab(t) \cap Ab* \neq \emptyset\}$

种群 $Ab(t)$ 经过克隆、变异、抑制操作后，种群亲和力要提高。即：

$affinity[Ab(t+1)] \geqslant affinity[Ab(t)]$

则 $P[Ab(t+1) \cap Ab* = \emptyset] \mid [Ab(t) \cap Ab* \neq \emptyset] = 0$

代入上式，则：

$P[Ab(t+1) \cap Ab* = \emptyset]$

$= P[Ab(t) \cap Ab* = \emptyset]\{1-P[Ab(t+1) \cap Ab* \neq \emptyset] \mid [Ab(t) \cap Ab* = \emptyset]\}$

设 $Ab_i \in Ab^*$，$Ab_i \in Ab\ (t+1)$，且 $Ab_i \notin Ab\ (t)$，则

$P[Ab(t+1) \cap Ab* \neq \emptyset] \mid [Ab(t) \cap Ab* = \emptyset]$

$= P\{T_{c,\ m,\ s,\ ls,\ u}[Ab(t)] = Ab(t+1)\}$

$\geqslant P[T_m(Ab_j) = Ab_i] = \varepsilon$

由归纳法知：$P[Ab(t) \cap Ab* = \emptyset] \leqslant (1-\varepsilon)t$

因此，$\lim\limits_{t\to\infty} P[Ab(t) \cap Ab* = \emptyset] = 0$

即：$\lim\limits_{t\to\infty} P[Ab(t) \cap Ab* \neq \emptyset] = 1 - \lim\limits_{t\to\infty} P[Ab(t) \cap Ab* = \emptyset] = 1$。证毕。

6.2.5 算法计算复杂度分析

由算法流程可知，dt-aiNet 算法主要由 5 大部分组成：克隆操作、变异操作、抑制操作、种群更新及危险信号和浓度调整操作。设 N 为种群大小，n 为待求解问题的维数。在第 t 次的迭代过程中，克隆操作的计算次数不超过 $N \cdot Nc_{max}$，变异操作的计算次数不超过 $N \cdot Nc_{max} \cdot n$，抑制操作的计算次数不超过 $N \cdot Nc_{max}$。设抑制操作后的种群大小为 N_1，$N_1 \geqslant N$，种群更新操作的计算次数为 $d\% \cdot N_1$，危险信号和浓度调整操作的计算次数为 $N_1 \cdot (N_1-1)/2$，则第 t 次迭代中算法计算的总次数 $N(t)$ 满足：

$N(t) \leqslant [N \cdot Nc_{max} + N \cdot Nc_{max} \cdot n + N \cdot Nc_{max} + d\% \cdot N_1 + N_1 \cdot (N_1-1)]/2$

因此，若算法总迭代次数为 t'，则算法的时间复杂度为 $O(t' \cdot N^2 \cdot n)$。该式表明算法的时间复杂度与种群规模 N 线性相关。

同样，可以对比分析 GA、PSO、CLONALG 和 opt-aiNet 算法，表 6.2 为这些算法的时间复杂度比较。可见在一定维数情况下，减少群体规模可以大大减少算法的复杂度。

表 6.2　dt-aiNet 算法与 GA、PSO、CLONALG 和 opt-aiNet 算法的时间复杂度比较

算法名称	时间复杂度
标准遗传算法 GA	$O(t' \cdot N \cdot n)$
粒子群优化算法 PSO	$O(t' \cdot N \cdot n)$
克隆选择算法 CLONALG	$O(t' \cdot N \cdot Nc \cdot n)$
opt-aiNet 算法	$O(t' \cdot N^2 \cdot n)$ 或 $O(t' \cdot N \cdot Nc \cdot n)$
dt-aiNet 算法	$O(t' \cdot N_{12} \cdot n)$ 或 $O(t' \cdot N \cdot Nc_{max} \cdot n)$

6.2.6 算法鲁棒性分析

本算法中包含了一些参数，大部分对算法搜索性能影响不大，可常规设

置。其中两个参数 k 和 t_0 较为关键，会影响算法性能。其中，k 为 β 调节参数，决定了变异率 β 的变化速率，t_0 为 β 值变化的分界点，即为算法进行大概率全局搜索与小概率局部搜索的分界点。鲁棒性测定评估指标有两个，收敛概率和函数平均评价次数，与参数组（k，t_0）的关系。

下面给出两个定义来更清晰地说明评估指标。试验成功指的是：在给定的参数值及给定的最大终止迭代条件下，运行一次算法得到的最好的解与最优解的函数值误差不大于 ε，则称此次试验成功，试验成功后算法即停止。收敛概率指的是：m 次试验成功的比率。平均评价次数指的是：在给定参数值及给定的最大终止迭代条件下，m 次试验过程中对目标函数的计算次数的平均值。

相关的测试函数，我们选择 Suganthan 等人的研究中定义的第 9 个函数，其中规定了此函数的优化精度为 1e-2。函数在三维空间中的分布如图 6.3 所示。取定 ε = 0.01，m = 25。

$$F_9(x) = \sum_{i=1}^{D} [z_i^{\ 2} - 10\cos(2\pi z_i) + 10] + f\_bias_9$$

$z=x-o$，$x=[x_1, x_2, \cdots, x_D]$，$D$ 为维度，$x \in [-5, 5]^D$

$o=[o_1, o_2, \cdots, o_D]$ 函数极值点，$F_9(o)=f\_bias_9=-330$

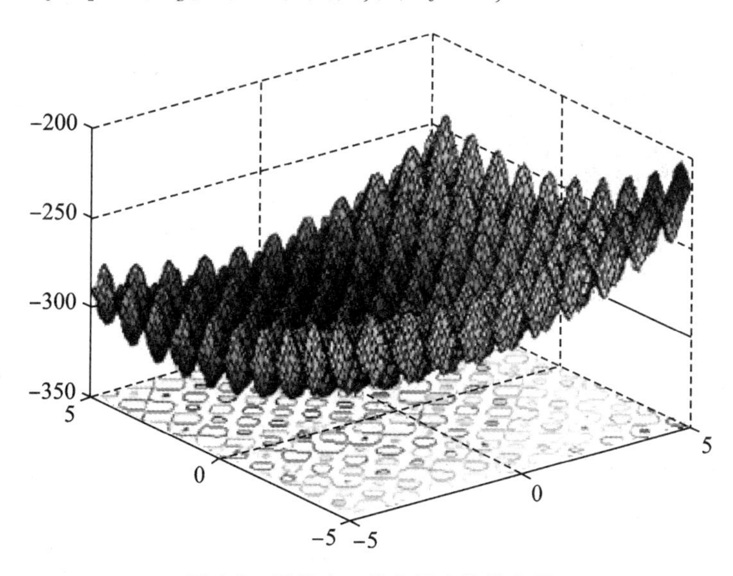

图 6.3　函数在三维空间中的分布图

从函数在三维空间中的分布图可看出，此函数包括大量的局部最优解及一个全局最优解，这些解分布相对均匀，且在全局最优解的附近有较多的局部最优解，函数的最小值为-330。我们选择此函数来进行算法鲁棒性测试，主要因为此函数相对来说较复杂，性质较差，一般智能算法很难得到理想的结果。

选择 $N=50$，$con_0=0.5$，$Nc_{min}=2$，$Nc_{max}=10$，$r\_danger=3$，$\beta_0=0.01$，$d\%=0.2$，$PDM_{max}=0.8$ 和 $PDM_{min}=0.001$、$GDM_{max}=0.2$ 和 $GDM_{min}=0.8$。

图 6.4 显示了在进化过程前期、中期和后期中，在 k 和 t_0 的作用下，变异率的变化图。它与收敛概率 $p(k, t_0)$ 及平均评价次数 $\psi(k, t_0)$ 的关系如图 6.5 所示。

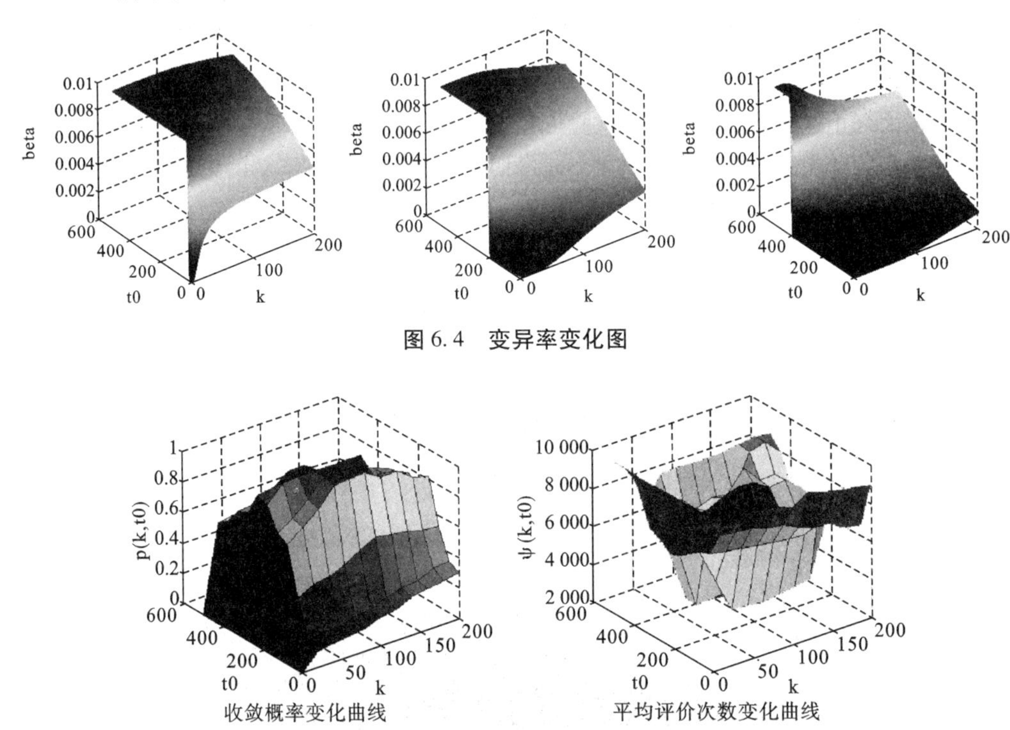

图 6.4 变异率变化图

收敛概率变化曲线　　平均评价次数变化曲线

图 6.5 参数鲁棒性变化曲线

从图 6.4 可以看出，当 $k\to0$ 且 $t_0\to0$ 时，变异率 $\beta\to0$，此范围为不收敛区，因为此时变异很小，几乎可以忽略不计，仅有免疫选择及种群更新对群体的搜索有贡献，搜索完全处于随机状态，因而算法基本不能保证收敛性。当 $k\to200$ 且 $t_0\to500$ 时，变异率 $\beta\to\beta_0$，此时变异率较大，算法容易跳出极值点邻域，需经过较长时间的搜索，才有可能搜索到最优解，因此，此范围为危险区。当 $20\leqslant k\leqslant100$，且 $100\leqslant t_0\leqslant300$，此时变异率取值靠中，能够保证算法的收敛性，此区域为收敛区。

从图 6.5 可以看出，测试结果与我们的分析一致。当 $k\to0$ 且 $t_0\to0$ 时，收敛概率 $p(k, t_0)$ 基本为 0，平均评价次数趋近最大评价次数 10 000；而当 $k\to$

200 且 $t_0 \to 500$ 时，收敛概率 p（k，t_0）大于 0，但较小，平均评价次数同样趋近最大评价次数；当 k 和 t_0 在中间范围时，收敛概率 p（k，t_0）趋近 1，平均评价次数趋于 3 400，此值为该函数找到最优解的最小评价次数。

6.2.7 仿真结果与分析

6.2.7.1 函数选择及评价标准

针对优化算法性能评价标准不统一的情况，Suganthan、Hansen、Liang、Deb 等联合发表了关于实值优化的问题定义及评价准则，该研究共定义了 25 个标准函数，以及算法终止条件、算法初始化规则等。我们的测试函数选择该研究定义的第 2、4、9、12 函数，及相关评价标准，即采用最优解误差值、获得峰值个数、成功率及收敛图四个标准来评估算法质量和算法效率。

$$F_2(x) = \sum_{i=1}^{D} \left(\sum_{j=1}^{i} z_j \right) 2 + f_{bias\,2}$$

$$z = x - o, x = [x_1, x_2, \cdots, x_D], x \in [-100, 100] D, F_2(o) = f_{bias\,2} = -450$$

$$F_4(x) = \left[\sum_{i=1}^{D} \left(\sum_{j=1}^{i} z_j \right)^2 \right] \cdot [1 + 0.4 \left| N(0,1) \right|] + f_{bias\,4}$$

$$z = x - o, x = [x_1, x_2, \cdots, x_D], x \in [-100, 100] D, F_4(o) = f_{bias\,4} = -450$$

$$F_9(x) = \sum_{i=1}^{D} [z_i 2 - 10\cos(2\pi z_i) + 10] + f_{bias\,9}$$

$$z = x - o, x = [x_1, x_2, \cdots, x_D], x \in [-5, 5] D, F_9(o) = f_{bias\,9} = -330$$

$$F_{12}(x) = \sum_{i=1}^{D} [A_i - B_i(x)]^2 + f_{bias\,12}$$

$$x = [x_1, x_2, \cdots, x_D], x \in [-\pi, \pi] D, F_{12}(o) = f_{bias\,12} = -460$$

对这些函数寻优要达到的精度如表 6.3 所示。

表 6.3 测试函数的精度

函数	精度
F2	-450 + 1e-6
F4	-450 + 1e-6
F9	-330 + 1e-2
F12	-460 + 1e-2

算法停机条件为 FES 达到 $n * 10^4$（n 为维度），或找到最优解的误差≤上述误差，参数如下。

dt-aiNet 算法参数：

$N=50$，$k=20$，$t_0=200$，$\beta_0=0.01$，$con_0=0.5$，$Nc_{min}=2$，$Nc_{max}=10$，$r\_danger=0.1$，$d\%=0.3$，$PDM_{max}=0.8$ 和 $PDM_{min}=0.001$、$GDM_{max}=0.2$ 和 $GDM_{min}=0.8$。

CLONALG 算法参数：

$N=50$，$\beta=0.01$，$Nc=10$。

opt-aiNet 算法参数：

$N=50$，$Nc=10$，$\beta=100$，$\sigma_s=0.2$ 或 0.05，$d\%=0.4$。

dopt-aiNet 算法参数：

$N=50$，$Nc=10$，$\beta=100$，$\sigma_s=0.5$，$d\%=0.4$。

6.2.7.2 性能测试

针对以上函数，算法分别在 2 维空间和 10 维空间中运行，以便我们更精确地评估算法性能。

表 6.4 为四种算法在 2 维空间分别执行 25 次的结果，包括函数最优解误差值（$f-f^*$）和峰值个数，均为平均值，其中括号内值为方差。从表 6.4 中可见，opt-aiNet 的误差值要低于 CLONALG 和 dopt-aiNet，而 dt-aiNet 的误差值又低于 opt-aiNet。dopt-aiNet 虽然有局部搜索操作，但由于新增的两个变异操作，单维变异和基因复制，占用了太多评价次数，导致算法在到达最大评价次数时还未找到最优解。另外，对于 F2 和 F4 这两个单峰函数，dt-aiNet 的搜索结果找到了唯一最优解，而 CLONALG、opt-aiNet 和 dopt-aiNet 除了找到最优解外还有一些冗余解存在。

表 6.4　算法在 2 维空间的执行结果（误差值）

		误差值	个数
F2	dt-aiNet	1.62 * 10-11(2.1 * 10-11)	1(0)
	CLONALG	5.78 * 101(3.34 * 101)	1(1.46)
	opt-aiNet	6.01 * 10-5(4.61 * 10-5)	5(1.42)
	dopt-aiNet	2.13 * 10-1(4.5 * 10-1)	2.41(1.2)
F4	dt-aiNet	5.86 * 10-11(1.25 * 10-11)	1(0.2)
	CLONALG	6.93 * 101(3.38 * 101)	3.6(2.21)
	opt-aiNet	4.57 * 10-5(4.32 * 10-5)	5.8(2.2)
	dopt-aiNet	1.03 * 10-1(5.81 * 10-1)	3.69(1.3)
F9	dt-aiNet	1.2 * 10-9(1.03 * 10-9)	82.54(8.22)

表6.4(续)

		误差值	个数
	CLONALG	2.12 * 100(4.58 * 100)	45.6(20.28)
	opt-aiNet	3.99 * 10-5(2.47 * 10-5)	60.11(23.87)
	dopt-aiNet	6.87 * 10-1(3.9 * 10-1)	32.09(12.7)
F12	dt-aiNet	1.68 * 10-11(1.06 * 10-11)	7.22(0.43)
	CLONALG	7.56 * 101(4.35 * 101)	4.6(3.10)
	opt-aiNet	5.01 * 10-2(2.23 * 10-2)	5(1.43)
	dopt-aiNet	7.61 * 10-1(5.84 * 10-1)	8.67(1.33)

表6.5为四种算法在2维空间分别执行25次的结果，包括函数寻优的成功率和成功性能。寻优成功率为 *Success Rate = successful runs / total runs*。寻优成功性能指 *Success Performance = mean (FES for successful runs) * (total runs) / (successful runs)*。从表6.5可见，在限定了最大函数评价次数时，只有dt-aiNet能搜索到满足精度的解。

表6.5　　算法在2维空间的执行结果（成功率）

	dt-aiNet		CLONALG		opt-aiNet		dopt-aiNet	
	成功率	成功性能	成功率	成功性能	成功率	成功性能	成功率	成功性能
F2	100%	2.209 * 103	0%	-	0%	-	0%	-
F4	100%	2.576 * 103	0%	-	0%	-	0%	-
F9	100%	3.413 * 103	0%	-	0%	-	0%	-
F12	100%	5.278 * 103	0%	-	0%	-	0%	-

图6.6为四种算法在2维空间中的收敛图对比。可见，在随机生成初始种群以后，各个算法的收敛曲线随着进化均在不断降低。其中，CLONALG算法易陷入局部极值。opt-aiNet算法保持了较好的种群多样性，但由于算法中嵌套循环，增加了无用的函数评价次数，使算法收敛较慢。dopt-aiNet算法虽然有局部搜索操作，可搜索到更大精度的解，但对记忆种群和非记忆种群执行的两种变异操作浪费了很多函数评价次数，算法收敛更慢。dt-aiNet算法由于提取了种群环境信息，保持了较好的种群多样性，且具有动态变异率，使种群能快速收敛到最优解。

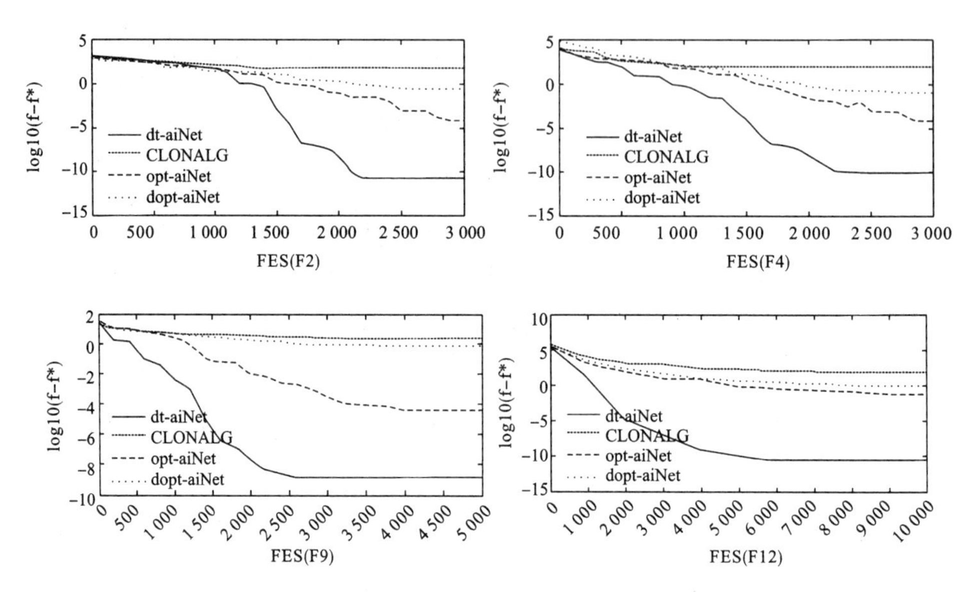

图 6.6　算法在 2 维空间的收敛图对比

表 6.6 和表 6.7 为四种算法在 10 维空间分别执行 25 次的结果。从表中可见，随着测试维数的增加，dt-aiNet 算法在高维空间中仍然具有较好的寻优性能，优于 CLONALG、opt-aiNet 和 dopt-aiNet，且 25 次独立运行后的 dt-aiNet 的平均寻优误差值和方差变化比较稳定，均能保持比较高的水平。

表 6.6　　算法在 10 维空间的执行结果（误差值）

		误差值	个数
F2	dt-aiNet	7.52 * 10-10(1.84 * 10-10)	1(0)
	CLONALG	9.74 * 101(2.67 * 101)	57.80(7.26)
	opt-aiNet	5.32 * 10-3(4.61 * 10-3)	13.76(6.81)
	dopt-aiNet	1.56 * 10-2(5.77 * 10-2)	46.49(1.33)
F4	dt-aiNet	9.65 * 10-7(3.24 * 10-7)	1(0.1)
	CLONALG	1.32 * 101(5.79 * 101)	123.6(11.02)
	opt-aiNet	8.68 * 10-3(3.54 * 10-3)	5(1.17)
	dopt-aiNet	7.14 * 10-1(2.94 * 10-1)	12.2(2.32)
F9	dt-aiNet	1.12 * 10-2(2.11 * 10-2)	188.33(0.31)
	CLONALG	3.17 * 102(4.58 * 102)	45.6(20.28)
	opt-aiNet	5.66 * 101(2.47 * 101)	433.55(3.43)
	dopt-aiNet	7.43 * 101(2.80 * 101)	52.5(4.67)

表6.6(续)

		误差值	个数
F12	dt-aiNet	1. 83 * 100(5. 66 * 100)	193. 5(5. 65)
	CLONALG	3. 22 * 104(6. 43 * 104)	376. 67(5. 19)
	opt-aiNet	2. 06 * 103(1. 33 * 103)	379. 43(0. 33)
	dopt-aiNet	5. 69 * 103(2. 14 * 103)	41. 61(2. 26)

表 6.7　　算法在 10 维空间的执行结果（成功率）

	dt-aiNet		CLONALG		opt-aiNet		dopt-aiNet	
	成功率	成功性能	成功率	成功性能	成功率	成功性能	成功率	成功性能
F2	100%	2. 677 * 104	0%	-	0%	-	0%	-
F4	100%	5. 542 * 104	0%	-	0%	-	0%	-
F9	100%	4. 798 * 104	0%	-	0%	-	0%	-
F12	93%	5. 415 * 104	0%	-	0%	-	0%	-

图 6.7 为四种算法在 10 维空间中的收敛图对比。从表中可见，随着测试维数的增加，dt - aiNet 算法在高维空间中仍然有较好的寻优性能，优于 CLONALG、opt-aiNet 和 dopt-aiNet。

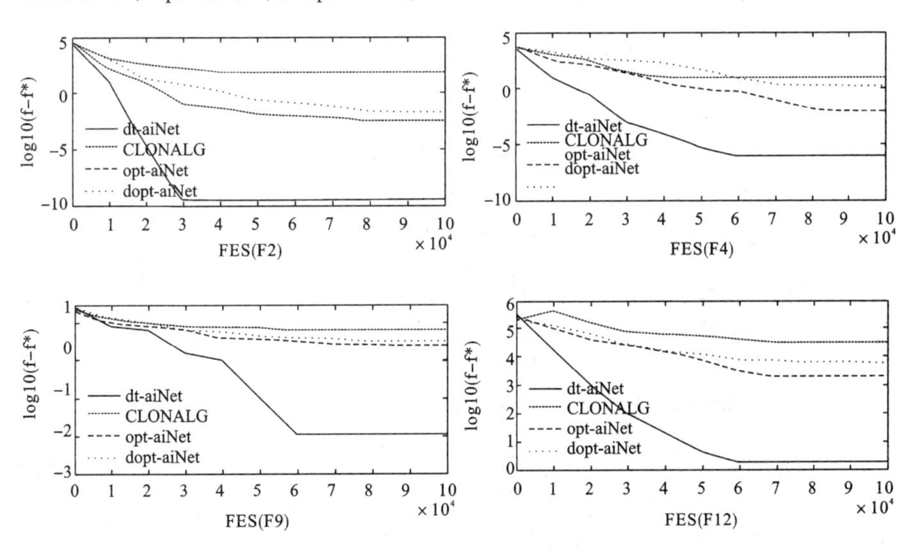

图 6.7　算法在 10 维空间中的收敛图对比

6.3 一种基于危险理论的动态函数优化算法

6.3.1 动态环境的基本概念

进化算法在解决静态的问题时取得了很大的成功。实际上，许多问题不是静态不变的，如在工程优化上、生产计划上及经济学上，当约束条件发生变化、优化标准发生变化或两者都变化时，静态优化问题便成为动态优化问题。关于动态问题，我们认为任何基于时间的问题都为动态的过程，但是动态的优化算法并不能解决所有问题。使用动态的优化算法在进行求解时，只针对在环境有变化时，对于要进行优化的问题，其适应度具有一定历史继承性。因此，若一个问题和以前的历史无关，那么称它为独立问题，这时可使用处理静态问题的算法来进行求解。其中，Branke 描述了四个环境变化的特征：

（1）环境是否频繁地变化。因为进化算法在解决问题时主要由时间决定。也就是说，进化算法在求解问题时判断是否收敛决定于进化代数，而环境是否频繁地变化，就取决于进化时的计算代价。

（2）环境变化的过程是否严格。由于适应度值的景观（Landscape）具有复杂性，所以环境在变化时，不一定会引起最优值发生改变。环境变化是否具有严格性，能够用上一次最优值与一次环境发生变化后的当前最优值间的欧式距离进行衡量。

（3）环境变化能否预测。环境的变化是否有相同模式或变化趋势，从而让一些有学习特性的算法可以推断出下一次环境变化的时间、方向和最优值。

（4）环境的变化是否有循环性。当次变化以后得到的最优值，是不是这个动态算法从一开始运行直到目前时段期间搜索获得的最优值，或趋近于该动态算法求到的最优值。这个条件将决定算法是否有必要保存以往求到的最优值，即算法是否应具有记忆功能。

6.3.2 动态优化算法的研究

在静态问题求解时采取进化算法，这要求群体收敛于最优解；而在求解动态问题时，它的收敛性会引起算法中个体向解空间中的某个最优解的方向搜索，从而因为环境变化使当前的最优解变成一个局部的最优解，让该算法丧失了对环境变化的追踪能力。运行进化算法时，由于一些算子操作，会逐渐地降低种群多样性，在运行时引起算法收敛。这是在动态的环境中进化算法所面对的挑战，同时也是在解决静态问题与动态问题时，进化算法所表现出的最大不同。因此，有必要让算法具备动态的追踪能力。

Branke 把动态算法总结为以下四类：多群体策略、基于记忆功能的算法、在算法运行过程中保持解个体的分布度和在环境变化之后加大解个体的分布度。

（1）多种群策略。在多峰环境下，当峰值发生较大的动态变化时，利用记忆体存储的信息变得冗余。而要减少这种冗余，较好的方式是在搜索空间中保持多个较小的种群来追踪山峰的移动和改变，多种群的策略在一定程度上能够解释成自适应记忆体的机制。就多种群的策略，一种常见的方法是用一个子群体去追踪当前最优解，其他的群体去追踪局部的最优解。相对于环境变化，该算法可以在搜索效应上达到相应的稳定。

（2）基于记忆功能的算法。进化算法具有了记忆功能，能够储存潜在优秀的或者优秀的解个体，而且能在某个特定时刻重新应用这些个体。所以，在关于具有周期性的变化的动态环境的优化问题上，最好的解决问题的机制是记忆存储。

（3）在算法执行过程中维持解个体的分布度。在静态的环境中，在求解全局的最优解过程中保持进化算法分布度策略，可以避免该算法陷进局部的最优解，这是至关重要的。在动态的环境中，这一点尤为重要，因为如果环境发生变化后，目前得到的最优解很有可能是一个局部的最优解。无分布度维持技术，算法容易在当前的最优解进行收敛，这样会使这个算法丧失追踪环境发生变化的能力。所以，在静态问题上求解的某些算法能够应用到动态变化的环境中，如随机迁移算法等。随机迁移算法是指对于进化算法中的每一代，群体中的某些个体能够被随机产生的个体替代。和变异算子相比较，这个方法只对群体中的某些个体有影响，而不会终止搜索过程，同时也可以维持群体的分布度。

（4）在环境变化之后加大解个体的分布度。在环境动态发生变化的解决方法中，重新进行初始化群体是最简单的方法。但是，如果在某个时刻，问题的环境变化只是细微的一小部分，尤其当变化前最优解和当前的最优解之间有特定联系，重新进行初始化群体不仅会增加算法的计算量，同时也没有很好地利用之前获得的最优解的信息。所以，对于群体中的全部个体的变化，最为有效的方法是让某些个体发生变化。该类算法中有代表性的是变量的局部搜索（VLS：Variable local search）和超变异（Hypermutation）。变量的局部搜索是在超变异的算法基础上，使用逐步加大变异的概率，在观测到环境发生变化后，即当群体的适应度在设定的代数中不再改变时，加大局部的搜索范围。超变异的算法则是在环境发生变化时，维持整个群体不变，而在随后的代数中，急剧地增加变异的概率，让分布度在整个群体中扩大。

在人工免疫优化算法中，关于动态函数的优化算法研究尚不多见。Franca等对opt-aiNet进行了改进，改进的算法简称为dopt-aiNet，该算法能够适应动态函数的优化；他们的研究提出了基于黄金分割的局部搜索策略以及两种变异操作——单维变异和基因复制，来增强种群多样性，优化解个体。张著洪等利用抗体的记忆特性和记忆池动态维持功能设计了动态记忆池，并建立了环境判别规则和初始抗体群的生成规则。吴秋逸等采用了协同策略增强子群体间的信息交流，并利用量子编码种群的关联性，提高了群体多样性和算法稳定性。

6.3.3 流程描述

在静态环境下，人工免疫优化算法中的抗体通过不断变异在邻域空间进行搜索，而逐渐逼近最优位置，并通过种群刷新，扩大搜索空间。但在动态环境下，最优位置在不断变化，原位置对应的适应度也在不断变化，因此难以在动态环境下有效逼近最优位置。针对动态环境，本书提出了一种基于危险理论的动态函数优化算法，简记为ddt-aiNet。该算法的主要思想是，在搜索最优解时，扩大搜索范围，增强种群多样性，引入探测机制，在检测到环境变化时能准确、快速地跟踪到极值点的变化。

算法在解空间中设置探测抗体，通过监测探测抗体的危险信号来感知环境的变化。当感知到环境发生变化时，算法对种群按比例重新初始化。算法流程与dt-aiNet类似，增加了环境检测和变化响应操作。

该算法的主要参数如下所示。简要步骤如表6.8所示。

N_e：探测抗体个数；

ds_t：危险信号阈值。

表6.8　　ddt-aiNet算法的流程

初始化，在定义域内随机产生初始网络细胞群体，同时产生探测抗体集合； While（停止条件不满足）do Begin 　设置种群中每个抗体的初始浓度，并计算每个抗体的亲和力、危险信号； 　选择种群中的优质个体进行克隆，使其活化，个体克隆数量与浓度有关； 　对克隆副本进行变异，使其发生亲和力突变，变异率与亲和力有关，且能自适应调整； 　执行克隆抑制，选择每个克隆群体中的优质个体组成网络； 　更新种群适应度、危险信号及浓度，执行网络抑制； 　计算探测抗体的危险信号变化量之和，若超过阈值，则重新按比例初始化网络细胞群体，否则随机生成一定数量新抗体加入网络。 End。

6.3.4 优化策略

6.3.4.1 检测抗体

检测抗体 dAb 与一般抗体结构相同，只是其作用为监视环境是否发生变化，且不参与群体进化。算法中网络细胞群体中抗体的行为与 dt-aiNet 中的个体行为类似。

检测抗体 dAb_i的危险信号计算公式与 6.2 节中抗体的危险信号计算公式类似，增加了抗体亲和力的影响，表示如下：

$$DS(dAb_i) = \left\{\sum_{Ab_j \in D(Ab_i) \cap affinity(Ab_j) > affinity(Ab_i)} con(Ab_j)\left[r_{danger} - dis(dAb_i, Ab_j)\right]\right\} \cdot eaffinity(dAb_i) \tag{6.23}$$

其中 Ab_j为在 dAb_i的危险区域内，与抗原的亲和力大于 dAb_i的抗体。检测抗体 dAb_i的危险信号 DS（dAb_i）反映了两部分变化，一部分是危险区域内周围抗体的变化，另一部分是自身亲和力的变化。当 dAb_i与抗原的亲和力发生变化时，dAb_i的危险信号值也将发生变化；当周围抗体对 dAb_i的作用发生变化时，dAb_i的危险信号值也将发生变化。因此，通过监视 dAb_i的危险信号是否发生变化，即可知环境是否发生变化。

6.3.4.2 环境检测

首先把解空间均匀划分为 $n1$ 个子空间，然后在子空间中随机生成 $n2$ 个检测抗体，则解空间共有 $n1 * n2$ 个检测抗体。因此，种群中的抗体分为两部分，一部分是正常抗体的集合，另一部分是检测抗体的集合。通过监视检测抗体的每次迭代中的危险信号变化量，可以感知环境的变化。当变化量不为 0，则说明环境发生改变；当变化量超过一定阈值，说明环境发生大范围改变，则重新初始化种群。

种群 Ab 可表示为：$Ab = Ab_m \cup Ab_d$

检测抗体 dAb_i的危险信号变化量 $\Delta DS(dAb_i)$ 为：

$$\Delta DS(dAb_i) = \Delta DS(dAb_i)_{t+1} - \Delta DS(dAb_i)_t \tag{6.24}$$

检测抗体集合 Ab_d的总变化量为：

$$\Delta DS(Ab_d) = \sum_{i=1}^{n1\Delta n2} abs\left[\Delta DS(dAb_i)\right] \tag{6.25}$$

环境检测算子 T_e可表示为：

$$T_e(Ab) = T_e(Ab_d) = \begin{cases} 1 & \Delta DS(Ab_d) > DS_t \\ 0 & \Delta DS(Ab_d) \leqslant DS_t \end{cases} \tag{6.26}$$

6.3.4.3　变化响应

当 $\Delta DS(Ab_d)$ 等于0时，说明种群环境未发生改变。当 $\Delta DS(Ab_d)$ 大于0且小于等于 DS_t 时，说明种群环境发生轻微改变，此时抗体根据其危险信号值进行浓度调整，可及时跟踪环境的变化。当 $\Delta DS(Ab_d)$ 大于 DS_t 时，说明种群环境发生较大变化，此时算法需对环境的变化做出响应，保留浓度较大的抗体作为记忆抗体，并重新初始化种群，开始下一次迭代。变化响应算子 T_r 表示如下：

$$T_r(Ab) = Ab_{\{m\}} \cup Ab_{\{u\}} \tag{6.27}$$

其中，$Ab_{\{m\}}$ 为保留的浓度较高的记忆抗体集合，$Ab_{\{u\}}$ 为随机生成的新抗体种群。

6.3.5　仿真结果与分析

6.3.5.1　简单动态环境测试

令函数的全局最优解按照不同的轨迹周期地或随机地移动，可以构成以下3种不同类型的动态优化环境（模型），称为 Angeline 测试试验环境。

1. 线性模型

在线性动态模型中，最优解在每次迭代更新时，以固定速率发生变化。最简单的是在每一维上增加 Δk，Δk 计算公式如下：

$$\Delta k = \Delta k + \tau \tag{6.28}$$

其中 τ 为位移量。

图6.8为三维空间中最优解的移动轨迹图的例子：

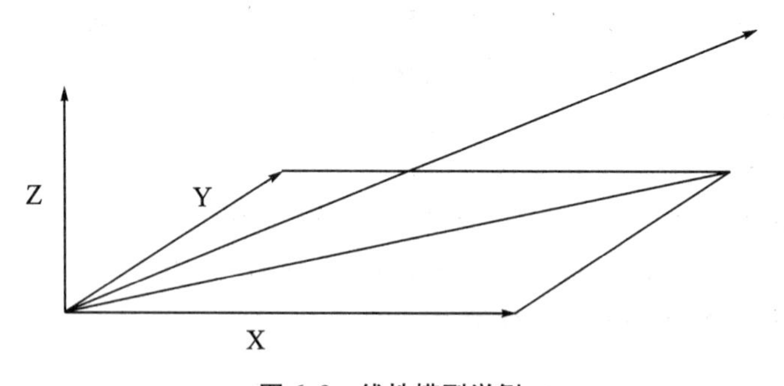

图6.8　线性模型举例

2. 环形动态模型

在环形动态模型中，最优解沿着25单位一周期的轨迹进行更新，计算公式如下：

$$\Delta k = \begin{cases} \Delta k + \tau \cdot sin \dfrac{2\pi t}{25} t \text{ 为奇数} \\ \Delta k + \tau \cdot cos \dfrac{2\pi t}{25} t \text{ 为偶数} \end{cases} \tag{6.29}$$

其中，t 为当前函数更新次数。

图 6.9 为三维空间中最优解的移动轨迹图。

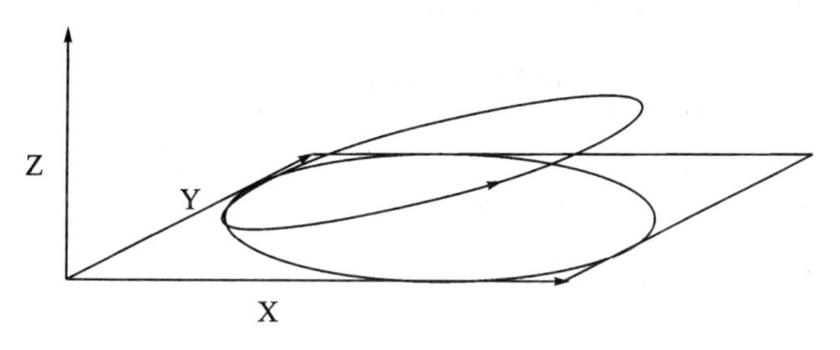

图 6.9　环形模型举例

3. 高斯动态模型

在高斯动态模型中，最优解的运动轨迹是符合高斯随机变量的，每一维的变化量符合下述公式：

$$\Delta k = \Delta k + N\ (1,\ 0) \tag{6.30}$$

图 6.10 为三维空间中最优解的移动轨迹图：

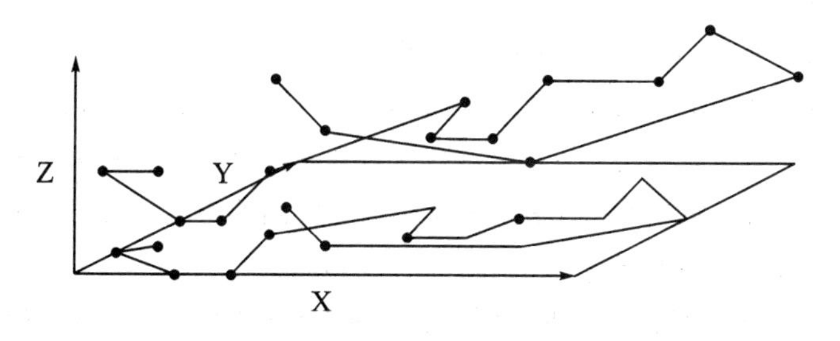

图 6.10　高斯模型举例

在这三种运动中，共有 2 个调节参数：τ 和 f。τ 指最优解的位移量，f 为最优解的更新频率，即每 f 次迭代，函数更新 τ。

在这三种实验环境下，设置 $f = 1$，$\tau = 0.1$，通过在以下 4 个函数中执行 1 000 次迭代来考察算法在动态环境中的性能。这四个函数也是 Angeline 等常用的测试函数。

$$Sphere = \sum_{i=1}^{n} x_i^2$$

$$Rosenbrock = \sum_{i=1}^{N-1} [100(x_i - x_{i+1})^2 + (x_i - 1)^2]$$

$$Griewank = \frac{1}{4\,000}\sum_{i=1}^{N} x_i^2 - \prod_{i=1}^{N}\cos\left(\frac{x_i}{\sqrt{i}}\right) + 1$$

$$Rastrigin = \sum_{i=1}^{n} [x_i^2 - 10\cos(2\pi x_i) + 10]$$

以上函数的初始化信息如表 6. 9 所示。

表 6. 9 **动态函数的初始化信息**

函数	变量范围	问题维度 n	最优值
Rastrigin	$[-5.12, 5.12]^n$	30	0
Griewank	$[-600, 600]^n$	30	0
Rosenbrock	$[-100, 100]^n$	30	0
Sphere	$[-1.28, 1.28]^n$	30	0

算法设置参数如下。

dt-aiNet 算法参数：

$N=50$，$k=20$，$t_0=200$，$\beta_0=0.01$，$con_0=0.5$，$Nc_{min}=2$，$Nc_{max}=10$，$r\_danger=0.1$，$d\%=0.3$，$N_e=20$，$ds_t=0.5$。

dopt-aiNet 算法参数：

$N = 50$，$Nc = 10$，$\beta = 100$，$\sigma_s = 0.5$，$d\% = 0.4$。

采用函数最大值、最小值、平均值和误差值来评价函数性能。其中最大值、最小值、平均值和误差值是指函数在找到了极值点之后的迭代中表现出的性能。误差值指函数当前最优解与实际最优解之间的距离，反映了函数跟踪极值变化的能力，越小越好。

表 6. 10 显示了算法在这四个函数和三种变化中的测试结果，以及与 dopt-aiNet 的比较。从表 6. 10 中可以看出，ddt-aiNet 的平均函数值和误差值较小，同时方差也较小，反映了算法能较好地跟踪环境变化并且效果稳定。

表 6.10 动态函数的测试结果

函数		线性		环形		高斯	
		ddt-aiNet	dopt-aiNet	ddt-aiNet	dopt-aiNet	ddt-aiNet	dopt-aiNet
Rastrigrin	Max	39.87	39.56	78.43	74.05	57.32	55.11
	Min	0	9.4 * 10-9	0	0	0	0
	Mean	0.03±0.59	0.35±1.47	0.36±2.54	16.05±15.46	0.05±0.63	0.48±2.62
	Error	0.002±0.06	0.03±0.16	0.009±0.07	0.38±0.58	0.01±0.18	0.03±0.16
Griewank	Max	1.49	1.48	0.09	0.02	3.97	3.8
	Min	0	0	0	0	0	0.01
	Mean	1e-4±2e-4	0.003±0.06	1e-4±1e-5	0.006±0.005	1e-4±5e-4	0.04±0.23
	Error	0.07±0.66	0.13±1.76	0.02±0.46	0.33±0.17	0.45±1.68	7.57±5.79
Rosenbro-ck	Max	3.87	2.59	45.63	43.79	0.95	0.92
	Min	0.008	0.14	0.01	0.21	0.002	0.06
	Mean	0.08±0.02	0.74±0.58	0.12±0.95	8.49±7.44	0.02±0.06	0.14±0.19
	Error	0.004±0.01	0.50±0.17	0.04±0.07	0.57±0.24	0.13±0.19	0.22±0.17
Sphere	Max	48.32	46.76	0.76	0.75	0.05	0.05
	Min	2.12×10-18	4.16×10-16	3.64×10-18	8.32×10-16	5.75×10-19	8.12×10-19
	Mean	0.001±0.52	0.05±1.47	0.02±0.047	0.13±0.13	0.000 5	7.11×10-4
	Error	0.003±0.01	0.02±0.22	0.04±0.02	0.32±0.18	0.01±0.005	0.02±0.02

图 6.11 显示了在线性动态环境下，ddt-aiNet 算法及 dopt-aiNet 算法的最优解随迭代次数增加的变化情况。图的横坐标为迭代次数，图的纵坐标为函数误差值。在算法找到极值点之后的迭代中，算法的最优解总是在实际最优解周围，且随着实际最优解移动而变化。ddt-aiNet 算法能更快地跟踪到极值点的变化。

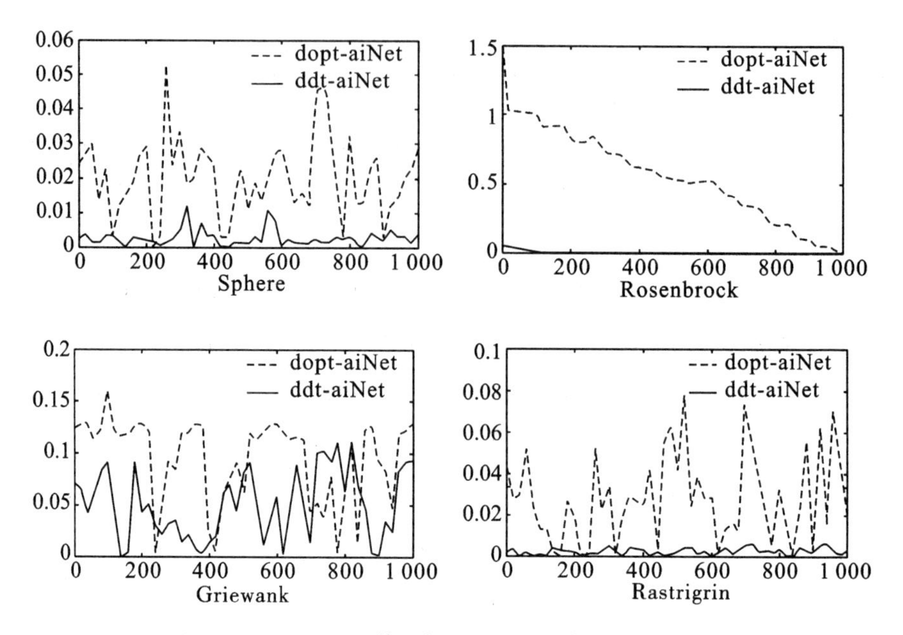

图 6.11　ddt-aiNet 算法与 dopt-aiNet 算法的性能比较

6.3.5.2　DF1 函数动态环境测试

DF1 函数是由 Morrison 和 De Jong 提出来的，该函数利用一定量的锥体来组合产生复杂环境。对于二维空间问题，DF1 中的静态评价函数定义如下：

$$f(x, y) = max_{i=1, \cdots, N}[H_i - R_i\sqrt{(x-x_i)^2 + (y-y_i)^2}]$$

其中，$f(x, y)$ 是点 (x, y) 适应度值，N 是该动态环境的锥体个数，(x_i, y_i)、H_i、R_i 分别是第 i 个锥体的顶点位置、高度、斜度参数。$f(x, y)$ 为适应度函数，说明在问题空间内，曲面上的任一点取值都可以由函数确定。图 6.12 是由该函数随机产生的一个 3 锥体曲面。

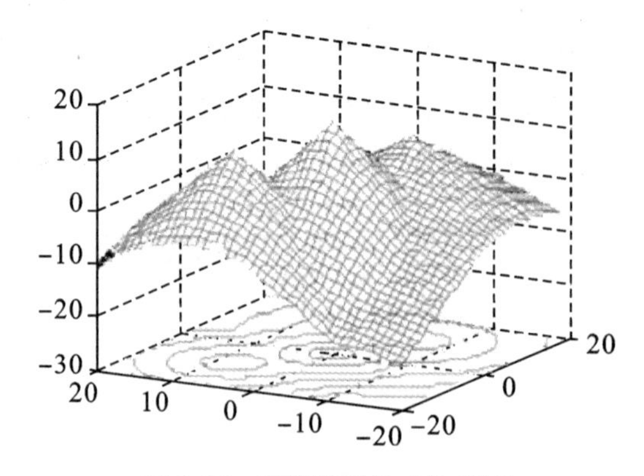

图 6.12　函数随机生成的曲面

1. 实验 1

实验 1 由 DF1 生成 3 个锥体，锥体分别记为 A、B、C。在实验 1 的环境中，锥体 A 和 B 的高度和位置保持不变，锥体 C 的高度和位置则是动态变化的，且每经过 50 代进行一次变化更新。锥体 A 的高度为 0.1，顶点为（-0.1，-0.1）；锥体 B 的高度为 0.3，顶点为（0.2，0.3）；锥体 C 的初始位置为（0.6，0.6），初始高度为 0.2，最大高度为 0.4。算法的最大迭代次数为 1 000，将实验运行 25 次取平均值。图 6.13 显示了锥体 A、B、C 的高度随迭代次数的变化规律，图 6.14 显示了最优值随迭代次数的变化规律。

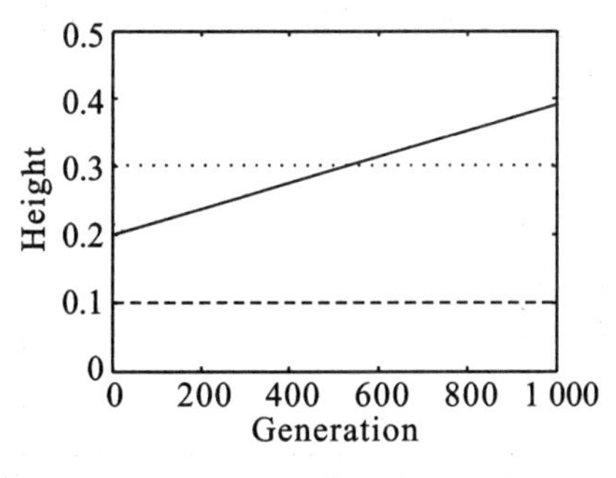

图 6.13　实验 1 高度变化规律

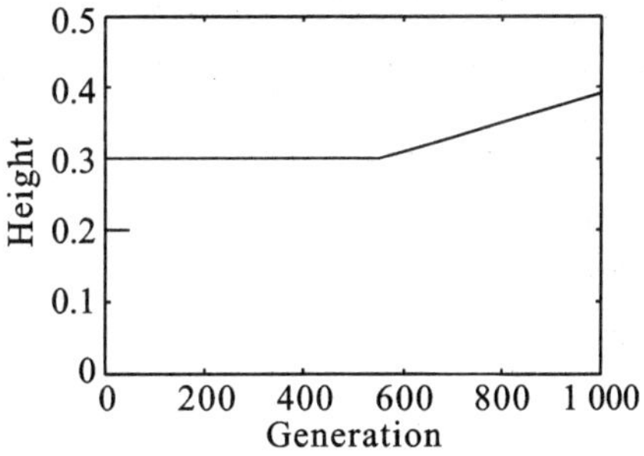

图 6.14　实验 1 最优值变化规律

实验结果如图 6.15 和图 6.16 所示。图 6.15 显示了算法的最优解随迭代次数的变化情况，图 6.16 显示了算法的误差值随迭代次数的变化情况。从图中可以看出，当最优解位置发生巨大变化时，也就是在 550 代时，dopt-aiNet 算法延迟较大，而 ddt-aiNet 算法可以追踪到极值的变化。当外部环境发生变化时，ddt-aiNet 算法能通过危险信号的变化探测出环境变化，并迅速对环境变化做出响应。

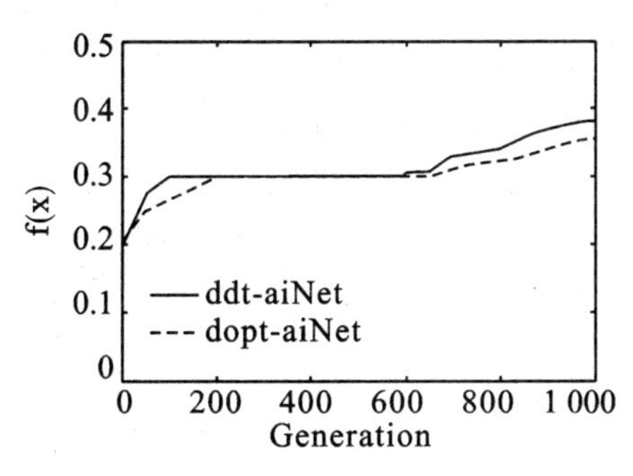

图 6.15　最优解随迭代次数的变化情况

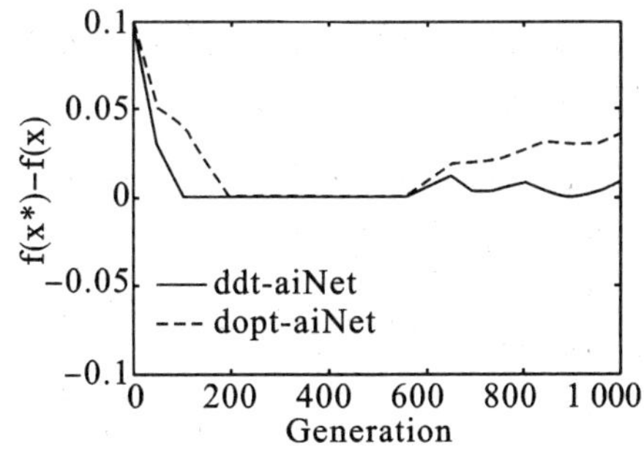

图 6.16　误差值随迭代次数的变化情况

2. 实验2

实验2采用混沌模型使环境的改变更复杂。与实验1相同，实验2由DF1生成3个锥体，锥体分别记为A、B、C。在实验2的环境中，锥体A和B的高度和位置保持不变，锥体C位置不变，高度是动态变化的，且每经过50代进行一次变化更新。锥体A的高度为0.2，顶点为（-0.1，-0.1）；锥体B的高度为0.5，顶点为（0.2，0.3）；锥体C的位置为（0.6，0.6），高度由混沌模型生成，其中μ值取4，初值为0.2，则高度在（0，1）之间变化。算法的最大迭代次数为1 000，将实验运行25次取平均值。图6.17显示了锥体A、B、C的高度随迭代次数的变化规律，图6.18显示了最优值随迭代次数的变化规律。极值点较为频繁的在A、B、C之间跳动。

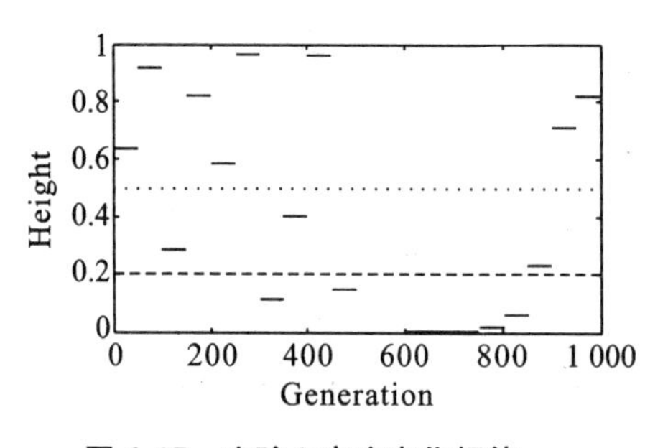

图6.17　实验2高度变化规律

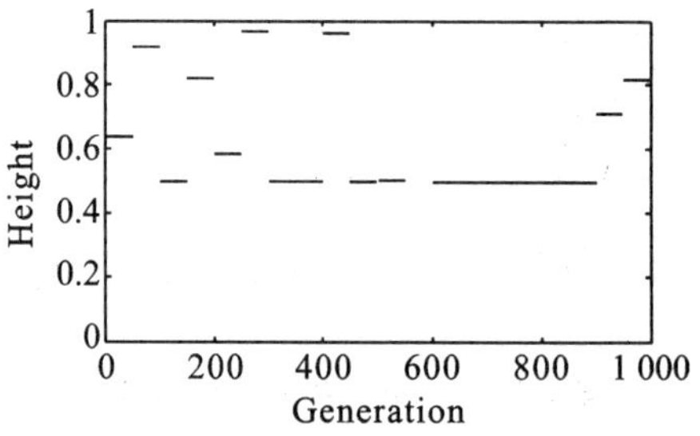

图6.18　实验2最优值变化规律

实验结果如图6.19和图6.20所示。图6.19显示了算法的最优解随迭代次数的变化情况，图6.20显示了算法的误差值随迭代次数的变化情况。在实验2中，环境变化较为剧烈。从图中可以看出，当最优解位置发生巨大变化时，也就是在250、400、450、550代等时，dopt-aiNet算法不能跳出局部极值点，群体多样性稍差，而ddt-aiNet算法可以追踪到极值的变化，当外部环境发生变化时，该算法能通过危险信号的变化探测出环境变化，并通过环境变化阈值来区分是否为巨大变化，并对不同的环境变化做出不同响应。

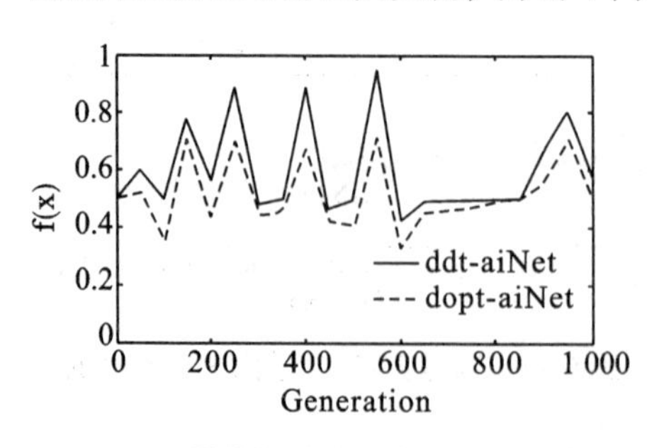

图6.19　最优解随迭代次数的变化情况

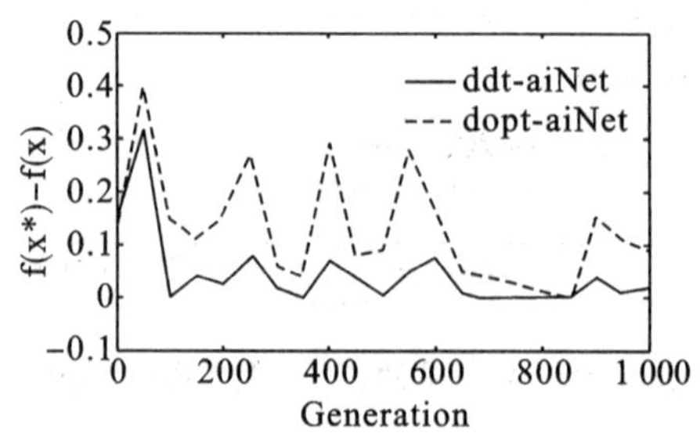

图6.20　误差值随迭代次数的变化情况

6.4 本章小结

本章在第5章的基础上，首先对危险理论做了简要介绍；然后针对人工免疫优化算法的一些不足，如存在早熟收敛、局部搜索能力不强等，提出了一种基于危险理论的免疫网络优化算法 dt-aiNet，详细讨论了该算法的优化策略、算法特点，对算法的收敛性、鲁棒性、收敛速度估计及计算复杂度做了数学分析，并通过仿真实验与其他优化算法做了对比，显示了该算法在求解质量和种群多样性方面具有较大优势；最后介绍了动态环境的基本概念，针对动态环境提出了一种基于危险理论的动态函数优化算法 ddt-aiNet，详细讨论了算法的优化策略，通过仿真实验，验证了算法的有效性。算法测试研究包括性能测试、比较；静态测试函数选择为2005CEC规定的低维及高维单峰值、多峰值函数；动态函数测试选择 Angeline 测试试验中的简单动态函数及 DF1 动态函数。选择参与比较的算法包括基于人工免疫的 CLONALG 克隆选择算法、opt-aiNet 算法、dopt-aiNet 算法等。

参考文献

[1] GREENSMITH J, AICKELIN U, TWYCROSS J. Detecting danger: applying a novel immunological concept to intrusion detection systems [C] // 6th International Conference in Adaptive Computing in Design and Manufacture (ACDM 2004 Poster). Bristol, UK: [s. n.], 2004.

[2] MATZINGER P. The danger model: a renewed sense of self [J]. Science, 2002, 296: 301-305.

[3] SUGANTHAN P N, HANSEN N, LIANG J J, et al. Problem definitions and evaluation criteria for the CEC 2005 special session on real-parameter optimization [D]. Singapore: Nanyang Technological University, 2005.

[4] BRANKE J. Evolutionary Approaches to Dynamic Optimization Problems-Introduction and Recent Trends [C] // GECCO Workshop on Evolutionary Algorithms for Dynamic Optimization Problems. [S. l.: s. n.], 2001: 27-30.

[5] BRANKE J. Evolutionary approaches to dynamic environments-updated

survey [C] // GECCO Workshop on Evolutionary Algorithms for Dynamic Optimization Problems. [S. l.: s. n.], 2003.

[6] COBB H G. An investigation into the use of hypermutation as an adaptive operator in genetic algorithms having continuouis, time-dependent nonstationary environments [C] // Technical Report AIC-90-001. Washington: Naval Research Laboratory, 1990.

[7] VAVAK F, JUKES K, FOGARTY T C. Adaptive combustion balancing in multiple burner boiler using a genetic algorithm with variable range of local search [C]. International Conference on Genetic Algorithms , 1997 : 719-726.

[8] BRANKE J, KAUBLER T, SCHMIDT C, et al. A multi-population approach to dynamic optimization problems [C] // Adaptive Computing in Design and Manufacturing 2000. Springer, 2000: 299-308.

[9] URSEM R K. Multinational GA optimization techniques in dynamic environments [C] // Genetic and Evolutionary Computation Conference. Morgan Kaufmann, 2000: 19-26.

[10] DE FRANCA F O, VON ZUBEN F J, DE CASTRO L N. An artificial immune network for multimodal function optimization on dynamic environments [C] // Proc. of the 2005 Conference on Genetic and Evolutionary Computation. ACM, 2005: 289-296.

[11] 张著洪，钱淑渠. 自适应免疫算法及其对动态函数优化的跟踪 [J]. 模式识别与人工智能，2007 (1): 85-94.

[12] 吴秋逸，焦李成，魏峻，等. 量子协同免疫动态优化算法 [J]. 模式识别与人工智能，2009 (6): 862-868.

[13] ANGELINE P J. Tracking extrema in dynamic environments [C] // Proceedings of the 6th International Conference on Evolutionary Programming. Indianapolis, USA: [s. n.], 1997.

[14] KIRAZ B, UYAR A, ZCAN E. An Investigation of Selection Hyper-heuristics in Dynamic Environments [J]. International Conference on Applications of Evolutionary Computation, 2011 , 6624 (12) : 314-323.

[15] SUYKENS J A K, VAN GESTEL T, DE BRABANTER J, et al. Least squares support vector machines [M]. Singapore: World Scientific Publishing Co Pte Lte, 2002.

[16] GOLDBERG D E. Genetic Algorithms in Search, Optimization, and Ma-

chine Learning [M]. [S. l.]: House of Addison-Wesley, 1989.

[17] LI L Z, DING Q L. Routing optimization algorithm for QoS anycast flows based on genetic algorithm [J]. Computer Engineering, 2008, 6 (34): 45-47.

[18] KAO Y T, ZAHARA E. A hybrid genetic algorithm and particle swarmoptimization formultimodal functions [J]. Applied Soft Computing Journal, 2008, 8 (2): 849-857.

[19] DASGUPTA D, YU S, NINO F. Recent advances in artificial immune systems: models and applications [J]. Applied Soft Computing Journal, 2011, 11 (2): 1574-1587.

[20] HALAVATI R, SHOURAKI S B, HERAVI M J, et al. An artificial immune system with partially specified antibodies [C] // Proceedings of the 9th Annual Genetic and Evolutionary Computation Conference. [S. l.: s. n.], 2007.

[21] FRESCHI F, COELLO C A C, REPETTO M. Multiobjective optimization and artificial immune systems: a review [M] // Multiobjective Optimization. [S. l.: s. n.], 2009.

7 基于免疫网络的增量聚类算法研究

7.1 引言

第 4 章介绍了著名的人工免疫数据聚类算法：aiNet 和 RLAIS。RLAIS 和 aiNet 都是基于免疫网络原理的针对静态数据的聚类算法，它们借鉴了网络中免疫细胞之间存在相互作用的机理，实现了对实值数据的聚类。但是，它们模拟角度不同，RLAIS 更注重细胞作用等微观的特征，而 aiNet 强调记忆群体生成、抗体群进化等宏观整体的特性。而且，RLAIS 使用了刺激度（Stimulation）概念，而 aiNet 则使用了亲和度（Affinity）概念。在 RLAIS 中，最后得到的压缩数据过于庞大，对于维持多样性不理想，且执行资源分配计算的本质要求刺激水平正常化，这导致在每次迭代后产生一些不精确、冗长和不必要的复杂计算。aiNet 作为一种新的数据挖掘技术，在许多方面都取得了一定成绩。但是，它不擅长处理动态的或者说增量的数据集。此外，还有基于蚁群系统的数据聚类算法 ACODF、基于遗传算法的聚类方法、基于免疫进化的聚类算法、基于克隆选择的聚类算法、基于基因表达式编程的聚类算法及基于混合智能方法的聚类算法等。

在基于 AIS 的增量聚类方面，有几个比较有影响的算法。自稳定人工免疫系统（Self stabilizing artificial immune system-SSAIS）是对 RLAIS 的改进。理论上说，它可以处理连续的数据流，并能保持免疫网络的稳定性。但是，单一的 NAT 参数对于不断变化的数据簇是不现实的。而且为了保持网络稳定，SSAIS 使用了大量数据去训练网络，因此它适应新模式的速度非常缓慢。即使 SSAIS 不需要存储全部的数据集，它也要存储和处理免疫网络中细胞间的交互行为，这使得 SSAIS 不具有扩展性，且没有提取增量数据的特征。Neal 的研究（*meta-stable memory in an artificial immune network*）提出的算法实际上是 SSAIS 的简化版，来说明网络的自我组织、自我限制的特性和形成的网络结构稳定性，该算法删除了随机变异的操作。Nasraoui 等基于 aiNet 算法，提出了一个新的、可扩展的 AIS（Scalable artificial immune model-SAISM）。Nasraoui 等使用 k-means 算法把整个网络大致划分为几个子网络，提高算法可扩展性。然而由于 SAISM 是基于 k-means 的，需事先确定聚类中心数目，如果聚类中心数目不准确，将会严重影响算法性能。Yue 等也在 aiNet 基础上，提出了 ISFaiNet 算法来实现增量数据聚类，可对数据流进行特征提取，该算法在反垃圾邮件中取得了较好效果。但该算法的效果取决于时间窗的选择，且对参数设置具有敏感性。

7.2 一种基于流形距离的人工免疫增量数据聚类算法

本书提出了一种基于流形距离的人工免疫增量数据聚类算法，简记为 md-aiNet。算法借鉴了免疫网络的思想，引入了流形距离作为全局相似性度量，提出了一种基于免疫响应模型的增量数据聚类方法。

7.2.1 流形距离

在对现实世界数据的聚类中，数据集在空间中的分布通常是不可预期的，具有很复杂的结构。对这样相似性度量还采用基于欧氏距离的话，就只能反映数据分布的局部一致性（即在空间位置上相近的样本点相似性比较高），不能反映数据分布的全局一致性（即分布在同一流形上的样本点相似性比较高）。从图 7.1 中可以看出，我们希望样本点 1 和样本点 3 是属于同一类的，即它们的相似性大于样本点 1 和样本点 2 的相似性。如果按照欧氏距离来度量相似性，样本点 1 与样本点 2 的欧氏距离显然小于样本点 1 和样本点 3 的欧氏距离。因此样本点 1 和样本点 2 将会归为一类，这样就不符合现实世界的认知。所以对于现实世界的具有复杂分布的数据集，我们不能只简单使用欧氏距离度量相似性，否则会造成错误结果。

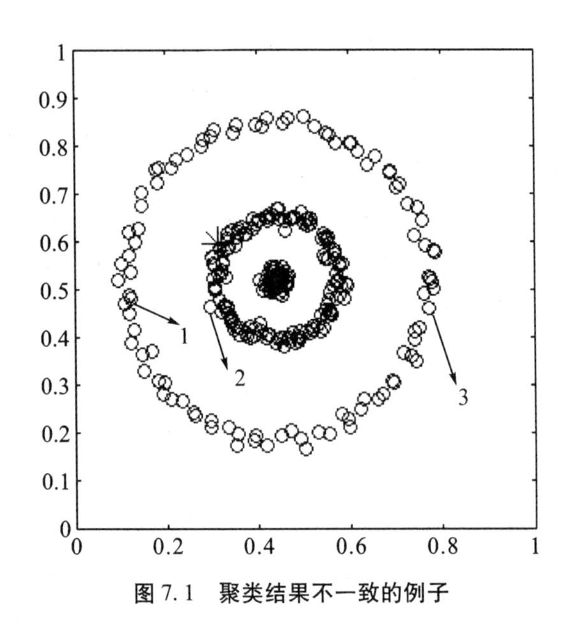

图 7.1　聚类结果不一致的例子

定义 7.1　在流形上的两点 x_i、x_j，它们的线段长度可以定义如下：

$$L(x_i,\ x_j) = e^{\frac{dis(x_i,\ x_j)}{\rho}} - 1 \tag{7.1}$$

其中，dis（x_i，x_j）表示 x_i、x_j之间的欧氏距离，ρ 是可调参数。因此，在流形上的任意两点间的距离，定义如 7.2。

定义 7.2　将空间中的数据点看作是图 G =（V，E）的顶点，其中 V 是顶点的集合，E 是边的集合。P_{ij}为图上的连接两个数据点 x_i、x_j的全部路径的集合，因此 x_i、x_j的流形距离为

$$MD(x_i,\ x_j) = min_{p \in P_{ij}} \sum_{k=1}^{|p|-1} L(p_k,\ p_{k+1}) \tag{7.2}$$

其中，p 为连接 x_i和 x_j的一条路径。则它们的流形距离，即为图上全部连接这两个数据点的路径里，所包含的线段的总长度的最小值。

7.2.2　人工免疫响应模型

生物免疫系统的免疫响应过程可以简述如下：由抗原引发，在免疫系统的控制下多种免疫细胞经过一系列反应，逐渐亲和力成熟，产生相应的免疫效应，消除抗原，并产生免疫记忆；当该抗原或该类抗原再次出现时，免疫记忆细胞可迅速产生免疫效应，消除抗原。

在增量数据聚类过程中，数据逐渐被识别的过程可模拟为免疫应答过程。以下为数据聚类系统与人工免疫系统的对应关系。

定义7.3　抗原 Ag：免疫系统中，抗原为引发免疫响应的外界刺激。在模型中，我们把待识别的数据当成免疫系统中的抗原 Ag。抗原集合 Ag 表示为：$Ag = \{Ag_i \mid Ag_i \in R^n\}$，$0 \leqslant i \leqslant N_g$，$N_g$为抗原的数目，$Ag_i = \{Ag_{i1}, Ag_{i2}, \cdots, Ag_{in}\}$，$n$ 为数据维数。

定义7.4　抗体 Ab：在模型中，我们把数据空间中的数据当成免疫系统中的抗体 Ab。当抗原在抗体的识别半径内，则可被该抗体识别。抗体与抗原具有相同的数据结构，抗体集合 Ab 可表示为：$Ab = \{Ab_i \mid Ab_i \in R^n\}$，$0 \leqslant i \leqslant N_b$，$N_b$为种群中抗体的数目，$Ab_i = \{Ab_{i1}, Ab_{i2}, \cdots, Ab_{in}\}$，$n$ 为数据维数。抗体集合 Ab 也可表示为 $Ab = Ab_{\{m\}} \cup Ab_{\{s\}}$，其中，$Ab_{\{m\}}$ 为记忆抗体，$Ab_{\{s\}}$ 为自由抗体，即种群中未形成簇的抗体。

定义7.5　记忆抗体 $Ab_{\{m\}}$：在模型中，用一个个簇来表示记忆抗体集合 $Ab_{\{m\}}$。聚类中的簇表示一类数据，具有相似的属性特征。在数据空间里，它表现为距离相近的数据点组成的集合。簇内抗体基本覆盖了簇的数据空间，簇的中心点为簇内抗体的中心。因此，簇 C_k表示为：$C_k = \{Ab_{rk}, Ab_{ck1}, Ab_{ck2}, \cdots, Ab_{ckx}\}$，记忆抗体集合 $Ab_{\{m\}}$ 表示为：$Ab_{\{m\}} = \{C_k \mid C_k \in R^{xn}\}$，$0 \leqslant k \leqslant y$，$x$ 为簇内抗体数目，y 为种群中簇的数目。第 k 个簇的中心点的计算公式为：

$$Ab_{rki} = \frac{1}{x}\sum_{j=1}^{x} Ab_{ckji} \quad 1 \leqslant i \leqslant n \tag{7.3}$$

设簇内抗体 Ab_{ckj}的识别半径 R_{ckj}为抗体 Ab_{ckj}到簇中心 Ab_{rk}的流形距离与流形距离识别阈值 σ_{MD}之间的最小值，显然 $0 \leqslant R_{ckj} \leqslant \sigma_{MD}$，即：

$$R_{ckj} = \min\left[MD\left(Ab_{rk}, Ab_{ckj}\right), \sigma_{MD}\right] \tag{7.4}$$

定义7.6　自由抗体 $Ab_{\{s\}}$：种群中未形成簇的抗体，结构与抗原相同，种群中保持一定量的自由抗体，可增加种群多样性。

定义7.7　抗体亲和力 $affinity\ (Ab_i, Ag_j)$：反映了抗体与抗原之间的结合力。在模型中，我们把抗体与抗原的亲和力定义为：$affinity\ (Ab_i, Ag_j) = 1 / [1 + MD\ (Ab_i, Ag_j)]$。则抗体与抗原的距离越小，亲和力越大。

定义7.8　抗体相似度 $sim\ (Ab_i, Ab_j)$：在模型中，我们把抗体之间的流形距离 $MD\ (Ab_i, Ab_j)$ 作为相似性度量，即 $sim\ (Ab_i, Ab_j) = MD\ (Ab_i, Ab_j)$。在免疫网络中，抗体之间会产生相互作用，抗体越相似，则抑制作用越强。

在增量数据聚类过程中，首先利用免疫记忆机制来判断抗原是否为已知抗原。即抗原首先与各个簇比较，若能被某个簇识别，则说明该抗原为已知抗原，模拟免疫系统中的二次应答，把该抗原划分到已知簇中，并更新簇的中心点及簇内抗体属性；若该抗原不能被任何簇识别，则说明该抗原为未知抗原，模拟免疫系统中的首次应答，针对该抗原形成一个新的簇。

7.2.3 算法描述

md-aiNet算法主要包括以下要素：生成新簇、簇选择、簇更新、克隆选择、变异机制、克隆抑制、网络抑制、种群更新等。该算法借鉴了免疫网络的思想，引入了流形距离作为全局相似性度量，提出了一种基于免疫响应模型的增量数据聚类方法，不仅能迅速适应新模式，并能提取数据特征。

该算法用到的主要参数如下所示，算法步骤由表7.1描述。

ρ：流形距离可调参数。

σ_{MD}：流形距离识别阈值。

σ_{dis}：欧式距离识别阈值。

σ_s：抑制阈值。

表7.1 md-aiNet算法的流程

初始化，在定义域内随机产生初始网络细胞群体 Ab； While（抗原数据 Ag_j 未处理完）do Begin 执行簇选择操作，获得抗原所属簇，$C_k = Select\_Cluster(Ag_j)$； 若 C_k 为null，则为初次应答，执行簇生成操作 $Create\_Cluster(Ag_j)$，生成新簇； 若 C_k 不为null，则为二次应答，执行簇更新操作 $Update\_Cluster(C_k)$，更新簇 C_k； 执行网络抑制，删除 $dis(Ab_i, Ab_j) < \sigma_s$ 的自由抗体； 随机生成一定数量新抗体加入网络。 End。

7.2.4 基于流形距离的簇选择

由7.2.2可知，簇由簇内抗体构成，则图 $G=(V, E)$ 中的顶点由各个簇的抗体和自由抗体构成。基于流形距离的簇选择算法（*Select_Cluster*）的作用是找出抗原所属的簇。根据流形距离的定义，我们可以计算种群中任意两点的距离。依次比较抗原 Ag_i 与各个簇的簇内抗体 Ab_{ckj} 的流形距离 $MD(Ag_i, Ab_{ckj})$，若该距离小于该抗体的识别半径 R_{ckj}，则该抗体所属的簇 C_k 即为距离抗原最近的簇，因此把抗原 Ag_i 划分到该簇中。这是最方便的查找抗原所属簇的方法，该方法的时间复杂度较高。事实上，与抗原的流形距离较小的抗体必在抗原的欧式距离邻域内，因此只需判断邻域内的抗体是否满足识别要求即可。设欧式

距离阈值为 σ_{dis}，*Select_Cluster*（Ag_j）算法如表 7.2 所示。

表 7.2　　Select_Cluster（Ag_j）算法的流程

步骤 1：计算抗原 Ag_i 与各记忆抗体 Ab_{ckj} 的欧式距离 dis（Ag_i，Ab_{ckj}）；
步骤 2：将欧式距离矩阵 D（Ag_i，$Ab_{\{m\}}$）按升序排列；
步骤 3：选择 dis（Ag_i，Ab_{ckj}）$\leq \sigma_{dis}$ 的抗体，判断 MD（Ag_i，Ab_{ckj}）$< R_{ckj}$ 是否成立。若成立，则返回 C_k 和 Ab_{ckj}；若不成立，则返回 null。

7.2.5 基于流形距离的簇生成

基于流形距离的簇生成算法（*Create_Cluster*）的作用是模拟免疫系统中的首次应答，针对该抗原形成一个新的簇。当抗原 Ag_j 不属于任何已知簇时，免疫系统需学习该抗原的模式，以便再次遇到该抗原或该抗原的变体时能够识别。免疫系统学习抗原模式的过程包括克隆选择、变异和克隆抑制，基本操作与第 4 章中类似，简要叙述如下。

首先，一定数量高亲和力的自由抗体被选中，并根据它们之间的亲和力进行克隆，克隆的数目与亲和力成正比，则克隆总数目 N_c 为：

$$N_c = \sum_{i=1}^{n} round[\alpha \cdot affinity(Ab_i, Ag_j)]$$

其次，克隆产生的抗体进行变异；变异方式与第 5 章中的方式类似，亲和力越高，则变异率越高，此时变异仍然采用高斯变异，表示如下：

$$Ab_i' = Ab_i + \beta \cdot exp[-affinity(Ab_i, Ag_j)] \cdot N(0,1)$$

再次，在这个原抗体与克隆体组成的集合里，选择亲和力较高的抗体，并执行克隆抑制，删除 dis（Ab_i，Ab_j）$<\sigma_s$ 距离太近的抗体。存活的抗体成为优势抗体，加入原来的网络中。

最后，免疫网络学习了抗原模式后，将以抗原 Ag_j 为新簇的中心 $Ab_{rk} = Ag_j$，以 MD（Ab_i，Ag_j）$< \sigma_{MD}$ 的抗体为簇内抗体，产生一个新簇。此时，查找抗原的流形近邻抗体可采用算法 *Find_Neighbours*（Ag_j），如表 7.3 所示。

表 7.3　　*Find_Neighbours*（Ag_j）算法的流程

步骤 1：计算抗原 Ag_i 与网络中各自由抗体 Ab_i 的欧式距离 dis（Ag_i，Ab_i）；
步骤 2：将欧式距离矩阵 D（Ag_i，$Ab_{\{s\}}$）按升序排列；
步骤 3：选择 dis（Ag_i，Ab_{ckj}）$\leq \sigma_{dis}$ 且 MD（Ag_i，Ab_{ckj}）$< \sigma_{MD}$ 的抗体。

$Create\_Cluster$（Ag_j）算法如表 7.4 所示。

表 7.4　$Create\_Cluster$（Ag_j）**算法的流程**

步骤 1：计算网络中的每个自由抗体与抗原 Ag_j 的亲和力 $affinity$（Ab_i，Ag_j）。
步骤 2：选择网络中一定数量的高亲和力抗体进行克隆。
步骤 3：对克隆副本进行变异，使其发生亲和力突变。
步骤 4：执行克隆抑制，选择克隆群体中的优质抗体加入网络。
步骤 5：以抗原 Ag_j 为新簇的中心，以与抗原 Ag_j 距离小于流形距离阈值 σ_{MD} 的抗体为簇内抗体，产生一个新簇。

7.2.6　基于流形距离的簇更新

基于流形距离的簇更新算法（$Update\_Cluster$）的作用是模拟免疫系统中的二次应答，把抗原划分到已知簇中，并更新簇的中心点及簇内抗体属性。

当抗原 Ag_i 与记忆抗体 Ab_{ckj} 的距离小于其识别半径时，该抗原属于已知簇 C_k。更新记忆抗体 Ab_{ckj} 的属性，使 Ab_{ckj} 记忆该抗原的模式，操作如下。

$$Ab_{ckj} = \begin{cases} Ab_{ckj} & MD(Ab_{ckj},\ Ab_{rk}) > MD(Ag_i,\ Ab_{rk}) \\ Ag_i & else \end{cases} \tag{7.5}$$

由于簇内记忆抗体之间 MD（Ab_{ckj}，Ab_{cks}）$\geqslant \sigma_{MD}$，因此，当调整了记忆抗体 Ab_{ckj} 的属性时，需要检查 Ab_{ckj} 与簇内其他抗体 Ab_{cks} 的距离，以保证记忆抗体之间的流形距离不小于流形距离阈值。若小于此流形距离阈值，需进行记忆抗体合并，即：

$$Ab_{cks} = \begin{cases} Ab_{ckj} & MD(Ab_{ckj},\ Ab_{rk}) > MD(Ab_{cks},\ Ab_{rk}) \\ Ab_{cks} & else \end{cases} \tag{7.6}$$

最后，需按式（7.3）和式（7.4）重新计算簇 C_k 的中心点 Ab_{rk} 及簇内各记忆抗体的识别半径 R_{ckj}。

$Update\_Cluster$（Ag_j）算法如表 7.5 所示。

表 7.5　$Update\_Cluster$（Ag_j）**算法的流程**

步骤 1：更新识别了抗原的记忆抗体 Ab_{ckj} 的属性。
步骤 2：检查 Ab_{ckj} 与簇内其他记忆抗体 Ab_{cks} 的距离，若小于 σ_{MD}，则进行抗体合并。
步骤 3：重新计算簇 C_k 的中心点 Ab_{rk} 及簇内各记忆抗体的识别半径 R_{ckj}。

7.2.7 算法的计算复杂度分析

根据算法描述来分析计算复杂度（见表 7.1）。首先步骤 1 随机生成网络细胞群体 Ab，它的计算复杂度取决于初始种群规模 N_b，为 $O(N_b)$。步骤 3 是簇选择操作，该操作的计算复杂度为 $O(m+m^2+N_{\sigma dis})$，$N_{\sigma dis}<m$，即 $O(m^2)$，m 为记忆抗体数目，$N_{\sigma dis}$ 为抗原的欧式距离邻域内的记忆抗体数目。步骤 4 的簇生成操作计算复杂度为 $O(s+N_c+N_c+N_{c2}+s^2+N_{\sigma dis})$，$N_c$ 为克隆抗体的数目，s 为自由抗体种群大小，$N_{\sigma dis}$ 为抗原的欧式距离邻域内的自由抗体数目，$N_{\sigma dis}<s$；簇更新操作的计算复杂度为 $O(N_{ck})$，N_{ck} 为簇 C_k 包含的记忆抗体规模。因此步骤 4 的计算复杂度为，$O(s^2)$。步骤 5 网络抑制操作的计算复杂度为 $O(s^2)$。步骤 6 的随机生成新抗体的计算复杂度为 $O(N_b-s)$。

因此，算法总的计算复杂度为：$O(N_b+m^2+s^2+N_b-s)$。因为，最坏的情况为对每一个抗原均生成一个簇，即 $s<<m$，$m\sim N_g$，$N_b<<N_g$，则处理一个抗原的计算复杂度可以简化为：$O(N_g\cdot N_g)$。对 N_g 个抗原的计算复杂度为：$O(N_g\cdot N_g\cdot N_g)$。

7.3 仿真结果与分析

7.3.1 数据集及算法参数

为了考察算法的有效性，将算法应用于以下两类数据集，包括三个人工数据集和三个 UCI 数据集。这些数据集广泛用于模式识别、数据挖掘等领域内算法的性能测试。表 7.6 给出了这些数据集的性质。

表 7.6　实验中使用的数据集

数据集	样本数	样本属性	聚类数目
Spiral 数据集	1 000	2	2
Long1 数据集	1 000	2	2
Square1 数据集	1 000	2	4
IRIS 数据集	150	4	3
BCW 数据集	683	9	2
Wine 数据集	178	13	3

图 7.2 显示了 3 个人工数据集在二维空间的显示。

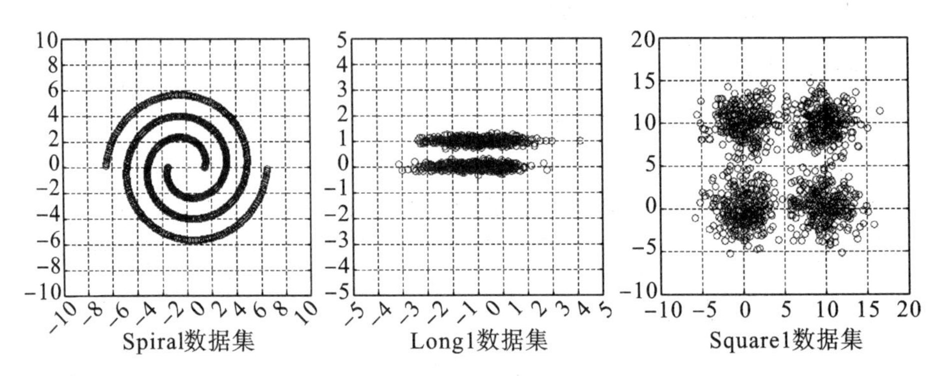

图 7.2 三个人工数据集在二维空间的显示

图 7.3 显示了三个 UCI 数据集利用 FastMap 方法在二维空间的投影。从图中可以看出，IRIS 数据集中 Setosa 与其余两类数据线性可分，而 Versicolor 和 Virginica 两个类簇，在特征空间中的分布方式与先验知识存在差异，不仅线性不可分，还有交叉分布出现。BCW 数据集和 Wine 数据集也存在交叉分布，线性不可分的情况。

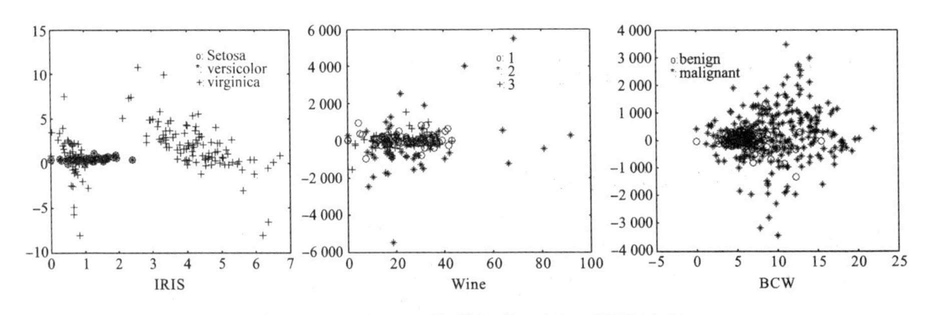

图 7.3 三个 UCI 数据集在二维空间的投影

我们将算法与基于人工免疫的较有影响的增量聚类算法 MSMAIS、ISFaiNet 相比较。设 md-aiNet 的初始种群大小为 50~100，σ_s = 0.01~0.05，$\sigma_{MD}=\sigma_{dis}$ = 0.2~0.5，$\in$ = 0.2~0.5；关于 ISFaiNet 和 MSMAIS 参数的选取，我们选择相应参考文献中给出的参数的范围。

我们从两方面对算法结果进行评价：算法的运行时间和平均聚类正确率，即从效率和准确率两方面考虑。聚类正确率即为正确聚类的样本个数与数据集样本总数的百分比。

MSMAIS 算法是依据免疫网络的原理，最终形成一个拓扑结构，因为随机变异的操作被删掉，所以最终结果不对数据进行压缩。ISFaiNet 是对 aiNet 的改进，使 aiNet 能够处理增量数据，提高了数据训练的效率。但原始 aiNet 算法虽然提取了数据特征，却未对数据进行划分，ISFaiNet 的最终运行结果也未对数据进行划分。

7.3.2 人工数据集测试结果

人工数据集为 3 个，其中 2 个为具有复杂流形分布的数据集，为数据集 Spiral 和数据集 Long1；一个为具有球形分布的数据集，为数据集 Square1。

实验主要分为已知聚类为空和已知聚类不为空两种情况。

首先考察已知聚类为空。把所有数据都看作是抗原数据一个一个提交给算法，算法运行至指定迭代次数停止，如 100 代。针对每一个数据集，我们都是独立运行 25 次。表 7.7 列出了算法处理上面三个人工数据集聚类问题时得到的聚类正确率平均值、标准差。

表 7.7 算法求解人工数据集的性能比较（聚类正确率）（已经聚类为空）

数据集	md-aiNet	MSMAIS
Spiral 数据集	1	0.546 5
Long1 数据集	1	0.583 2
Square1 数据集	0.978 0	0.964 3

图 7.4 分别展示了三种算法对于三个人工数据集的聚类结果，从图中可以更清楚直观地看到数据的分布情况以及算法聚类效果。从表 7.7 中的统计数据和图 7.4 的典型聚类结果可以看到，对于 Long1、Spiral 这 2 个具有明显流形分布特点的数据集，md-aiNet 的聚类效果较好，而 MSMAIS、ISFaiNet 的聚类效果非常差。这是因为 md-aiNet 采用了流形距离的相似性度量，该度量方法扩大了在不同流形分布上的数据的距离，缩短了同一流形分布上的距离，优于以欧氏距离作为相似性度量的聚类算法。而对于球形分布的数据集 Square1，如图所示，因为数据集具有轻微交叉，并不是线性可分的，三种算法的聚类结果都不是完全正确的，且效果较接近。

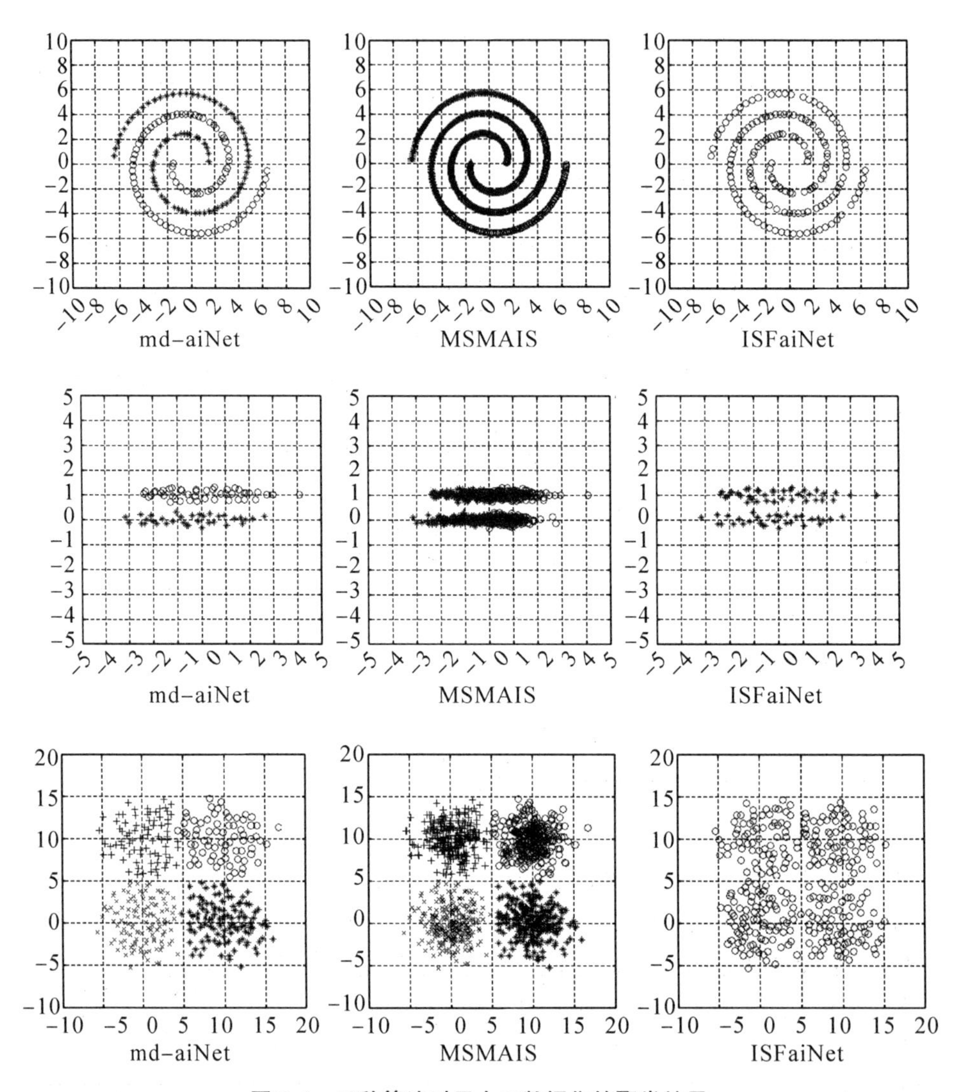

图 7.4 三种算法对于人工数据集的聚类结果

其次考察已知聚类不为空的情况。假设其中一个簇作为已知簇，剩下的数据作为抗原数据。一次遍历抗原数据后，算法即停止。针对每一个数据集，我们都是独立运行 25 次。表 7.8 列出了三种算法针对三个人工数据集的聚类结果，我们用聚类正确率平均值和标准差来考察算法的性能；图 7.5 分别展示了三种算法对于三个人工数据集的聚类结果。

可见，聚类结果与已知聚类为空的情况较为类似，md-aiNet 算法优于 MSMAIS 和 ISFaiNet。要说明的是，由于已知一簇或多簇聚类，因此，三种算法的聚类准确率稍微提高。

表 7.8　三种算法求解人工数据集的性能比较（聚类正确率）（已经聚类不为空）

数据集	md-aiNet	MSMAIS
Spiral 数据集（已知分布在二维空间上面的簇）	1	0.638 7
Long1 数据集（已知分布在二维空间上面的簇）	1	0.681 4
Square1 数据集（已知分布在二维空间左上角的簇）	0.989 2	0.984 5

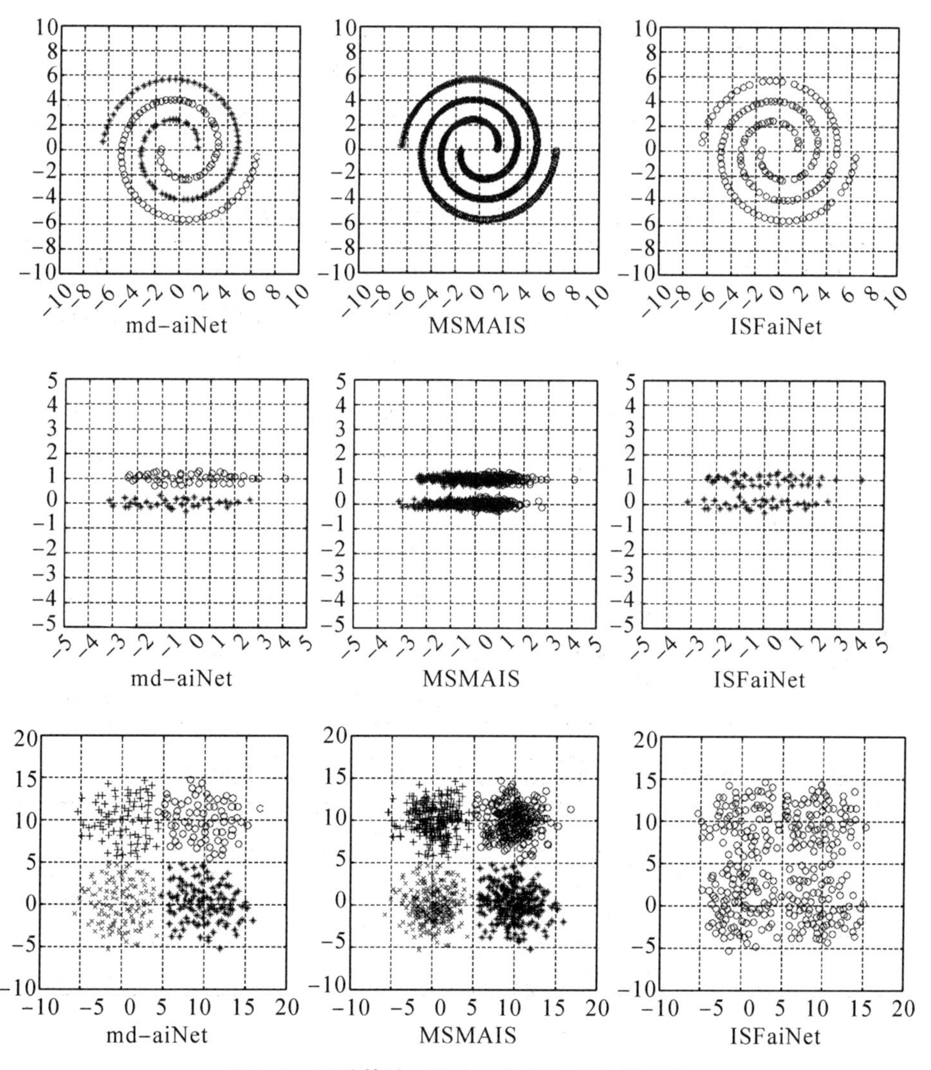

图 7.5　三种算法对于人工数据集的聚类结果

7.3.3 UCI 数据集测试结果

取 UCI 数据集中的 3 个进行测试，分别是数据集 IRIS、BCW（Wisconsin breast cancer: Original）和 Wine。我们通过对 UCI 数据集的测试，来获得算法对增量数据的处理能力、对数据特征的提取以及对数据压缩的效果。数据压缩率是指数据集处理后的数量与总的增量数据的规模比值。即：

$$Rate_{com} = (N_p - m) / N_p$$

其中，N_p为增量数据规模，m 为记忆抗体集合大小。

实验同样分为已知聚类为空和已知聚类不为空两种情况。

对于每一个数据集，我们独立运行 25 次。表 7.9 和表 7.10 列出了各个算法在求解上面 3 个聚类问题时得到的平均运行时间、平均聚类正确率和平均压缩率。

表 7.9 各算法求解 UCI 数据集的性能比较（已知聚类为空）

数据集		md-aiNet	MSMAIS	ISFaiNet
IRIS 数据集（已知聚类为空）	平均运行时间（s）	0.036 8	0.037 1	0.230 5
	聚类正确率（%）	95.73	93.2	——
	平均压缩率（%）	86.91	——	82.34
BCW 数据集（已知聚类为空）	平均运行时间（s）	0.062 3	0.053 3	3.821 1
	聚类正确率（%）	94.67	90.21	——
	平均压缩率（%）	90.68	——	79.90
Wine 数据集（已知聚类为空）	平均运行时间（s）	0.173 1	0.238 5	35.671 6
	聚类正确率（%）	98.43	95.18	——
	平均压缩率（%）	92.34	——	90.16

表 7.10 各算法求解 UCI 数据集的性能比较（已知聚类不为空）

数据集		md-aiNet	MSMAIS	ISFaiNet
IRIS 数据集（已知 Setosa）	平均运行时间（s）	0.020 075	0.030 1	0.353 8
	聚类正确率（%）	98.62	94.15	——
	平均压缩率（%）	86.96	——	83.31

表7.10(续)

数据集		md-aiNet	MSMAIS	ISFaiNet
BCW 数据集（已知 c1）	平均运行时间（s）	0.032 375	0.046 7	3.683 5
	聚类正确率（%）	95.72	90.61	——
	平均压缩率（%）	91.23	——	80.8
Wine 数据集（已知 benign）	平均运行时间（s）	0.273 875	0.315 2	46.392
	聚类正确率（%）	99.41	96.42	——
	平均压缩率（%）	92.45	——	90.01

由表 7.9 和表 7.10 的测试结果可知，对于 UCI 的三个标准的测试集的聚类，md-aiNet 的结果较优，它对于具有复杂分布的、高维数据的聚类效果较好，且对数据特征提取也有很好的性能。

7.4 本章小结

本章主要涉及基于免疫网络的增量聚类算法改进研究。本章首先介绍了流形距离的概念，引入了流形距离作为全局相似性度量，提出了一种基于免疫响应模型的增量数据聚类方法，即一种基于流形距离的人工免疫增量数据聚类算法 md-aiNet；然后详细介绍了该算法的实现细节，其中包括抗原、抗体和亲和力定义等，以及相关免疫操作的抽象数学模型；最后，通过仿真实验，验证了算法对自现实世界的复杂分布、较高维数据的聚类有效性，同时可提取数据特征、实现数据压缩，表明算法适应新模式较快。

参考文献

[1] NEAL M. An artificial immune system for continuous analysis of time-varying data [C] // Proceedings of the First International Conference on Artificial Immune Systems. Berlin: Springer, 2002: 76-85.

[2] NEAL M. Meta-stable memory in an artificial immune network [C] // Proceedings of the Second International Conference on Artificial Immune Systems. Berlin: Springer, 2003: 168-181.

[3] NASRAOUI O, GONZALEZ F, CARDONA C, et al. A scalable artificial immune system model fordynamic unsupervised learning [C] // Proceedings of International Conference on Genetic and Evolutionary Computation. San Francisco: Morgan Kaufmann, 2003: 219-230.

[4] YUE X, MO H W, CHI Z X. Immune-inspired incremental feature selection technology to data stream [J]. Applied soft Computing, 2008, 8 (2): 1041-1049.

[5] ZHOU D Y, BOUSQUET O, LAL T N, et al. Learning with local and global consistency [M] // Advances in Neural Information Processing Systems 16. Cambridge: MIT Press, 2004: 321-328.

[6] FALOUTSOS C, LIN K. FastMap: A Fast Algorithm for Indexing, Data-Mining and Visualization of Traditional and Multimedia Datasets [C] // Proceedings of the 1995ACM SIGMOD International Conference on Management of Data. New York: ACM, 1995: 163-174.

[7] 魏莱，王守觉. 基于流形距离的半监督判别分析 [J]. 软件学报，2010 (10): 2445-2453.

[8] 公茂果，王爽，马萌，等. 复杂分布数据的二阶段聚类算法 [J]. 软件学报，2011，22 (11): 2760-2772.

[9] SUYKENS J A K, VAN GESTEL T, D E BRABANTER J, et al. Least squares support vector machines [M]. Singapore: World Scientific Publishing Co Pte Lte, 2002.

[10] CHIU C Y, LIN C H. Cluster analysis based on artificial immune system and ant algorithm [C] // Proceedings of the 3rd International Conference on Natural Computation. Washington D C: IEEE Computer Society, 2007: 647-650.

[11] 李洁，高新波，焦李成. 一种基于 GA 的混合属性特征大数据集聚类算法 [J]. 电子与信息学报，2004，26 (8): 1203-1209.

[12] ZHAO Y C, SONG J. GDILC: A grid-based density isoline clustering algorithm [C] // ZHONG Y X, CUI S, YANG Y. Proc. of the Internet Conf. on Info-Net. Beijing: IEEE Press, 2001: 140-145. http://ieeexplore.ieee.org/iel5/7719/21161/00982709.pdf.

[13] PILEVAR AH, SUKUMAR M. GCHL: A grid-clustering algorithm for high-dimensional very large spatial data bases [J]. Pattern Recognition Letters, 2005, 26 (7): 999-1010.

[14] TSAI C F, TSAI C W, WU H C, et al. ACODF: A novel data clustering approach for data mining in large databases [J]. Journal of Systems and Software, 2004, 73 (1): 133-145.

[15] BHUYAN J N, RAGHAVAN V V, VENKATESH K E. Genetic algorithm for clustering with an ordered representation [C] // Proceedings of the 4th International Conference on Genetic Algorithms. San Francisco: Morgan Kaufmann, 1991: 408-415.

[16] JONES D, BELTRAMO M A. Solving partitioning problems with genetic algorithms [C] // Proceedings of 4th International Conference on Genetic Algorithms. San Francisco: Morgan Kaufmann, 1991: 442-429.

[17] HAO X L, LI D G. Image Segmentation Based on Dynamic Granular Fuzzy Clustering Algorithm [J]. Journal of Computational Information Systems, 2012, 8 (20): 8277 - 8284.

[18] LIU H, LI L, WU C A. Color Image Segmentation Algorithms based on Granular Computing Clustering [J]. International Journal of Signal Processing Image Processing & P, 2014, 7 (1) : 155-168.

[19] NIKNAM T, AMIN B. An efficient hybrid approach based on PSO, ACO and k-means for cluster anaysis [J]. Applied Soft Computing, 2010, 10 (1): 183-197.

8 总结与展望

8.1 工作总结

生物免疫系统是一种具有高度分布式特点的生物处理系统，具有记忆、自学习、自组织、自适应、并行处理等特点。近年来，大量的研究者开始借鉴BIS机制来处理工程上的问题。人工免疫系统是一种仿生的智能算法，受生物免疫系统启发，是继人工神经网络、进化计算之后新的计算智能研究方向，是生命科学和计算科学相交叉而形成的交叉学科研究热点。人工免疫算法维持了若干生物免疫系统的特点，如隐含并行性、鲁棒性强、多样性好等。和其他的启发式的智能算法比较，它具有独特的优势和特点，并广泛应用于计算机安全、故障诊断、模式识别、数据挖掘、智能优化等领域。回顾几年来的研究和探讨，本书的主要工作涉及以下几个方面。

1. 免疫进化算法的研究

当前，人工免疫算法的研究主要集中在四个方面：否定选择算法、免疫网络、克隆选择、危险理论和树突状细胞算法。本书通过对免疫网络的研究，提出了基于免疫网络的优化算法的基本流程，证明了基于免疫网络的优化算法的收敛性，同时给出了基于免疫网络的优化算法的模式定理。本书通过仿真实验对基于免疫网络的优化算法的优化过程和优化性能进行了验证，并与其他智能优化算法进行比较，验证了基于免疫网络的优化算法是一种很有优势的智能优化算法，在解决实际优化问题中将有广泛的应用前景。

本书通过研究否定选择算法的免疫机理，分析现有否定选择算法存在的主要问题，提出了一种基于网格的实值否定选择算法 GB-RNSA。该算法分析了自体集在形态空间的分布，并引入了网格机制，来减少距离计算的时间代价和检测器间的冗余覆盖。理论分析和实验结果表明，相比传统的否定选择算法，

GB-RNSA 有更好的时间效率及检测器质量，是一种有效的生成检测器的人工免疫算法。

2. 免疫进化在网络安全方面的应用研究

本书针对当前网络安全态势感知在主动防御策略上的不足，将免疫原理和云模型理论应用于网络安全态势感知的研究，旨在强化网络安全态势感知系统的主动防御能力，为系统提供更全面的安全保障。具体来说，本书从态势感知、态势理解、态势预测三个层次建立了一种安全态势感知模型。理论分析和实验结果表明，该模型具有实时性和较高的准确性，是网络安全态势感知的一个有效模型。

虚拟机系统作为云计算的基础设施，其安全性是非常重要的。本书提出了一种基于免疫的云计算环境中虚拟机入侵检测模型 I-VMIDS，来确保客户虚拟机中用户级应用程序的安全性。模型能够检测应用程序被静态篡改的攻击，而且能够检测应用程序动态运行时受到的攻击，具有较高的实时性。在检测过程中，我们引入了信息监控机制对入侵检测程序进行监控，保证检测数据的真实性，使模型具有更高的安全性。实验结果表明模型没有给虚拟机系统带来太大的性能开销，且具有良好的检测性能，将 I-VMIDS 应用于云计算平台是可行的。

3. 免疫进化在优化问题方面的应用研究

通过分析和总结在工程中常见的优化问题，并对当前国内外关于函数优化问题和聚类问题的算法反映出的一些不足，本书从人工免疫系统原理入手，在对免疫网络理论与算法进行分析的基础上，提出新的算法来解决函数优化问题和聚类问题。

本书提出了一种基于危险理论的免疫网络优化算法 dt-aiNet。该算法通过定义危险区域来计算每个抗体的危险信号值，并通过危险信号来调整抗体浓度，从而引发免疫反应的自我调节功能，保持种群多样性，并采用一定机制动态调整危险区域半径。实验表明该算法优于 CLONALG、opt-aiNet 和 dopt-aiNet，具有较小的误差值及较高的成功率，能够在规定最大评价次数范围内，找到满足精度的解，在保持种群多样性方面具有较大优势。

针对动态优化问题与静态问题的不同，本书提出了一种基于危险理论的动态函数优化算法 ddt-aiNet，使算法具有动态追踪能力。算法引入探测机制，在解空间中设置特殊探测抗体，通过监测探测抗体的危险信号来感知环境的变化，并对环境发生的小范围变化和大范围变化分别进行响应，能准确、快速地跟踪到极值点的变化。本书通过 Angeline 动态函数测试和在 DF1 函数动态环境下的测试，验证了算法的有效性。

针对人工免疫理论在增量聚类问题方面的不足，如不具有扩展性、适应新模式较慢等，本书提出了一种基于流形距离的人工免疫增量数据聚类算法 md-aiNet。算法引入了流形距离作为全局相似性度量，采用欧式距离作为局部相似性度量，提出了一种基于免疫响应模型的增量数据聚类方法，模拟了免疫响应中的首次应答和二次应答。本书通过在人工数据集和 UCI 数据集上的仿真实验，将该算法与基于人工免疫的较有影响的增量聚类算法 MSMAIS、ISFaiNet 分别进行了比较，验证了 md-aiNet 算法的有效性，能够对具有复杂分布、较高维的数据集进行有效聚类，并提取内在模式。尤其对于非球形分布的数据集，其聚类准确率相比 MSMAIS 和 ISFaiNet 提高了 40%。

8.2 进一步的研究工作

生物免疫系统是一个非常复杂的系统，很多免疫机理还没有得到充分认识。将生物免疫系统原理应用于工程中的优化问题还有很多工作待深入。本书在将免疫网络原理应用于优化问题方面做了一些工作，仍存在一些值得进一步分析和研究的问题。在后续的工作中，笔者希望在下述几方面取得进展：

（1）进一步挖掘和利用生物免疫的特性，改进现有的免疫网络算法，并展开对人工免疫算法的理论分析，如几何性质分析、动态数学模型等，拓宽其应用领域。

（2）本书对虚拟机系统的安全研究仅限于用户级应用程序的安全性，针对虚拟机监控器的安全漏洞、虚拟机动态迁移的安全、侧通道攻击等可以尝试引入人工免疫原理来解决。另外云计算包含的内容很多，可以将生物免疫机制进一步应用于云计算的其他方面。

（3）本书研究方法主要是从生物免疫系统中提取新思想。以后可考虑将免疫原理与其他智能方法原理集成在一起，扬长避短，提出新的混合算法，这也是一种解决工程问题的有效途径，比如将免疫原理与人工神经网络、模糊理论、遗传算法、DNA 计算等相融合。